Das fünfte Wunder

Paul Davies

Das fünfte Wunder

Die Suche nach dem Ursprung des Lebens

Aus dem Englischen
von Bernd Seligmann

Scherz

Die Originalausgabe erschien 1998 unter dem Titel
«The Fifth Miracle» bei Penguin, London.

Erste Auflage März 2000

In Gedenken an Keith Runcorn

Inhalt

Einleitung

Im August 1996 ging die Nachricht um die Welt, in einem Meteoriten vom Mars hätte man Spuren vergangenen Lebens gefunden. Präsident Clinton trat persönlich vor die Fernsehkameras und eine verblüffte Wissenschaftsgemeinde und hob die weit reichenden Konsequenzen der Entdeckung, falls sie sich bestätigen sollte, gebührend hervor. Es war ein denkwürdiger Augenblick, denn es geschieht nicht oft, dass ein wissenschaftliches Resultat so direkt an die Öffentlichkeit gelangt. Die Geschichte schlug ein wie eine Bombe, und es gab so viel Beifall und Spott, dass die wahre Bedeutung der Ergebnisse bald unterging.

Die Wissenschaft befindet sich mitten in einem dramatischen Umdenken, was den Ursprung des Lebens betrifft. Nach den Lehrbüchern soll alles vor Milliarden von Jahren in einem warmen Tümpel auf der Erde begonnen haben, doch nun sprechen immer mehr Indizien für ein ganz anderes Szenario. Es sieht so aus, als hätten die ersten irdischen Organismen tief *unter* der Erde gelebt, in Bedingungen wie in einem Druckkochtopf, eingeschlossen in heißem Fels, und wären erst später an die Oberfläche gekommen. Erstaunlicherweise sind Nachkommen dieser urzeitlichen Mikroben kilometertief in der Erdkruste noch heute zu finden.

Bis vor wenigen Jahren hätte niemand geglaubt, in einer so unwirtlichen Umgebung könnte es Leben geben, doch sobald man akzeptiert hatte, dass Organismen tief unter der Erdoberfläche gedeihen können, eröffnete sich eine noch phantastischere Möglichkeit: Vielleicht sind auch unter der Marsoberfläche Mikroben verborgen! Die Entdeckung eines Felsbrockens vom Mars, der versteinerte Bakterien zu enthalten schien, gab dieser Theorie beträchtlichen Auftrieb. Doch das war noch nicht alles. Nun war plötzlich auch denkbar, dass das Leben auf Mars begonnen haben und auf einem Meteoriten zur Erde gelangt sein könnte.

Hinter der Aufregung um den Marsmeteoriten verbarg sich ein bitterer Expertenstreit über die Interpretation des Datenmaterials. Seine Bestätigung könnte zum einen bedeuten, dass Leben zweimal in unserem Sonnensystem entstanden ist, und zum anderen, dass Leben in der Lage ist, sich von einem Planeten zum anderen zu verbreiten. Die zweite Erklärung brächte uns einer Antwort auf die Frage nach dem eigentlichen, ersten Ursprung des Lebens keinen Schritt näher, so faszinierend die Entdeckung auch wäre, dass Organismen von Planet zu Planet hüpfen können.

Wie hat das Leben begonnen? Was genau sind die physikalischen und chemischen Prozesse, die tote Materie in lebendige Organismen verwandeln können? Dieses viel schwierigere Problem bleibt eine der großen wissenschaftlichen Fragen unserer Zeit. Gegenwärtig bemühen sich Heere von Chemikern, Biologen, Astronomen, Physikern und Mathematikern um eine Antwort. Aus ihren Forschungen ziehen viele den Schluss, die Naturgesetze seien sozusagen «parteiisch», sie seien irgendwie darauf angelegt, Leben hervorzubringen. Nach Ansicht dieser Denkschule *muss* Leben entstehen, wann immer die Bedingungen es erlauben, nicht nur auf Mars, sondern überall im Universum – und selbstverständlich auch im Reagenzglas. Wenn diese Forscher Recht haben, ist Leben Teil der natürlichen Ordnung, und wir sind nicht allein im Universum.

Die Ansicht, das Leben sei in den Naturgesetzen vorprogrammiert, klingt wie das ferne Echo eines vergangenen, religiösen Zeitalters, als man überzeugt war, das Universum wäre als Heimat für uns und die anderen Lebewesen erschaffen worden. Viele Wissenschaftler betrachten solche Anschauungen mit Unmut und bestehen darauf, der Ursprung des Lebens sei ein unwahrscheinlicher Zufall der Chemie gewesen, der sich nur auf der Erde zugetragen habe; die Entwicklung komplexer Organismen und schließlich des Bewusstseins sei das zufällige Ergebnis einer gigantischen kosmischen Lotterie. In dieser Debatte geht es um nichts Geringeres als den Platz, den die Menschheit im Universum einnimmt: Wer sind wir, und wo stehen wir im großen Schema der Dinge?

Nach Ansicht der Astronomen begann das Universum in einem Urknall vor 10 bis 20 Milliarden Jahren. Die explosionsartige Geburt ging mit einem Sekundenbruchteil extremster Hitze einher, aus dem die grundlegenden physikalischen Kräfte und Elementarteilchen hervorgingen. In der ersten Sekunde entstanden alle notwendigen Zutaten des Kosmos. Danach war der Raum mit einem Gebräu subatomarer Teilchen erfüllt: Protonen, Neutronen und Elektronen in einem 10 Milliarden Grad heißen Strahlungsbad.

Nach heutigen Maßstäben war das Universum in jener Phase äußerst eintönig. Die kosmische Materie war fast vollkommen gleichmäßig über den Raum verteilt, und überall herrschte dieselbe Temperatur. Materie, die in der gewaltigen Hitze nur in Form ihrer einfachsten Bestandteile existieren konnte, befand sich in einem Zustand extremer Einfachheit. Ein Beobachter dieser Phase hätte niemals geahnt, dass das Universum voller atemberaubender Möglichkeiten steckte. Nichts hätte darauf hingewiesen, dass sich mehrere Milliarden Jahre später Billionen funkelnder Sterne zu Milliarden von Galaxien organisieren, dass Planeten und Kristalle, Wolken und Ozeane, Berge und Gletscher entstehen, dass Bäume und Bakterien, Elefanten und Fische einmal einen dieser Planeten bevölkern und dieselbe Welt einst von menschlichem Gelächter erfüllt sein würde. Nichts von alldem war vorhersehbar.

Während das Universum seinen einförmigen Urzustand hinter sich ließ und anschwoll, kühlte es auch ab, und die niedrigeren Temperaturen eröffneten neue Möglichkeiten. Materie konnte zu gigantischen Strukturen zusammenwachsen, aus denen später Galaxien wurden. Es konnten Atome entstehen und die Chemie beginnen, die einmal feste Körper produzieren sollte.

Seitdem hat das Universum viele wundervolle Phänomene hervorgebracht: gewaltige schwarze Löcher, schwerer als eine Milliarde Sonnen, die Sterne verschlingen und Gasnebel ausspeien; Neutronensterne, die sich tausendmal in der Sekunde um ihre Achse drehen und deren Materie zu einer Dichte von einer Milliarde Tonnen pro Kubikzentimeter zusammengepresst ist; subatomare Teilchen, die so verstohlen sind, dass sie ungehindert Lichtjahre dicke Bleischichten durchdringen können; gespenstische Gravitationswellen, die keine erkennbare Spur hinterlassen, und – phantastischer noch als all diese erstaunlichen, atemberaubenden Phänomene – das Leben. Im kosmischen Maßstab hat Leben zu keinen plötzlichen oder dramatischen Veränderungen geführt; im Gegenteil, wenn man das Leben auf der Erde als typisch betrachtet, dann werden die Veränderungen, die es mit sich bringt, erst im Verlauf gewaltiger Zeitspannen sichtbar. Langsam, aber sicher hat es den Planeten Erde verwandelt, und mit seiner nachgewiesenen Fähigkeit, Bewusstsein, Intelligenz und Technologie hervorzubringen, könnte es dennoch das gesamte Universum verändert haben.

In diesem Buch geht es um den Ursprung des Lebens, die sogenannte Biogenese. Dies ist nicht mein Fachgebiet, das erkläre ich gleich zu Beginn. Von Beruf bin ich theoretischer Physiker, doch das Problem der Biogenese und der damit verknüpften Frage, ob wir allein sind im Universum, fasziniert mich seit langem, seit meiner Studentenzeit am University College in London in den sechziger Jahren. Wie viele meiner Freunde habe ich damals Fred Hoyles berühmten Sciencefictionroman *The Black Cloud* verschlungen, in dem eine riesige Gaswolke aus dem interstellaren Raum in unser Sonnensystem eindringt. Solche Wolken sind an sich ein bekanntes astronomisches Phänomen, doch Hoyle hatte die phantastische Idee, sie könnten lebendig sein. Damit gab er Lesern wie mir natürlich einiges zu beißen. Schließlich gehorchten Gaswolken einfach physikalischen Gesetzen. Wie sollten sie ein selbständiges «Verhalten» zeigen, Gedanken haben und Entscheidungen fällen? Doch gehorchen nicht *alle* Lebewesen den Gesetzen der Physik? Hoyle führte uns dieses Paradox drastisch vor Augen.

Hoyles *The Black Cloud* beunruhigte und verunsicherte mich. Was genau, so fragte ich mich, ist eigentlich Leben? Wie hat es begonnen? Sollte in lebenden Organismen irgendetwas Sonderbares vor sich gehen? Um dieselbe Zeit drückte mir mein Doktorvater, eher zur Entspannung, einen «verrückten» Artikel des hochangesehenen Physikers Eugene Wigner in die Hand. Darin behauptete Wigner, er hätte den Beweis, dass ein physikalisches System nicht von einem toten zu einem lebenden Zustand übergehen könne, ohne die Gesetze der Quantenphysik zu verletzen. Aha! Also glaubte auch der große Wigner, es müsse etwas Eigenartiges geschehen sein, als das Leben begann.

Kurz darauf gab mir mein Doktorvater einen anderen Artikel, in dem es um Biologie ging, obgleich der Autor, Brandon Carter, ein Astrophysiker war. Carter befasste sich mit einem wichtigen und interessanten Aspekt des Lebens, für den es keine Rolle spielt, was Leben ist oder wie es begonnen hat. Er stellte die Frage, welche Eigenschaften ein physikalisches Universum haben muss, damit darin irgendwelches Leben existieren kann. Angenommen, man könnte die Naturgesetze oder die Anfangsbedingungen im Urknall ändern, wie weit dürfte man dabei gehen, ohne dass Leben durch die neuen Gesetze und die andere Struktur des Universums unmöglich würde?

Zum Beispiel erfordert Leben, wie wir es kennen, bestimmte chemische Elemente, insbesondere Kohlenstoff. Der Urknall hat jedoch nur wenige Kohlenstoffatome produziert; die meisten dieser Atome sind später im Inneren von Sternen entstanden. Fred Hoyle hatte schon früher bemerkt, dass der Erfolg der Kohlenstoffproduktion in Sternen ziemlich auf Messers Schneide steht. Er hängt empfindlich von den Verhältnissen zwischen bestimmten Kräften in Atomkernen ab. Die geringste Abweichung von diesem Gleichgewicht hätte dazu geführt, dass es im Universum keinen oder nur wenig Kohlenstoff und wahrscheinlich kein Leben gäbe. Aus Carters Überlegungen wurde das sogenannte anthropische Prinzip, nach dem die Existenz von Leben die Folge verschiedener glücklicher Zufälle in der mathematischen Grundstruktur des Universums ist.

Carters Ideen konnten einen schon nachdenklich stimmen, doch das Geheimnis des Lebens war damit längst noch nicht geklärt. Kurz nachdem ich den Artikel gelesen hatte, gewann ich ein Forschungsstipendium am Institut für Theoretische Astronomie in Cambridge, wo Fred Hoyle der Direktor war und Brandon Carter ebenfalls arbeitete. Dann stieß ich auf ein Büchlein des Physikers Erwin Schrödinger, in dem es genau um die Frage zu gehen schien, die mich interessierte. Unter dem Titel *Was ist Leben?* versuchte Schrödinger zu erklären, warum biologische Organismen vom Standpunkt der Physik aus betrachtet so geheimnisvoll sind. Welchen Einfluss dieses Buch zwanzig Jahre zuvor gehabt hatte, in den Anfängen der neuen Wissenschaft der Molekularbiologie, erfuhr ich erst später.

Leider warf Schrödingers Buch für mich mehr Fragen auf, als es beantwortete, und ich legte das Problem der Biogenese in Gedanken unter «zu schwer» ab. Dann zeigte mir Carter eine überarbeitete Version seines – übrigens nie veröffentlichten – Artikels über das anthropische Prinzip, und zusammen mit Bill Saslaw, einem anderen Kollegen am Institut, spielte ich weiter mit Carters Ideen. Wir versuchten sogar, ein Treffen mit Francis Crick zu arrangieren, der damals am Medical Research Council in Cambridge tätig war. Doch Crick hatte keine Zeit, und für Carter schien das Thema des anthropischen Prinzips weitgehend erledigt.

So schlief mein Interesse an Fragen der Biologie schließlich ein und erwachte erst viele Jahre später wieder, in den frühen achtziger Jahren. Martin Rees – heute Sir Martin Rees, der königliche Hofastronom – war an der Organisation einer Konferenz unter dem Motto «Von Materie zu Leben» in Cambridge beteiligt. 1979 hatte Rees zusammen mit seinem Astronomenkollegen Bernard Carr in einem berühmten Artikel in der Fachzeitschrift *Nature* das anthropische Prinzip wieder ins Gespräch gebracht. Die Konferenz brachte nun Physiker und Astronomen wie Brandon Carter, Freeman Dyson und Tommy Gold, Biologen wie Lewis Wolpert und Sidney Brenner, den Mathematiker John Conway und die Biogeneseautoritäten Manfred Eigen und Graham Cairns-Smith zusammen. Im Programm konzentrierte man sich auf die Anfänge des Lebens, und wenngleich keine endgültigen Antworten gefunden wurden, erfüllte das Treffen den Zweck, die wichtigsten wissenschaftlichen und begrifflichen Probleme herauszustellen.

Ich begann also wieder, über das Geheimnis des Lebens nachzudenken, wobei ich für die nächsten zehn Jahre hauptsächlich durch die Ideen Fred Hoyles, aber auch von Freeman Dyson und Tommy Gold beeinflusst war. Hoyle stellte zusammen mit Chandra Wickramasinghe die waghalsige These auf, das Leben wäre vielleicht nicht auf der Erde entstanden, sondern auf Kometen hierher gelangt. Auch Dyson spekulierte über den Ursprung des Lebens und ließ seiner

Phantasie, was Zukunft und Schicksal der technischen Zivilisation betraf, freien Lauf. Gold kam mit der Theorie heraus, große Mengen von Kohlenwasserstoffen wären unter der Erde eingeschlossen, und auf der Suche nach Belegen für seine Hypothese entdeckte man neue, unterirdische Lebensformen. All diese Entwicklungen haben dazu beigetragen, mein Denken über den Ursprung des Lebens zu formen.

Ebenfalls großen Einfluss hatte der verstorbene Keith Runcorn, ein früherer Kollege an der Universität Newcastle. Runcorn war von Haus aus Geophysiker, doch seine Überlegungen gingen weit über die Erde hinaus und umfassten das ganze Sonnensystem. Trotz der Entfernung zwischen der Geophysik und meinem eigenen Forschungsgebiet wohnte ich oft seinen Seminaren und Konferenzen bei. Besonders denkwürdig war für mich das fünfzigste Treffen der Meteoritical Society, das 1987 in Newcastle stattfand, denn dort hörte ich zum ersten Mal von den Marsmeteoriten.

Das letzte Stück des Puzzles kam in den frühen neunziger Jahren dazu. Inzwischen war ich nach Australien gezogen und lehrte an der Universität Adelaide. Dort faszinierten mich die Arbeiten Duncan Steels, eines Experten für Asteroiden- und Kometeneinschläge auf den Planeten. Steel machte mich darauf aufmerksam, dass nach solchen kosmischen Zusammenstößen Materie von Planeten hochgeschleudert werden konnte, und dies wurde zur Grundlage meiner Theorie über den Austausch von Mikroorganismen zwischen Mars und Erde.

Als ich mir vornahm, dieses Buch zu schreiben, war ich überzeugt, die Wissenschaft wäre dem Geheimnis des Ursprungs des Lebens dicht auf den Fersen. Entdeckungen von Mikroben tief unter der Erdoberfläche, über die ich zuerst von Gold erfuhr, schienen das «fehlende Glied» zwischen der präbiotischen Welt biochemischer Suppen und den ersten, primitiven Zellen zu liefern. Tatsächlich meinen heute viele Wissenschaftler, die auf diesem Gebiet arbeiten, die großen Probleme der Biogenese seien weitgehend gelöst. Mehrere Bücher der jüngsten Zeit verbreiten die Zuversicht, der Ursprung des Lebens sei am Ende doch nicht so geheimnisvoll. Doch da bin ich anderer Meinung. Nach zwei Jahren Forschung bin ich überzeugt, dass es noch eine erhebliche Verständnislücke gibt. Wir haben zwar eine ganz gute Vorstellung über das Wo und Wann, doch *wie* Leben begonnen hat, ist noch längst nicht klar.

Die Verständnislücke, von der ich spreche, besteht nicht einfach darin, dass wir bestimmte technische Einzelheiten noch nicht kennen. Die Probleme sind vielmehr begrifflicher Natur und betreffen die eigentlichen Prinzipien unseres Denkens. Ich sage nicht, der Ursprung des Lebens sei ein übernatürliches Ereignis gewesen. Ich sage nur, dass uns in der ganzen Frage etwas sehr Fundamentales zu entgehen scheint. Wenn es zutrifft, wie so viele Experten und Kommentatoren nahe legen, dass Leben entstehen *muss,* sobald die richtigen Bedingungen herrschen, dann geht im Universum etwas ganz Erstaunliches vor, mit tiefgreifenden philosophischen Konsequenzen. Persönlich bin ich der Auffassung, dass eine wirklich zufrieden stellende Theorie über den Ursprung des Lebens einige radikal neue Ideen erfordert.

Viele Forscher gestehen öffentlich ungern ein, dass der Ursprung des Lebens noch ein Mysterium ist, obwohl sie hinter verschlossenen Türen freimütig zugeben, wie ratlos sie sind. Dafür gibt es zwei Gründe: Erstens denken sie, ein solches Eingeständnis würde religiösen Fundamentalisten und ihren «Gott-der-Lücke»-Erklärungen Vorschub leisten.[1] Zweitens fürchten sie, es könnte die Finanzierung ihrer Forschung gefährden, besonders für die Suche nach außerirdischem Leben. Man scheint der Ansicht zu sein, Regierungen seien eher bereit, Geld für die Suche nach Leben im Weltall auszugeben, wenn die Wissenschaftler sich überzeugt zeigen, dass es wirklich existiert.

Doch auch da bin ich ganz anderer Meinung. Wissenschaftler leisten ihren Disziplinen einen Bärendienst, wenn sie, nur um der Öffentlichkeit zu gefallen, voreilige Behauptungen aufstellen. Unwissenheit ist in meinen Augen eine viel bessere Motivation für ein Experiment als Gewissheit. Unsere Unsicherheit in der Frage, wie Leben entstanden ist, macht die Fahndung danach auf anderen Welten und Versuche, Leben im Labor künstlich zu erzeugen, umso dringlicher. Wenn ich Recht habe und die Biogenese Hinweise auf etwas grundlegend Neues liefert, dann könnte uns die Suche nach Leben auf anderen Planeten in die Lage versetzen, diesen erstaunlichen Übergang zu beobachten, noch während er sich vollzieht. Astronomen betrachten die äußeren Planeten Saturn und Jupiter und ihre Monde als gigantische präbiotische Laboratorien, wo die Schritte, die zum Leben auf der Erde geführt haben, irgendwo zwischen komplexer Chemie und echter Biologie eingefroren sind.

Auf Mars ist die Schwelle zwischen Nichtleben und Leben wahrscheinlich schon überschritten worden. Einiges spricht dafür, dass irgendwann in der Vergangenheit auf dem Roten Planeten Leben geblüht hat. Aus Gründen, die ich in diesem Buch darlegen werde, halte ich es sogar für annähernd sicher. Zudem glaube ich an eine vernünftige Chance, noch heute dort Leben zu finden – vorausgesetzt, man weiß, wo man zu suchen hat.

Das Rätsel der Biogenese ist mehr als nur eines der vielen Probleme auf der Liste wissenschaftlicher Fragen, die man unbedingt angehen sollte. Die Frage nach dem Ursprung des Lebens geht – wie diejenigen nach dem Ursprung des Universums und dem Ursprung des Bewusstseins – viel tiefer. Diese Rätsel zu lösen stellt die Grundlagen unserer Wissenschaft und unseres Weltbilds auf die Probe. Forschungen, welche unser Verständnis der Welt von Grund auf ändern könnten, verdienen höchste Priorität. Über den Ursprung des Lebens rätseln Philosophen, Theologen und Wissenschaftler seit über zweieinhalb Jahrtausenden, doch das kommende Jahrzehnt verspricht einzigartige Fortschritte. Die derzeitige Ratlosigkeit der Wissenschaftler macht diese Gelegenheit noch aufregender und noch zwingender.

Leben ist in seinen Eigenschaften so außerordentlich, dass man es als einen eigenen, alternativen Materiezustand betrachten kann. Das mag stimmen oder nicht, doch jedenfalls kann man nur hoffen, die Frage, wie Leben begonnen hat, zu beantworten, wenn man genau weiß, was Leben eigentlich ist. Im ersten Kapitel dieses Buches versuche ich deshalb, eine Definition des Phänomens «Leben» zu finden – was bekanntermaßen äußerst schwierig ist. Die meisten Lehrbücher konzentrieren sich auf die Chemie des Lebens, auf die Frage, welche Moleküle in einer Zelle für was verantwortlich sind. Leben ist natürlich auch ein chemisches Phänomen, doch seine Eigenart liegt nicht in der Chemie als solcher, sondern in seinen informationellen Eigenschaften. Ein lebender Organismus ist ein komplexes Informationsverarbeitungssystem.

Die Begriffe «Komplexität» und «Information» fallen in das

Gebiet der Thermodynamik, einer wissenschaftlichen Theorie, die Physik, Chemie und Computertheorie verbindet. Seit Jahrzehnten herrscht der Verdacht, das Phänomen «Leben» sei irgendwie in der Lage, die Gesetze der Thermodynamik zu brechen. Der zweite Hauptsatz der Thermodynamik, vielleicht das grundlegendste aller Naturgesetze, beschreibt einen Trend zu Zerfall und Degeneration, dem das Leben offensichtlich nicht zu folgen scheint. Kapitel 2 ist einer eingehenden Diskussion des zweiten Hauptsatzes gewidmet und liefert damit den Kontext für das meines Erachtens letzte Problem der Biogenese, die Frage, wo biologische Information herkommt.

Welche erstaunliche Chemie auch immer auf der frühen Erde oder auf anderen Planeten abgelaufen ist, der eigentliche «Lebensfunke» war nicht die Molekülbrühe an sich, sondern – auf irgendeine Art und Weise – die Organisation von Informationen. Dieses Thema führe ich in den Kapiteln 3, 4 und 5 weiter aus, wo ich die verschiedenen Theorien über Ursuppen und andere Szenarien für den Übergang von Chemie zu Leben beschreibe, die miteinander im Wettstreit stehen. Dort stelle ich auch einige der Versuche vor, Leben im Laboratorium zu erzeugen, und gebe einen kurzen Überblick über die Fossilienlage bezüglich der frühesten Lebensformen. Manche der einführenden Erklärungen über Darwinismus und über Grundlagen der Molekularbiologie mögen dem Leser bekannt sein, auch wenn ich versucht habe, die orthodoxen Ideen auf neue Weise darzustellen.

Habe ich Recht und liegt der Schlüssel zur Entstehung des Lebens nicht in der Chemie, sondern in einer besonderen logischen und informationellen Architektur, dann beinhaltete einer der entscheidenden Schritte die Entstehung eines softwaregesteuerten Informationssystems. In Kapitel 4 argumentiere ich, dass dieser Schritt und das Auftauchen eines genetischen Codes eng verknüpft waren. Mit Hilfe von Ausdrücken und Begriffen der Computerwissenschaft habe ich versucht, die vollkommen ungewöhnliche Form von Komplexität zu erhellen, die in den Genen lebender Organismen zu finden ist. Biologische Komplexität besitzt Eigenschaften, welche die Existenz des Genoms, des Gesamtsatzes von Genen eines Organismus, fast als unmöglich erscheinen lassen. Und doch muss es irgendwie entstanden sein.

Persönlich bin ich zu folgendem Schluss gekommen: Kein bekanntes Naturgesetz könnte aus einem noch so raffinierten Chemikaliengemisch so unausweichlich, wie manche Wissenschaftler es behaupten, eine derartige Struktur hervorbringen. Wenn Leben im Universum bevorzugt entsteht und allgemein verbreitet ist, dann müssen neuartige physikalische Prinzipien am Werk sein. Davon ist im letzten Kapitel die Rede, wo ich versucht habe, die immensen philosophischen Auswirkungen zu erläutern, die auf uns zukämen, wenn das Universum von Leben wimmelte – was nach dem Glauben vieler der Fall ist. Ich zweifle nicht daran, dass der Ursprung des Lebens *kein* Wunder war, und bin davon überzeugt, dass wir uns in einem lebensfreundlichen, unglaublich erfinderischen Universum befinden.

Die zweite Hälfte des Buches ist hauptsächlich einer radikal neuen Theorie über den Ursprung des Lebens gewidmet. Seit Darwins Zeiten gab es nur zwei umfassende Theorien der Biogenese. Nach der ersten begann das Leben durch chemische Selbstmontage in einem wässrigen Medium irgendwo auf der Erdoberfläche. Darwin selbst sprach von einem «warmen kleinen Teich». Die andere Theorie besagt, dass Leben in Form kompletter Mikroben aus dem Weltraum zur Erde gelangt ist – die sogenannte Panspermiehypothese, die den eigentlichen Ursprung des Lebens allerdings im Dunkeln läßt. In den letzten Jahren sprechen in meinen Augen jedoch immer mehr Indizien für eine dritte Alternative: Das Leben begann im Inneren der Erde. Natürlich nicht im flüssigen Erdkern, sondern in mehreren Kilometern Tiefe in der festen Kruste, wahrscheinlich unter dem Meeresboden, wo geothermische Aktivität braukesselartige Bedingungen schafft. Die extreme Hitze und chemische Potenz der Zone unter der Erdoberfläche, besonders in der Nähe von hydrothermalen Vulkanschloten, würde die meisten bekannten Organismen sofort umbringen, doch für die Biogenese war eine solche Umgebung ideal. Wissenschaftler haben absonderliche Mikroben entdeckt, die noch heute in dieser Bruthitze leben, in Temperaturen weit über dem Siedepunkt von Wasser. Diese Supermikroben sind in Kapitel 7 beschrieben, wo ich auch erläutere, weshalb ich sie als lebendige Fossilien aus der Frühzeit des Lebens ansehe. Meiner Meinung nach haben ganz ähnliche Supermikroben einst unter der Marsoberfläche gelebt und könnten, in großen Tiefen, durchaus noch heute dort existieren. Die Gründe dafür lege ich in Kapitel 8 dar. Darüber hinaus bin ich überzeugt, dass Mikroorganismen in Gesteinsbrocken, die durch Einschläge von Riesenmeteoriten aus der Planetenkruste gesprengt wurden, zwischen Erde und Mars unterwegs gewesen sind. Ein großer Teil von Kapitel 8 ist daher dem umstrittenen Thema der Marsmeteoriten gewidmet, besonders dem berühmten Exemplar ALH84001, das NASA-Wissenschaftlern zufolge fossile Marsmikroben enthalten soll. Dass ein Materieaustausch zwischen Planeten mit an Sicherheit grenzender Wahrscheinlichkeit stattgefunden hat, obwohl diese Möglichkeit von den meisten Wissenschaftlern und Kommentatoren in der jüngsten Debatte über Leben auf dem Mars übersehen worden zu sein scheint, macht den tatsächlichen Ursprung des Lebens noch problematischer. Hat es auf der Erde begonnen, auf Mars oder auf beiden unabhängig voneinander? Oder liegt der Ursprung etwa ganz woanders? Die Bedeutung der Astronomie für die Biogenese bespreche ich in Kapitel 6; ein Überblick über die Beweislage bezüglich der wieder erwachten Panspermietheorien findet sich in Kapitel 9. Während der Recherchen zu diesem Buch kamen mir eingehende Diskussionen mit vielen hervorragenden Kollegen zustatten. Manche davon habe ich schon erwähnt. Besonderer Dank gebührt Susan Barns, Robert Hannaford, John Parkes, Steven Rose, Mike Russell, Duncan Steel, Karl Stetter und Malcolm Walter, die so freundlich waren, frühere Entwürfe des Manuskripts zu lesen und kommentieren. Auch Diane Addie, David Blair, Julian Brown, Roger Buick, Julian Chela-Flores, George Coyne, Helena Cronin, Robert Crotty, Susan Davies, Monica Grady, Stuart Kauffman, Bernd-Olaf Küppers, Clifford Matthews, Chris McKay, Jay Melosh, Curt Mileikowsky, Martin Redfern, Martin Rees, Everett Shock, Lee Smolin, Roger Summons, Ruediger Vaas, Frances Westall und Ian Wright leisteten mir wertvolle Hilfe.

Abschließend einige Worte zum Titel dieses Buches. Er bezieht sich auf die biblische Schöpfungsgeschichte, die beschreibt, wie Gott in mehreren Schritten die Welt erschaffen hat. In Vers 11 heißt es:

«Möge das Land Pflanzen hervorbringen.» Dies ist die erste Erwähnung von Leben, welches als das fünfte Wunder erscheint. Die vorhergehenden vier Wunder sind die Erschaffung des Universums, die Schaffung von Licht, des Firmaments und des festen Bodens. Bibelgelehrte haben mich darauf hingewiesen, diese Zählung beruhe auf einer Fehldeutung der Schöpfungsgeschichte, deren erste Zeile – «Am Anfang schuf Gott Himmel und Erde» – nicht die Beschreibung eines eigenen, wunderbaren Aktes sei, sondern die Einführung in den großen Plan, dessen Verwirklichung dann in den folgenden Versen im Einzelnen dargestellt wird. Dennoch bin ich beim fünften Wunder geblieben, womit allerdings nicht gesagt sein soll, der Ursprung des Lebens sei tatsächlich ein Wunder gewesen. Leser, die sich für die theologischen Aspekte des Themas interessieren, seien auf meine früheren Bücher *Der Plan Gottes* und *Sind wir allein im Universum?* verwiesen.

Paul Davies
Adelaide, Australien

1

Was Leben bedeutet

Stellen Sie sich vor, Sie steigen in eine Zeitmaschine und reisen vier Milliarden Jahre in die Vergangenheit. Was wird Sie dort erwarten, wenn Sie aussteigen? Sicher keine grünen Hügel und friedlichen Sandstrände, keine weißen Klippen oder dichten Wälder. Der junge Planet hat wenig Ähnlichkeit mit seinem heutigen, milden Wesen. Der Name «Erde» erscheint vollkommen fehl am Platz: «Ozean» wäre angemessener, denn die Welt ist fast vollständig von einer dicken Schicht heißen Wassers bedeckt. Es gibt keine Kontinente, welche die brodelnden Fluten brechen könnten. Nur hier und da erhebt sich der Gipfel eines mächtigen Vulkans über die Wasserwüste und speit gigantische Wolken übel riechender Gase. Die Atmosphäre ist von erdrückender Dichte und unmöglich zu atmen. Die Sonne, wenn sie einmal durch die Wolken bricht, ist so tödlich wie ein Kernreaktor und badet den Planeten in ultravioletter Strahlung. Nachts blitzen Meteore am Himmel auf und ziehen ihre Spuren, und gelegentlich durchdringt ein großer Meteorit die Atmosphäre und stürzt in den Ozean, was zu riesigen Tsunamis führt, kilometerhohen Flutwellen, die sich um den Globus wälzen.

Der Meeresboden unter dem weltumspannenden Ozean besteht nicht, wie heute, aus hartem Fels. Dicht unter ihm brennt noch das Höllenfeuer der Erdgeburt. An manchen Stellen bricht die dünne Kruste auf, und aus gewaltigen Rissen quillt Lava in die Tiefen des Ozeans. Unter dem enormen Druck der höheren Schichten siedet das Wasser nicht, sondern dringt in das Geäst der Vulkankanäle und verwandelt sie in brodelnde Chemiefabriken, die tief in die bebende Erdkruste reichen. Und irgendwo dort in der sengenden Tiefe, in den finsteren Höhlen im Meeresboden, geschieht etwas Außergewöhnliches, etwas, das die Gestalt des Planeten und am Ende vielleicht des ganzen Universums verändern wird: die Geburt des Lebens.

Diese Geschichte ist natürlich pure Spekulation. Sie stellt nur eines von vielen Szenarien dar, welche die Wissenschaft für die Entstehung des Lebens anbietet, doch es erscheint immer mehr als das plausibelste von allen. Vor zwanzig Jahren wäre es noch Ketzerei gewesen, zu behaupten, das Leben auf der Erde hätte in vulkanischen Tiefen begonnen, weit weg von Luft und Sonnenlicht, doch immer mehr Anzeichen sprechen dafür, dass unsere frühesten Vorfahren nicht aus einem Urschleim gekrochen, sondern einer schwefeligen Unterwelt entstiegen sind. Es könnte sogar sein, dass wir Oberflächenwesen nur eine Art Verirrung sind, eine exzentrische Form der Anpassung, die sich nur unter den speziellen Bedingungen auf der Erde ergeben konnte. Wenn es noch anderswo im Universum Leben gibt, dann könnte es fast vollständig unterirdisch und auf Planetenoberflächen äußerst selten sein.

Inzwischen herrscht eine gewisse Übereinstimmung, dass die frühesten Lebensformen der Erde Mikroben in großen Tiefen waren. Darüber, ob der Lebensraum tief in der Erdkruste auch der Ort war, wo Leben *entstanden* ist, oder ob es sich nur sehr früh dort niedergelassen hat, sind die Meinungen jedoch geteilt. Denn trotz spektakulärer Fortschritte in Molekularbiologie und Biochemie in den vergangenen Jahrzehnten weiß man immer noch nicht, wie sich der Beginn des Lebens vollzogen hat. Wir verfügen zwar über die Umrisse einer Theorie, doch von einer Erklärung der Prozesse, die Materie in Leben umwandeln, Schritt für Schritt, sind wir noch weit entfernt. Selbst die genaue Lage der Brutstätte bleibt ein Geheimnis. Möglicherweise war es gar nicht auf der Erde; vielleicht ist das Leben aus dem Weltraum gekommen.

Wissenschaftler, die versuchen, den Ursprung des Lebens zu erklären, stehen vor der Schwierigkeit, dass sie Ereignisse zu beschreiben haben, die sich vor Milliarden von Jahren zugetragen und kaum oder keine Spuren hinterlassen haben – eine Aufgabe, an der man verzweifeln könnte. Im Laufe der letzten Jahre gab es jedoch eine Reihe bemerkenswerter Entdeckungen in Zusammenhang mit den wahrscheinlich primitivsten Organismen der Erde. Zugleich wurden auch große Fortschritte in der Labormethodik und im Verständnis der Bedingungen im frühen Sonnensystem erzielt. Und schließlich hat das neuerliche Interesse an der Möglichkeit von Leben auf dem Mars weiteres Nachdenken darüber angeregt, was eigentlich die notwendigen Bedingungen für Leben sind. Zusammen haben diese Entwicklungen dazu geführt, dass das Thema «Leben», früher ein spekulatives Randgebiet, heute zum Kernbereich wissenschaftlicher Forschung gehört.

Wie und wo Leben entstanden ist, gehört zu den letzten großen Geheimnissen. Es ist ein Problem, das nicht nur die Wissenschaft betrifft, sondern auch Philosophie und Religion. Antworten auf so grundlegende Fragen wie die, ob wir die einzigen denkenden Wesen im Universum sind, ob Leben auf einem Zufall beruht oder auf einem fundamentalen Gesetz und ob unsere Existenz einen Sinn hat, hängen davon ab, was die Wissenschaft über die Entstehung von Leben enthüllen kann.

In einem Feld, das derart mit Bedeutung überladen ist, überrascht es nicht, dass die Meinungen auseinander gehen. Manche Wissenschaftler betrachten Leben als eine groteske chemische Absonderlichkeit, einzigartig im Universum, während andere überzeugt sind, es sei die vorhersehbare Konsequenz von Naturgesetzen, die Leben begünstigen. Ist das großartige Gebäude des Lebens nichts als die Folge eines verrückten Zufalls, wie der französische Biologe Jacques Monod behauptet hat, dann kann man sich nur seinem düsteren Atheismus anschließen, den er in folgende Worte gefasst hat:

> *Der Alte Bund ist zerschlagen: der Mensch weiß endlich, dass er in der teilnahmslosen Unermesslichkeit des Universums allein ist, aus dem er zufällig hervortrat. Nicht nur sein Los, auch seine Pflicht steht nirgendwo geschrieben.*

Kommt jedoch heraus, dass das Leben nach einer tiefen kosmischen Gesetzmäßigkeit mehr oder weniger vorgeplant war – dass es auf fundamentale Weise zu einem großen kosmischen Drehbuch gehört –, dann wäre das ein Hinweis, dass das Universum als Ganzes einen

Zweck verfolgt. Kurz gesagt: Der Ursprung des Lebens ist der Schlüssel zum Sinn des Lebens.

Im Folgenden werde ich diese umstrittenen philosophischen Fragen angehen, indem ich die neuesten wissenschaftlichen Erkenntnisse beleuchte und überprüfe. Wie lebensfreundlich ist das Universum wirklich? Ist das Leben auf die Erde beschränkt? Wie kann aus einfachen physikalischen Prozessen etwas so Komplexes hervorgehen, wie es schon der einfachste Organismus darstellt?

Das Geheimnis um den Ursprung des Lebens

Der Ursprung des Lebens erscheint fast als ein Wunder, so zahlreich sind die Bedingungen, die zu erfüllen wären, um es in Gang zu setzen.

Francis Crick

Nach der Überlieferung der australischen Aborigines des Kimberley-Plateaus bedeckte Wallanganda, Herrscher über die Galaxie und Schöpfer der Erde, Wunggud, die riesige Erdschlange, mit frischem Wasser aus dem Weltraum. Wunggud, deren Körper ganz aus Urmaterie bestand, war zu einem Ball aus einer geleeartigen Masse zusammengerollt, dem *ngallalla yawun.* Unter dem Einfluss des stärkenden Wassers rührte sich Wunggud und drückte Vertiefungen in den Boden, *garagi,* in denen sich das Wasser sammelte. Dann machte sie Regen und begann die Kreisläufe des Lebens, die Jahreszeiten und die Zyklen von Fortpflanzung und Menstruation. Ihre Schöpferkraft brachte die Landschaft und alle Lebewesen hervor und alles, was wächst, worüber sie heute noch herrscht.

Jede Kultur hat ihre Schöpfungsmythen, wobei manche farbenfroher sind als andere. Die westliche Zivilisation hielt sich dazu über Jahrhunderte an die Bibel, deren Texte neben der australischen Erzählung ziemlich blass erscheinen. Nach der Bibel schuf Gott das Leben mehr oder weniger *ab initio* als das fünfte Wunder.

Nicht weit vom Kimberley-Plateau, jenseits der Großen Sandwüste in den Bergen des Pilbara-Schilds, liegen die ältesten Fossilien der

Welt, die heute zum wissenschaftlichen Tagebuch der Schöpfung gehören. Die moderne Wissenschaft geht davon aus, dass das Leben nicht von einem Gott oder einem übernatürlichen Wesen erschaffen worden, sondern ohne äußeren Eingriff spontan in einem natürlichen Prozess entstanden ist.

In den vergangenen beiden Jahrhunderten haben Wissenschaftler unter großen Mühen die Geschichte des Lebens zusammengesetzt. Fossilien zeigen eindeutig, dass frühes Leben ganz anders war als heutige Formen. Allgemein kann man sagen, je weiter man in der Zeit zurückgeht, desto einfacher waren die Lebewesen, welche die Erde bewohnten. Die große Verbreitung komplexer Lebensformen vollzog sich erst in den letzten tausend Millionen Jahren. Die ältesten ordentlich dokumentierten, echten Tierfossilien, ebenfalls in Australien (in der Flinders Range nördlich von Adelaide), datiert man auf ein Alter von 560 Millionen Jahren. Unter dieser so genannten Ediacara-Fauna sind auch Geschöpfe, die an Quallen erinnern. Kurz nach jener Epoche, vor etwa 545 Millionen Jahren, setzte eine wahre Artenexplosion ein, die in der Kolonisierung des Festlands durch große Pflanzen und Tiere gipfelte. Doch bis vor etwa einer Milliarde Jahren beschränkte sich das Erdenleben auf einzellige Organismen.

Die Entwicklung zu immer komplexeren und vielfältigeren Arten hin wird in großen Zügen durch Darwins Theorie der Evolution erklärt, nach der die Arten sich unablässig verzweigt und wieder verzweigt haben, was zu immer klarer unterscheidbaren Stammbäumen geführt hat. Geht man dagegen in die Vergangenheit zurück, dann laufen diese Stammbäume zusammen, und alles deutet darauf hin, dass alles Leben auf der Erde von einem einzigen, gemeinsamen Vorfahren abstammt. Jeder Mensch, jedes Tier, jede Pflanze und jede mikroskopisch kleine Bakterie geht also auf dieselbe winzige Mikrobe zurück, die vor Milliarden von Jahren gelebt hat: das erste Lebewesen.[1] Damit bleibt jedoch immer noch zu erklären, wie es zur ersten Mikrobe kam, und dies ist das zentrale, ungelöste Rätsel der Geschichte des Lebens.

Ein Blick in die innersten Mechanismen des Lebens lässt dieses Geheimnis nur noch tiefer erscheinen. Die lebende Zelle ist das komplexeste System ihrer Größe, das dem Menschen bekannt ist. Ihre unzähligen spezialisierten Moleküle, von denen viele ausschließlich in lebenden Organismen zu finden sind, stellen für sich schon eine unglaubliche Komplexität dar. Sie vollführen einen Tanz von atemberaubender Präzision, viel ausgeklügelter als das komplizierteste Ballett. Im Tanz des Lebens wirken unzählige Moleküle zusammen, doch von einem Choreographen ist nichts zu sehen. Keine Spur von einem intelligenten Aufseher, keine mystische Kraft, kein bewusster Kontrollmechanismus, der dafür sorgte, dass sich die Moleküle zur richtigen Zeit am richtigen Ort einfinden, der die geeigneten Tänzer auswählte, Lücken schlösse, Paare auflöste und die Akteure weiterbewegte. Der Tanz des Lebens ist spontan, erhält sich selbst und erzeugt sich selbst.

Wie konnte etwas so immens Kompliziertes, so Ausgefeiltes, so unfassbar Raffiniertes ganz ohne Hilfe zustande kommen? Wie können «dumme» Moleküle, die nur in der Lage sind, an ihren direkten Nachbarn zu zerren und zu schieben, in einer Weise zusammenwirken, dass dabei etwas so Geniales wie ein lebender Organismus herauskommt?

Die Lösung dieses Rätsels beschäftigt viele Disziplinen, vor allem die Biologie, doch auch Chemie, Astronomie, Mathematik, Computerwissenschaft und Physik haben etwas beizutragen. Daneben ist es auch eine Übung in Geschichtsforschung. Nur wenige Wissenschaftler glauben heute, das Leben sei in einem einzigen, gewaltigen Sprung entstanden. Kein physikalischer Prozess hat toter Materie von heute auf morgen «Leben eingehaucht». Es muss eine ausgedehnte und komplizierte Übergangsphase zwischen lebloser Materie und dem ersten wirklich lebenden Organismus gegeben haben, eine Chronologie von Ereignissen, die in ihren unzähligen Einzelheiten wahrscheinlich nicht vorbestimmt war.

Ein Naturgesetz kann für sich nicht erklären, wie das Leben begonnen hat, da kein Gesetz denkbar ist, das Myriaden von Atomen dazu zwingen kann, auf bestimmte Weise und in genau festgelegter Reihenfolge Verbindungen einzugehen. Die Entstehung des Lebens war sicherlich im Einklang mit den Naturgesetzen, doch es muss auch einiger Zufall – das Unvorhersehbare, wie die Philosophen es nennen – im Spiel gewesen sein. Deshalb und weil wir die Bedingungen nicht kennen, die in fernster Vergangenheit geherrscht haben, werden wir nie genau wissen, welche Abfolge von Ereignissen die erste Lebensform hervorgebracht hat.

Das Geheimnis der Biogenese besteht jedoch nicht nur in der Urkenntnis bestimmter Einzelheiten. Es gibt auch ein grundsätzliches, begriffliches Problem, welches die Natur des Lebens an sich betrifft. Ich habe eine dieser Lampen auf meinem Schreibtisch, die in den sechziger Jahren so beliebt waren. In ihr steigen und fallen träge, verschiedenfarbige Flüssigkeitsblasen, ohne sich miteinander zu vermischen. Das Verhalten der Blasen wird zuweilen als «lebensähnlich» bezeichnet, eine Eigenschaft, die man verschiedenen leblosen Systemen zuschreibt. Andere Beispiele sind die flackernde Flamme, Schneeflocken, Wolkenmuster, Strudel und Stromschnellen. Was unterscheidet solche Systeme von echten, lebenden Organismen?

Der Unterschied ist nicht graduell, sondern fundamental. Legt ein Huhn ein Ei, dann darf man ohne weiteres annehmen, dass nichts anderes als ein Küken ausschlüpfen wird. Doch versuchen Sie einmal, die genaue Form der nächsten Schneeflocke vorherzusagen. Der entscheidende Unterschied ist, dass ein Küken nach detaillierten genetischen Informationen konstruiert ist, während die Formen der Blasen in der Lampe, der Schneeflocken und der Stromschnellen vollkommen zufällig sind. Es gibt kein «Schneeflocken-Gen». Biologische Komplexität beruht auf Instruktionen.

In den kommenden Kapiteln werde ich argumentieren, dass es nicht reicht, zu wissen, wie die unfassbare strukturelle Komplexität des Lebens zustande gekommen ist. Wir müssen auch eine Erklärung für den Ursprung biologischer Information finden. Wie wir sehen werden, ist die Wissenschaft noch weit davon entfernt, dieses grundlegende begriffliche Rätsel zu lösen – worüber natürlich sehr froh ist, wer meint, dies lasse Raum für ein Schöpfungswunder. Doch aufgepasst: Dass die Wissenschaftler noch nicht sicher sind, wie Leben begonnen hat, bedeutet nicht, dass es keinen natürlichen Ursprung gehabt haben kann.

Wie geht man vor, wenn man zu einer wissenschaftlichen Beschreibung der Entstehung des Lebens gelangen will? Auf den ersten Blick erscheint es hoffnungslos. Die traditionelle Methode der Fossiliensuche liefert kaum Hinweise. Die meisten der zerbrechlichen, präbiotischen Moleküle, aus denen sich Leben gebildet hat, sind längst verschwunden. Wir können bestenfalls hoffen, auf gewisse chemische Rückstände zu stoßen, welche die Urorganismen, aus denen sich das heutige, in Zellen organisierte Leben entwickelt hat, zurückgelassen haben.

Könnten wir uns nur auf versteinerte Fossilien stützen, dann wären die Aussichten, den Ursprung und die ersten Entwicklungsschritte des Lebens zu verstehen, ausgesprochen trübe. Zum Glück gibt es aber noch eine ganz andere Art von Indizien: eine Beweiskette, die von hier und heute, von existierenden Lebensformen bis in die fernste Vergangenheit reicht. Biologen sind überzeugt, dass Merkmale urzeitlicher Organismen in den Strukturen und biochemischen Prozessen ihrer Nachfahren – auch des Menschen – fortleben. In der modernen Zelle finden wir Relikte vergangenen Lebens – hier ein seltsames Molekül, da eine sonderbare chemische Reaktion –, so wie man als Archäologe auf außergewöhnliche Münzen, unerwartete Werkzeuge oder verdächtige Grabhügel stößt. Unter den verwickelten Prozessen in modernen Organismen überleben Spuren urzeitlichen Lebens und bilden eine Brücke zu unserer fernen Vergangenheit. In der Analyse solcher versteckter Spuren haben Wissenschaftler begonnen, die physikalischen und chemischen Pfade zu rekonstruieren, die zur Entstehung der ersten lebenden Zelle geführt haben könnten.

Trotz einer Reihe biochemischer Indizien würde eine solche Rekonstruktion dennoch weitgehend auf Vermutungen beruhen, wären nicht kürzlich bestimmte «lebendige Fossilien» entdeckt worden – Mikroben, die in bizarren und extremen Umgebungen hausen. Diese so genannten Supermikroben, die heute intensiv erforscht werden, könnten die gesamte Mikrobiologie revolutionieren. Die absonderlichen Mikroben scheinen den primitiven Organismen sehr ähnlich zu sein, aus denen sich alles Leben auf der Erde entwickelt haben muss. Weitere Hinweise könnten aus der Suche nach Leben auf dem Mars und auf anderen Planeten sowie aus der Erforschung von Kometen und Meteoriten hervorgehen. Die Gesamtheit der Indizien mag uns eines Tages gar in die Lage versetzen, den Ursprung des Lebens im Universum zu entschlüsseln, zumindest in groben Zügen.

Was ist Leben?

Bevor wir uns der Frage nach dem Ursprung des Lebens zuwenden, müssen wir eine klare Vorstellung haben, was Leben ist. Vor fünfzig Jahren waren viele Wissenschaftler überzeugt, das Problem des Lebens stände kurz vor seiner Lösung. Biologen erkannten, dass der Schlüssel unter den molekularen Bausteinen der Zelle zu finden war. Physiker hatten zuvor eindrucksvolle Fortschritte im Verständnis der atomaren Struktur der Materie erzielt, und nun sah es so aus, als würden sie bald auch das Geheimnis des Lebens aufklären. Erwin Schrödingers Buch von 1944, *Was ist Leben?,* bestimmte die Agenda. Organismen, so schien es damals, waren nichts weiter als raffinierte, aus mikroskopisch kleinen Bauteilen zusammengesetzte Maschinen, die man mit den Techniken der Experimentalphysik untersuchen konnte, und sorgfältige Forschungen stützten diese Ansicht. Nun brauchte man nur noch die Bedienungsanleitungen zu finden, und das Problem wäre gelöst.

Wie naiv diese Anschauung heute erscheint! Die Molekularbiologie konnte wohl einige verblüffende Erfolge verzeichnen, doch das ändert nichts daran, dass man immer noch nicht genau weiß, was den Unterschied zwischen lebenden Organismen und anderen Dingen ausmacht. Die Behandlung des Organismus als Mechanismus hat sich zweifellos als sehr fruchtbar erwiesen, doch muss man sich davor hüten, dem Charme ihrer Einfachheit zu verfallen. Die mechanistische Beschreibung spielt eine wichtige Rolle im Verständnis des Lebens, doch sie erklärt nicht alles.

An einem Beispiel wird sofort deutlich, wo das Problem liegt. Stellen Sie sich vor, Sie werfen einen toten und einen lebendigen Vogel in die Luft. Der tote Vogel wird, wie man leicht vorhersehen kann, ein paar Meter neben Ihnen auf den Boden klatschen. Der lebende Vogel könnte dagegen bald auf einer Fernsehantenne am anderen Ende der Stadt balancieren, oder er landet auf einem Baum, einem Dach, auf einer Hecke oder in einem Nest. Es ist unvorhersehbar, wo er landen wird.

Als Physiker sehe ich Materie als einen passiven, unbeteiligten Klumpen, der nur in Bewegung kommt, wenn äußere Kräfte ihn dazu zwingen – so wie der tote Vogel unter dem Einfluss der Schwerkraft zu Boden plumpst. Lebewesen haben dagegen wortwörtlich ihr eigenes Leben, als ob sie einen inneren Funken besäßen, der ihnen Autonomie verleiht, so dass sie (in Grenzen) tun können, was sie wollen. Selbst Bakterien verfolgen in gewissem Maße ihre eigenen Pläne. Bedeutet diese innere Freiheit, diese Spontaneität nun, dass Leben die Gesetze der Physik brechen kann, oder ist es nur so, dass Organismen diese Gesetze für ihre eigenen Zwecke einspannen? Und wenn sie das tun, auf welche Weise? Wo kommen diese «Zwecke» her in einer Welt, die von blinden und zweckfreien Kräften beherrscht zu sein scheint?

Die Eigenschaft der Autonomie oder Selbstbestimmung scheint dem Kern des großen Rätsels nahe zu kommen, was lebende von leblosen Dingen unterscheidet, doch woher sie eigentlich stammt, ist schwer zu sagen. Was sind die physikalischen Eigenschaften lebender Organismen, die ihnen Autonomie verleihen? Auf diese Frage weiß noch niemand eine Antwort.

Autonomie ist ein wichtiges Merkmal des Lebens, doch es gibt noch viele andere, darunter die folgenden:

- *Reproduktion* – Ein lebender Organismus sollte in der Lage sein, sich fortzupflanzen. Doch auch manche nicht lebende Dinge haben diese Fähigkeit, zum Beispiel Kristalle und Buschfeuer, während Viren, die von vielen als lebend angesehen werden, sich allein nicht vermehren können. Maultiere gehören zweifellos zu den Lebewesen, doch auch sie sind steril. Erfolgreiche Fortpflanzung produziert mehr als eine bloße Kopie des Originals. Der Nachkomme muss stets auch eine Kopie des Fortpflanzungsapparats in sich tragen. Um ihre Gene bis jenseits der nächsten Generation fortzupflanzen, müssen Organismen nicht nur die Gene selbst kopieren, sondern auch den Kopiermechanismus, mit dem sie das Replikat angefertigt haben.
- *Stoffwechsel* – Um als tatsächlich lebend anerkannt zu werden, muss ein Organismus auch irgendetwas tun. Jeder Organismus verarbeitet Chemikalien in komplizierten Reaktionsketten und gewinnt dabei Energie, die ihn befähigt, Aufgaben auszuführen, zum

Beispiel Bewegung und Fortpflanzung. Diese chemische Verarbeitung und Energiefreisetzung bezeichnet man als Stoffwechsel, der jedoch an sich wiederum nicht mit Leben gleichgesetzt werden kann. Manche Mikroorganismen können über lange Zeit vollkommen ruhen, wobei sie alle ihre Lebensfunktionen abschalten, doch irgendwann wachen sie wieder auf, weshalb wir sie nicht als tot bezeichnen würden.

- *Ernährung* – Diese hängt eng mit dem Stoffwechsel zusammen. Schließt man einen Organismus lange genug in einem Kasten ein, dann wird er bald aufhören zu funktionieren und schließlich sterben. Ununterbrochener Materie- und Energiefluss ist lebenswichtig. Deshalb fressen Tiere andere Tiere oder Pflanzen; deshalb vollziehen Pflanzen Photosynthese. Doch auch Energie- und Materieumsatz stellen allein kein Leben dar. Jupiters großer roter Fleck ist ein Strudel, der von Materie- und Energieflüssen aufrechterhalten wird, doch niemand würde ihn als lebendig bezeichnen. Außerdem ist es nicht irgendwelche Energie, die zum Leben gebraucht wird, sondern nutzbare oder freie Energie. Darauf werde ich später noch zurückkommen.
- *Komplexität* – Alle bekannten Lebensformen sind erstaunlich komplex. Sogar einzellige Organismen wie Bakterien wimmeln von Aktivität, an der Millionen von Zellkomponenten beteiligt sind. Zu einem gewissen Grad ist es diese Komplexität, die die Unberechenbarkeit von Organismen garantiert. Andererseits sind auch ein Wirbelsturm oder eine Galaxie sehr komplex, und Wirbelstürme sind für ihre Unberechenbarkeit berüchtigt. Viele leblose physikalische Systeme sind in der Sprache der Wissenschaftler «chaotisch»: Ihr Verhalten ist zu kompliziert, als dass man es vorhersagen könnte, und manche Systeme sind vollkommen zufallsbedingt und unberechenbar.
- *Organisation* – Möglicherweise ist nicht Komplexität an sich das Entscheidende, sondern organisierte Komplexität. Die Komponenten eines Organismus müssen zusammenwirken, sonst kann der Organismus nicht als zusammenhängende Einheit funktionieren. So sind Arterien und Venen vollkommen nutzlos, wenn es kein Herz gibt, das Blut durch sie pumpt. Unsere zwei Beine würden uns

kaum weiterhelfen, wenn ihre Bewegungen nicht koordiniert wären. Selbst innerhalb einzelner Zellen ist die Zusammenarbeit verblüffend. Die Moleküle trudeln nicht einfach sinnlos umher, sondern verhalten sich wie Arbeiter in einer Montagehalle, mit einem hohen Grad an Spezialisierung, mit Arbeitsteilung und einer Befehls- und Kontrollstruktur.

- *Wachstum und Entwicklung* – Einzelne Organismen wachsen, und Ökosysteme tendieren dazu, sich auszubreiten (falls die Umstände günstig sind). Doch viele nicht lebende Dinge wachsen ebenfalls (Kristalle, Rost, Wolken). Eine subtilere, aber weitaus bedeutendere Eigenschaft lebender Dinge ist ihre Entwicklung. Die bemerkenswerte Geschichte des Lebens auf der Erde zeigt eine allmähliche evolutionäre Anpassung. Der Schlüssel liegt in der Variation; Replikation in Verbindung mit Variation führt zu darwinischer Evolution. Wir könnten das Problem auch umdrehen und sagen: Wenn es sich so entwickelt, wie Darwin darlegt, lebt es.
- *Informationsgehalt* – In den letzten Jahren haben Wissenschaftler die Ähnlichkeiten zwischen lebenden Organismen und Computern betont. Entscheidend ist, dass die Information, die zur Fortpflanzung eines Organismus nötig ist, in Form von Genen an den Nachwuchs vererbt wird. Leben ist also eine Art Informationstechnologie, doch auch dies reicht nicht als Definition. Das Muster von Blättern auf einem Waldboden enthält reichlich Information, die jedoch nichts *bedeutet.* Information als Kriterium von Leben muss eine Bedeutung haben für das System, das sie empfängt. Es muss einen «Kontext» geben. In anderen Worten, die Information muss *spezifiziert* sein. Doch wo kommt dieser Kontext her? Wie kommt es in der Natur spontan zu einer bedeutungsvollen Spezifikation?
- *Hardware-Software-Verknüpfung* – Wie wir noch sehen werden, geht alles Leben, wie man es auf der Erde findet, auf eine Übereinkunft zwischen zwei sehr verschiedenen Klassen von Molekülen zurück: Nukleinsäuren und Proteine. Die beiden Gruppen ergänzen einander in ihren chemischen Eigenschaften, doch die Übereinkunft geht viel tiefer, bis in den Kern dessen, was Leben heißt: Nukleinsäuren speichern die Software des Lebens, während die

Proteine die Arbeit verrichten und die Hardware stellen. Die beiden chemischen Domänen können nur deshalb zusammenarbeiten, weil es einen hochspezifischen und ausgeklügelten Kommunikationskanal zwischen ihnen gibt, der über einen Code operiert, den genetischen Code. Dieser Kommunikationskanal und der zugehörige Verständigungsschlüssel – beides Produkte der Evolution – verzahnen die Hardware- und Softwareaspekte des Lebens auf verblüffende und fast paradoxe Weise.

- *Stetigkeit und Wandel* – Ein anderes, uraltes Rätsel ist die eigenartige Verbindung von Stetigkeit und Wandel, in der Sprache der Philosophen der Konflikt zwischen Sein und Werden. Die Aufgabe der Gene ist es, Replikate oder Kopien herzustellen und die genetische Botschaft zu bewahren. Doch ohne Veränderung kann es keine Anpassung geben, und die Gene würden untergehen: Anpassung oder Tod lautet der darwinsche Imperativ. Doch wie können Stetigkeit und Wandel in einem System zusammen existieren? Dies ist der zentrale Widerspruch der Biologie. Leben auf der Erde beruht auf der schöpferischen Spannung zwischen zwei widersprüchlichen Anforderungen. Die Spielregeln, nach denen dieser Konflikt ausgetragen wird, sind uns zum Teil noch schleierhaft.

Wie wir erkennen werden, gibt es keine einfache Antwort auf Schrödingers Frage, was Leben ist. Es gibt kein einfaches Unterscheidungsmerkmal zwischen dem Lebenden und dem Nichtlebenden, und vielleicht ist das ganz gut so, denn für die Wissenschaft ist die Natur eine Einheit. Alles, was einen Keil zwischen die Reiche des Lebenden und des Leblosen treibt, könnte uns zu dem Glauben führen, Leben sei etwas Magisches oder Mystisches und letztlich unnatürlich. Es ist ein Irrweg, nach einer scharfen Trennlinie zwischen lebendigen und anderen Systemen zu suchen. Man findet keinen tiefsten Kern des Lebens, kein spezielles «Lebensmolekül», das sich unter Schichten von Chemie verbirgt. Es existiert kein lebendiges Molekül, sondern nur ein System molekularer Prozesse, das in seiner Gesamtheit unter Umständen als lebend angesehen werden kann.

Die Liste von Merkmalen und Faktoren des Lebens kann man grob unter zwei Begriffen zusammenfassen: Stoffwechsel und Reproduktion. Das sehen wir in unserem eigenen Leben. Die Hauptaktivitäten des Menschen sind im Grunde Atmen, Essen, Trinken, Ausscheiden und Geschlechtsverkehr. Die ersten vier dieser Tätigkeiten sind für den Stoffwechsel nötig, während die letzte der Reproduktion dient. Wesen, die über Stoffwechsel verfügen, sich aber nicht vermehren, und solche, die sich vermehren und keinen Stoffwechsel besitzen, würde man kaum als lebendig bezeichnen.

Die Lebenskraft und andere überholte Anschauungen

Bedenkt man, wie schwer das Phänomen «Leben» zu begreifen ist, dann überrascht es nicht, dass so mancher sich in mystische Erklärungen geflüchtet hat. Sind Organismen vielleicht mit irgendeiner Essenz oder Seele gesegnet, die sie lebendig macht? Der Glaube, dass zum Leben im Gegensatz zu gewöhnlicher Materie, die den normalen physikalischen Gesetzen gehorcht, etwas Zusätzliches, Höheres gehört, der so genannte Vitalismus, ist eine verführerische Idee mit einer langen Geschichte. Der griechische Philosoph Aristoteles führte die Lebenskraft oder «Psyche» ein, die lebenden Organismen ihre besonderen Merkmale, ihre Autonomie verleihen sollte. Aristoteles' Psyche unterschied sich von der späteren, christlichen Anschauung der Seele als etwas Besonderes und Separates: Nach Aristoteles' Weltbild besaßen alle Dinge im Universum innere Eigenschaften, die ihr Verhalten bestimmten. Im Grunde betrachtete er das ganze Universum als einen Organismus.

Über die Jahrhunderte erschien der Begriff der Lebenskraft immer wieder in verschiedenen Verkleidungen. Bisweilen versuchte man, sie mit bestimmten Substanzen zu verbinden, zum Beispiel mit der Luft, was vielleicht gar nicht so abwegig war. Schließlich hört man auf zu atmen, sobald man stirbt, und künstliche Beatmung ist eine Form der Wiederbelebung. Später übernahm dann das Blut die Rolle der Lebenssubstanz. Die antiken Mythen leben in Ausdrücken wie «Leben einhauchen» oder «Lebensblut» weiter (als gäbe es noch andere Arten von Blut!).

Mit fortschreitendem wissenschaftlichem Verständnis wurden

immer geistreichere Begriffe mit der Lebenskraft verbunden. So wurde behauptet, sie wäre dem *Phlogiston* oder Äther zuzuschreiben, jenem imaginären Stoff, der bald selbst in Misskredit geraten sollte. Eine andere Idee, im achtzehnten Jahrhundert populär, war, die Lebenskraft mit Elektrizität zu identifizieren. Damals waren elektrische Phänomene noch geheimnisvoll genug, dass sie einem solchen Zweck dienen konnten, und Voltas berühmte Experimente hatten schließlich bewiesen, dass Elektrizität Froschmuskeln zum Zittern bringen konnte. Mary Shelley spielte in ihrem berühmten Roman *Frankenstein,* in dem das aus Leichenteilen zusammengenähte Monster durch einen Gewitterblitz zum Leben erweckt wird, ausgiebig mit dem Glauben, Elektrizität könnte tote Materie wieder lebendig machen. Im späten neunzehnten Jahrhundert übernahm dann die Radioaktivität die Rolle der Elektrizität als das letzte Geheimnis der Natur, was selbstverständlich dazu führte, dass behauptet wurde, man könne einer Gelatinelösung Leben einhauchen, indem man sie der Strahlung von Radiumkristallen aussetze.

Diese frühen Versuche, die Lebenskraft zu fassen zu bekommen, erscheinen uns heute als purer Unsinn, obwohl die Annahme, zum Leben gehöre etwas, das über die normalen physikalischen Gesetze hinaus geht, bis weit ins zwanzigste Jahrhundert überlebte. Lange Zeit wurden Chemikalien, die von Organismen erzeugt wurden, gesondert behandelt. Noch heute spricht man von «organischer» und «anorganischer» Chemie. Im Hintergrund wurde vorausgesetzt, dass organische Substanzen wie Alkohol, Formaldehyd und Harnstoff irgendwie noch die magische Essenz des Lebens enthielten, selbst außerhalb eines lebenden Organismus. Anorganische Substanzen wie das gewöhnliche Kochsalz sind dagegen wirklich und vollkommen tot.

1828 erlebten die Vitalisten einen gehörigen Schock, als es Friedrich Wohler gelang, Harnsäure aus Ammoniumcyanat, einer anorganischen Substanz, zu synthetisieren. Indem er die unsichtbare Mauer zwischen der anorganischen und der organischen Welt durchbrach und bewies, dass Leben für die Erzeugung organischer Substanzen an sich nicht notwendig ist, widerlegte er die Anschauung, organische Chemikalien wären auf geheimnisvolle Art «anders». Es musste nicht mehr von zwei verschiedenen Typen von Materie ausgegangen werden. Von nun an würden die lebende und die nicht lebende Welt denselben Prinzipien unterliegen.

Heute wissen wir, dass die Biosphäre einen ständigen Kreislauf von Atomen darstellt. Jedes Kohlenstoffatom im menschlichen Körper ist identisch mit den Kohlenstoffatomen in der Luft oder in einem Klumpen Erde. Es gibt keinen geheimnisvollen «Funken», der mein Kohlenstoffatom lebendig macht, während die Atome um mich herum tot sind. Es gibt keine Lebendigkeit, die ein Kohlenstoffatom annimmt, sobald man es sich einverleibt, und die es verliert, wenn man es wieder ausatmet.

Selbst nach dem Fall der Grenze zwischen organischer und anorganischer Chemie war der Vitalismus noch nicht am Ende, sondern wurde weiterhin von einigen bekannten Philosophen verbreitet, in Frankreich zum Beispiel von Henri Bergson. Mit den Arbeiten des deutschen Embryologen Hans Driesch trat die Theorie im letzten Jahrzehnt des vergangenen Jahrhunderts sogar in eine wissenschaftliche Phase. Driesch war verblüfft, wie Embryos sich zu intakten Organismen entwickeln konnten, selbst wenn sie zu Beginn ihres Wachstums verstümmelt worden waren. Diese und andere bemerkenswerte Eigenschaften organischer Entwicklung führten ihn zu der Hypothese, dass die korrekte Ausgestaltung des Organismus – in all seiner Komplexität – sich unter Kontrolle und Leitung einer Lebenskraft vollziehen müsse. Driesch war bewusst, dass diese Lebenskraft, die er als Entelechie bezeichnete, durch ihre ordnende Wirkung in Konflikt mit den normalen physikalischen Kräften und dem Gesetz der Energieerhaltung stünde: Sie wirke daher auf den Zeitplan molekularer Wechselwirkungen, und zwar in einer Weise, dass sich ein kooperatives, holistisches Muster ergebe.

Wenngleich die Entwicklung von Embryos noch nicht vollkommen verstanden ist, so wissen wir inzwischen genug darüber und über die Formung biologischer Muster im Allgemeinen, dass die Entelechie oder irgendeine andere Version der Lebenskraft nach Ansicht der Fachleute nur eine unnötige Komplikation darstellt. Dennoch klammern sich viele Laien noch heute an vitalistische Ideen. Die Anschauungen reichen vom quasi Wissenschaftlichen – wie etwa Kirlian-Fotografien, auf denen ein Strahlenkranz um die Hand eines Menschen erscheint, wenn man sie in ein starkes elektrisches Feld hält – bis zum unverblümt Mystischen, zum Beispiel Yin-Yang-Energieströme, Karma oder die Aura, die nur für besonders begabte Medien sichtbar ist. Zum Pech für die Mystiker hat jedoch kein ordentlich durchgeführtes wissenschaftliches Experiment je eine Lebenskraft nachgewiesen, die wir ohnehin nicht benötigen, wenn wir erklären wollen, was in biologischen Organismen vor sich geht.

Vitalistische Erklärungen für das Leben sind auch deshalb abzulehnen, weil eine Lebenskraft, die sich nur in lebenden Dingen manifestiert, letztlich trivial ist. Lassen Sie mich diesen Punkt am Beispiel der Dampflokomotive verdeutlichen. Auf die Frage: «Was ist eine Dampflokomotive, und wie funktioniert sie?», könnte ein Ingenieur eine sehr detaillierte Antwort geben. Er könnte von Kolben und Ventilen reden, von Dampfdruck und von der Thermodynamik des Verbrennungsprozesses. Er könnte erläutern, welche Teile sich bewegen müssen, um die Räder ins Rollen zu bringen. Vielleicht würde er sogar über den Glanz des Metalls und die Schönheit der Dampfwolken ins Schwärmen geraten.

Nun könnte man einwenden, der Ingenieur habe – bei aller Vollständigkeit seiner Erklärungen – das Wesentliche vergessen: die «Lokomotivigkeit» der Dampflok, die Qualität, die einem Haufen miteinander verbundener Eisenteile die phantastische Kraft, das Majestätische, die Eleganz der Bewegung und die gewaltige Präsenz verleiht, die man beim Anblick einer Dampflokomotive spürt. Doch glauben wir deshalb, sie müsse neben den diversen Metallteilen, aus denen sie besteht, auch eine gewisse Lokomotivigkeit besitzen, wenn wir sie als solche anerkennen sollen? Natürlich nicht; das wäre absurd. Wo sonst, außer in Lokomotiven, würden wir schon diese Lokomotivigkeit finden?

Die Dampflok ist nicht mehr und nicht weniger als die Teile und Bolzen, aus denen sie zusammengesetzt ist. Es gibt keine andere Zutat, keine Lokomotivigkeit, die der Hersteller hinzufügen muss, um die Maschine für ihre vorgesehene Aufgabe «zum Leben zu erwecken». In diesem Sinne suchen die Wissenschaftler, die den Ursprung des Lebens verstehen wollen, nach gewöhnlichen Molekularprozessen, die das Geschehen erklären können, und nicht nach einer externen Lebenskraft, die in tote Materie fährt. Das Bemerkenswerte am Leben, was das Lebende von dem Nichtlebenden unterscheidet, ist nicht, woraus Organismen zusammengesetzt sind, sondern *wie* sie zusammengesetzt sind und als Ganzes funktionieren.

Trotz allem enthält der Vitalismus ein Körnchen Wahrheit. Organismen besitzen tatsächlich ein nicht materielles, lebenswichtiges «Etwas». Das gewisse Etwas ist eine Essenz, keine Kraft und kein beseeltes Atom, sondern eine bestimmte Art von Information oder, wie man heute sagen würde: Software.

Die Geschichte vom Urmolekül

In jedem von uns liegt eine Botschaft, deren Ursprünge sich im Nebel der Zeit verlieren. Die Botschaft ist in einem uralten Code verfasst, und wenn man sie entschlüsselt, dann findet man in ihr den Bauplan eines Menschen. Die Botschaft hat keinen Autor, der Code keinen Erfinder. Botschaft und Code sind spontan entstanden, entworfen von Mutter Natur, sind nur im Rahmen unveränderlicher Naturgesetze wirksam und profitieren vom Spiel des Zufalls. Die Botschaft ist nicht in Tinte niedergeschrieben, sondern in Atomen, raffiniert aneinander gereiht in einem komplexen Molekül namens DNS, Desoxyribonukleinsäure, dem bemerkenswertesten Molekül auf Erden.

Menschliche DNS enthält Milliarden von Atomen, die auf unverkennbare Weise in zwei einander umarmenden Spiralen verbunden sind. Diese berühmte Doppelhelix ist wiederum zu einem dichten Knäuel zusammengerollt. Entwirrt man die DNS einer einzigen Zelle, so ergibt sich ein Strang von zwei Metern Länge. Wir reden also von sehr großen Molekülen.

DNS ist eine chemische Struktur, die voller Bedeutung steckt. Die Anordnung der Atome entlang ihrer Helixfäden bestimmt, wie wir aussehen, und zu einem gewissen Grad sogar, was wir fühlen und wie wir uns verhalten. DNS ist der Konstruktionsplan, ein Algorithmus oder eine Anleitung für den Bau eines lebendigen, atmenden und denkenden Menschen und aller anderen irdischen Lebensformen. Alle Organismen, vom Farn bis zur Fliege, vom Bakterium zum Bären, sind nach den Anweisungen ihrer jeweiligen DNS geformt. Mit Ausnahme eineiiger Zwillinge hat jedes Individuum innerhalb einer Spezies eine andere DNS, und zwischen verschiedenen Arten sind die Unterschiede noch größer. Doch die Struktur – der chemische Aufbau und die Doppelhelixarchitektur – ist überall gleich.

DNS ist unvorstellbar alt. Aller Wahrscheinlichkeit nach existierte sie schon vor dreieinhalb Milliarden Jahren. Sie ist nicht «steinalt», sondern noch älter – älter als jede heute existierende Gebirgsformation. Niemand weiß, wie oder wo das erste DNS-Molekül entstanden ist. Manche Wissenschaftler spekulieren gar, es könnte ein Eindringling aus dem Weltraum gewesen sein, ein Molekül vom Mars oder von einem Kometen, der einst das innere Sonnensystem besucht hat. Doch ganz gleich, wie der erste DNS-Strang zustande gekommen ist: Von ihm stammt unsere DNS ab, wahrscheinlich in direkter Linie. Das wesentliche Merkmal der DNS, das sie von allen anderen großen organischen Molekülen abhebt, ist ihre Fähigkeit zur Replikation. Die DNS ist mit nichts anderem beschäftigt, als mehr DNS zu produzieren, Generation auf Generation, Bauanleitung für Bauanleitung, durch alle Zeitalter in einer ununterbrochenen Kette von Kopien, von der Mikrobe zum Menschen.

Kopien als solche produzieren natürlich immer das Gleiche. Perfekte Selbstnachahmung der DNS hätte zu einem mit identischen, einzelligen Organismen bedeckten Planeten geführt. Kein Kopierprozess ist jedoch vollkommen zuverlässig. Eine Fotokopiermaschine druckt den einen oder anderen schwarzen Punkt, wo im Original keiner ist, eine rauschende Telefonleitung bringt eine Faxübertragung durcheinander, und ein Computerfehler kann die Daten verderben, die man von der Festplatte auf eine Diskette kopieren will.

Fehler in der DNS-Replikation zeigen sich als Mutationen in den Organismen, an die sie vererbt werden. Meistens ist eine Mutation schädlich, so wie ein Shakespeare-Sonett leiden würde, wenn man willkürlich ein Wort änderte. Gelegentlich kann ein Fehler jedoch rein zufällig zu einer Verbesserung führen, die dem Mutanten einen Vorteil bringt. Ist dieser Vorteil lebensbewahrend und befähigt er den Organismus, sich mit größerer Effizienz fortzupflanzen, dann wird die fehlkopierte DNS ihre Konkurrenten verdrängen und zur vorherrschenden Version werden. Bringt der Kopierfehler dagegen einen weniger gut angepassten Organismus hervor, dann wird die mutierte Linie – und damit auch ihre spezielle DNS-Variante – wahrscheinlich schon nach wenigen Generationen aussterben.

Dieser einfache Prozess von Replikation, Variation und Eliminierung ist die Grundlage der darwinischen Evolution. Natürliche Auslese – das kontinuierliche Aussieben von Mutanten gemäß ihrer Leistungsfähigkeit – bewahrt die vorteilhaften Vererbungsfehler und verwirft die schlechten. Angefangen von der DNS einer primitiven Ahnenmikrobe, kamen auf diese Weise, Stück für Stück und Fehler für Fehler, die immer umfangreicheren und längeren Bauanleitungen für komplexere Organismen zustande.

Für manche ist die Vorstellung einer Anleitung, die sich selbst schreibt, einfach indem sie zufällige Fehler aneinander reiht, schwer zu verdauen. Lassen Sie mich das Argument deshalb noch einmal durchgehen, diesmal anhand eines etwas anderen Bildes. Stellen Sie sich die Information in der menschlichen DNS als die Niederschrift einer Symphonie vor, ein gewaltiges Orchesterwerk für Hunderte von Musikern, die Tausende von Noten zu spielen haben. Die DNS des Mikrobenvorfahren ist dagegen nur eine einfache Melodie. Wie wird nun aus einer Melodie eine Symphonie?

Angenommen, ein Schreiber wird beauftragt, das Originalstück in Form von Noten zu kopieren. Zum größten Teil ist der Kopierprozess erfolgreich, doch dann und wann wird aus einer Achtelnote eine Viertelnote oder aus einem C ein D. Ein kleiner Ausrutscher der Feder führt zu einem Wechsel im Tempo oder in der Tonhöhe. Zuweilen kommt auch ein größerer Fehler vor, der zu ernstem Schaden führt, wenn ein ganzer Takt ausgelassen oder wiederholt wird.

Meistens werden solche Fehler die Balance oder die Harmonie stören und das Notenblatt unbrauchbar machen, doch in sehr seltenen Fällen wird die Nachlässigkeit des Schreibers ganz zufällig einen phantasievollen neuen Klang einbringen, eine angenehme Nuance oder Ergänzung, die den Musikfreunden gefällt. Das Stück hat dann tatsächlich eine Verbesserung erfahren und wird für die Zukunft so belassen. Nun stelle man sich vor, dieser Prozess der Verbesserung und Entwicklung würde sich über Billionen von Kopierprozeduren fortsetzen. Langsam, aber sicher wird das Stück neue Elemente gewinnen, eine reichere Struktur entwickeln und zu einer Sonate, einem Konzert oder gar einer Symphonie anwachsen.

Das Entscheidende an dieser Metapher ist, dass die Symphonie entsteht, ohne dass der Schreiber das geringste Wissen über Musik oder irgendein Interesse daran hat. Der Schreiber kann von Geburt taub gewesen sein und nicht den Schimmer einer Ahnung von Melodien haben. Seine Aufgabe ist es nicht, Musik zu komponieren, sondern sie zu kopieren.

Der Vergleich hinkt nur, wenn man zum Ausleseprozess kommt. Es gibt keinen kosmischen Musiker, der die Noten des Lebens überprüft und eine Qualitätskontrolle ausübt. Es gibt nur die Natur, die nach einem einfachen und unerbittlichen Gesetz vorgeht: Was funktioniert, behalte bei, was nicht geht, eliminiere. Für das «Funktionieren» gibt es nur ein einziges Kriterium: die Effizienz der Vermehrung. Führt der Fehler dazu, dass mehr Kopien entstehen, dann wird er ohne weitere Umstände akzeptiert. Wenn A sich besser vermehrt als B, auch nur zu einem winzigen Prozentsatz, dann wird es nach einigen Generationen erheblich mehr A's als B's geben. Stehen A und B um Raum oder Ressourcen im Wettstreit, so darf man annehmen, dass B bald von A ausgeschaltet wird. A überlebt, und B stirbt aus.

Darwinismus ist das zentrale Prinzip, auf dem unser Verständnis der Biologie aufgebaut ist. Er bietet eine kurze Erklärung dafür, wie eine relativ einfache genetische Botschaft sich im Laufe der Jahrmilliarden so komplizieren kann, dass ein DNS-Molekül entsteht, das komplex genug ist, den Menschen zu beschreiben. Sobald die Grundlage zur Verfügung stand, die Urahnen-DNS, konnte die Entwicklung durch zufällige Kopierfehler und Selektion ihren Lauf nehmen. Gute Gene wurden behalten, schlechte wurden eliminiert.

Die Tauglichkeit dieser knappen Erklärung werde ich noch besprechen. Für den Augenblick geht es nur um den Anfangspunkt. Darwinische Evolution kann sich nur vollziehen, wenn irgendwie geartetes Leben schon existiert. (Genau genommen erfordert sie nicht Leben in voller Pracht, sondern lediglich Replikation, Variation und Selektion.) Darwinismus sagt dagegen nichts über jenen entscheidenden ersten Schritt aus, den Ursprung des Lebens. Das zentrale Prinzip des

Lebens lässt uns also im Stich, und wir müssen ein anderes finden, das erklären könnte, wie alles begonnen hat.

Ein guter Ausgangspunkt für die Suche nach Hinweisen über den Ursprung des Lebens ist die Frage, *wo* Leben begonnen hat. Haben wir erst diesen Ort gefunden, dann können wir Vermutungen über die physikalischen Bedingungen anstellen, unter denen Leben entstanden ist, die chemischen Prozesse studieren, die unter solchen Bedingungen ablaufen, und uns Stück für Stück ein Bild davon machen, wie die präbiotische Phase ausgesehen hat.

Mikroben und die Suche nach Eden

Als Knaben hat man mich manchmal gezwungen, die Sonntagsschule zu besuchen, was für mich eine große Qual war. Die einzige positive Erinnerung, die ich daran habe, ist, wie ich ein Bilderbuch durchblätterte, in dem der Garten Eden beschrieben war. Eden war dort ein blitzsauberer Park, in dem stets die Sonne schien und wo exotische Tiere, wahrscheinlich lauter Vegetarier, durch die Landschaft zogen, ohne sich vor irgendetwas fürchten zu müssen – ein angenehmer Kontrast zu meinem Leben in einem Vorort von London. Zu schade, dass der biblische Garten Eden nur ein Mythos ist, obwohl es den Ort, wo die ersten Lebewesen der Erde gelebt haben – eine Art wissenschaftliches Eden – sicherlich geben muss. Doch wo?

Ich schreibe diese Zeilen an einem regnerischen Frühlingstag in den Hügeln bei Adelaide. Der Winterregen hat die Landschaft ergrünen lassen, und ringsum sprießen Büsche, Sträucher und Gräser unter dem üppigen Laubdach turmhoher Bäume. Vögel ziehen am Himmel entlang und schimmern farbenprächtig zwischen den Zweigen hervor. Unter dem Grün verstecken sich Schlangen, Echsen und Spinnen. Bestimmt gibt es auch Hasen, Beutelratten, Mäuse, Ameisenigel und vereinzelt Koalabären und Kängurus. Selbst in diesem regenarmen Land zeigt das Leben unzählige Formen und ist allgegenwärtig.

Die phantastische Vielfalt des Lebens entzückt die Menschen seit Jahrtausenden, doch die wahre Fülle des Lebens auf der Erde hat sich erst vor relativ kurzer Zeit, nach der Erfindung des Mikroskops, offenbart. Während die Naturforscher noch über den biologischen Reichtum des Regenwalds oder des Korallenriffs staunten, übersahen sie ein wahres Füllhorn des Lebens in unserer unmittelbaren Umgebung: das Reich der Mikroorganismen, der einzelligen, winzigen Lebensträger, die fast jede Ritze bewohnen, die der Planet zu bieten hat. Mikroben, lange Zeit schlicht als «Bazillen» abgetan, sind, wie wir heute wissen, die herrschende Klasse des Lebensbaums. «Hinter jedem Haus findet man in kurzer Zeit Tausende neuer Arten, wenn man gründlich sucht», meint John Holt von der Michigan State University. Holts Aussage erscheint zunächst übertrieben, doch dann erinnert man sich, dass ein Löffel voll guter Erde zehn *Billionen* Bakterien zehntausend verschiedener Arten beherbergt! Die Gesamtmasse der Mikroorganismen auf der Erde könnte hundert Billionen Tonnen betragen und damit die Masse des sichtbaren Lebens bei weitem überwiegen.

Dass Mikroorganismen mit bloßem Auge nicht zu sehen sind, heißt nicht, dass sie sich nicht deutlich bemerkbar machen können, zum Beispiel durch ansteckende Krankheiten, Fermentierung von Alkohol und Verderben von Nahrungsmitteln. Dennoch werden die Mikroben von uns Menschen hartnäckig unterschätzt, vielleicht weil sie so viel kleiner sind als wir. Stephen Jay Gould schlägt vor, wir sollten diesen Chauvinismus aufgeben und das gegenwärtige Zeitalter als die Ära der Bakterien bezeichnen, so überwältigend sei die Übermacht dieser winzigen Geschöpfe hinsichtlich ihrer Menge und Vielfalt. So genannte «höhere» Organismen wie Menschen, Hunde und Schlüsselblumen besetzen dagegen nur einige der äußeren Zweige des Lebensbaums.

Ihre Winzigkeit ist nicht der einzige Grund, weshalb Mikroben gewöhnlich übersehen werden. Im Labor sind sie nicht leicht zu züchten, und in der Wildnis verhalten sich viele von ihnen äußerst unauffällig. Zudem erscheinen viele verschiedene Bakterienarten auf den ersten Blick als identisch, weshalb die Mikrobiologen sie bis vor kurzem in Klassen zusammenzufassen pflegten. Erst die modernen Entschlüsselungstechniken der Molekularbiologie haben es ermöglicht, die tatsächlichen genetischen Unterschiede zu erkennen. Bakterien, die unter dem Mikroskop gleich aussehen, haben bei näherem Hinsehen weniger Gene miteinander gemeinsam als mit einem Menschen.

Gould weist darauf hin, dass die Erde sich seit dem ersten Auftauchen von Leben im Zeitalter der Bakterien befindet. Die längste Zeit gab es auf unserem Planeten nichts als Mikroben – eine ernüchternde Tatsache, die nachdenklich stimmt. Da die ersten Lebewesen Mikroben waren, können wir auf wichtige Hinweise auf den Ursprung des Lebens hoffen, indem wir heute existierende Einzeller studieren. Ungewöhnliche Merkmale oder Komponenten, die heute keine Funktion mehr haben – eine Art «Blinddarm» der Mikroben –, könnten uns Einblick in eine längst vergangene Biochemie gewähren. Möglicherweise tragen lebende Mikroben gar noch komplette Moleküle aus einer präbiotischen Welt in sich.

Aus Informationsfetzen, die man aus lebenden Mikroben gewinnt, kann man sich am Ende vielleicht ein Bild machen, was die Urorganismen waren und wo und wie sie gelebt haben könnten. Bloßer Augenschein genügt jedoch nicht, denn die Anatomie der Mikroorganismen liefert kaum Hinweise auf ihre Entwicklungsgeschichte oder eine mögliche Klasseneinteilung: Sie haben keine Arme und Beine, keine Kiemen oder Lungen und keine Augen und Ohren, deren Aufbau man vergleichen könnte. Wie ich noch darlegen werde, finden sich die Eigenschaften, die Mikroben mit ihren frühen Vorfahren verbinden, im Wesentlichen in der Biochemie, in ihrer genetischen Zusammensetzung und den Stoffwechselbahnen, denen sie folgen. Zum Glück verschaffen uns heute die Techniken der modernen Molekularbiologie Zugang zu solchen Informationen. Die zum Teil verschütteten biochemischen Spuren sind wie Fragmente antiker Schriftrollen mit halb vergessenen Texten und bieten faszinierende Einblicke in eine Evolution von fast vier Milliarden Jahren.

Doch wo sollen wir nun, da es so viele Mikrobenarten gibt, nach einer besonderen Häufung solcher molekularer Anhaltspunkte suchen? In der heutigen Welt fallen die Bakterien, die in ihrem Stoffwechsel Sauerstoff aus der Luft umsetzten (aerobe Bakterien) und zu Photosynthese fähig sind, als Erstes ins Auge. Doch die ersten zwei Milliarden Jahre gab es auf der Erde kaum oder gar keinen freien

Sauerstoff, und dennoch gediehen Mikroben in den unterschiedlichsten Umgebungen, indem sie Alkohol fermentierten, Methan produzierten und Sauerstoff aus Schwefelsalzen gewannen. Manche Mikroben folgen heute noch dieser urzeitlichen Lebensweise, und genau von diesen können wir uns am ehesten Hinweise auf die frühesten Lebensformen erhoffen. Wenn also heute noch eine obskure ökologische Nische existiert, die in ihren Bedingungen an die von Asteroidenschauern erschütterte, brodelnde Gashölle erinnert, die unsere Erde einmal war, dann könnten wir dort, wenn wir sorgfältig genug nachschauen, auf Mikroben stoßen, die sich seit der Entstehung des Lebens nur wenig verändert haben.

Das Faszinierende ist nun, dass man solche exotischen Schlupfwinkel tatsächlich gefunden hat, und zwar an Orten, wo man sie am wenigsten erwartet hätte. Tief unter den Ozeanen, in der vollkommenen Finsternis des Meeresgrunds, gibt es Regionen, wo die Erdkruste nicht zur Ruhe kommt. Die machtvollen thermischen Kräfte tief im Inneren des Planeten zerren an den Felsschichten des Meeresbodens, verschieben sie und reißen sie an manchen Stellen auseinander. Hier und da entlang der mittelozeanischen Rücken kommen geschmolzenes Gestein und eiskaltes Wasser in Berührung. Die Lava kühlt ab und schrumpft zusammen, und es entsteht ein Netzwerk von Rissen und Tunnels, durch die das Meerwasser zirkuliert und Mineralien aus dem Felsen löst. An den Ausgängen entströmt eine kochend heiße, mit zahlreichen Chemikalien angereicherte Brühe. Der gewaltsame Kontakt zwischen der überhitzten Flüssigkeit und dem kalten Meerwasser führt zu einem chemischen und thermischen Pandämonium.

Es erscheint unvorstellbar, dass Leben in irgendeiner Form eine so rauhe Umwelt – eher ein Hades als ein Garten Eden – ertragen kann, und doch beherbergen diese hydrothermalen Vulkanschlote eine Vielfalt von Mikroben, manche davon offenbar Überbleibsel einer urzeitlichen Biologie. In finsteren, vulkanischen Tiefen hausen Organismen, die näher mit den ersten Lebewesen der Erde verwandt sind als alle anderen, die wir kennen.

In den kommenden Kapiteln werde ich beschreiben, wie verblüffende Entdeckungen bezüglich unterseeischer und unterirdischer

Supermikroben unser Denken über den Ursprung des Lebens und die Möglichkeit von Leben auf dem Mars gewandelt haben. Doch zuvor muss ich einige der Prinzipien der Biochemie erläutern, insbesondere die Gesetze der Thermodynamik.

2

Gegen den Strom

Und wenn wir einst gehen, so bleiben
Unsre Spuren im Sande der Zeit.
H. W. Longfellow

Ein Ausflug ans Meer war ein seltener Genuss. Strände gehören zu meinen lebhaftesten Kindheitserinnerungen. Außer an das Seegras und die Quallen und das Auf und Ab der Gezeiten entsinne ich mich noch der merkwürdigen kleinen Löcher, die im Sand zurückblieben, wenn das Meer sich zurückzog. Um sie herum waren dünne Sandwürste säuberlich zu kleinen Häufchen aufgespult, wie Zahnpasta aus einer Tube. Was, so fragte ich mich, konnte nur hinter diesen Gebilden stecken? Ich hatte nie eines in der Entstehung beobachtet, und stets wurden sie wieder weggespült, genau wie meine Fußabdrücke.

Heute weiß ich, dass diese Hügelchen von winzigen Krabben stammen, die sich in den Strand bohren und dabei den Sand wegschaufeln. Wie die Wurstform zustande kommt, ist mir allerdings immer noch ein Rätsel. Selbst als kleiner Junge war ich jedoch sicher, dass irgendein Lebewesen dahinter stecken musste. Natürlich gibt es auch viele Muster in der Natur, die nicht auf biologische Aktivität zurückgehen. An demselben Strand, wo die Krabben aktiv waren, gab es auch harte Wellen im Sand, die das Wasser dort eingeprägt hatte. Doch die Zahnpastahäufchen erschienen mir viel zu künstlich und kompliziert, als dass sie das Werk blinder, lebloser Kräfte sein konnten. Der Gezeitenstrom zerstörte die kleinen Hügel; dass er sie auch erschaffen haben sollte, konnte ich mir nicht vorstellen.

Einer der Hauptunterschiede zwischen Leben und der übrigen

Natur ist die erstaunliche Fähigkeit des Lebens, gegen den Strom zu schwimmen und aus Chaos Ordnung zu schaffen. Leblose Kräfte tendieren dagegen stets zur Unordnung. Dies ist in der Tat ein elementares Naturgesetz, der sogenannte zweite Hauptsatz der Thermodynamik. Wenn wir verstehen wollen, wie Leben begonnen hat, müssen wir uns erst klarmachen, wie es mit den Launen dieses Gesetzes fertig wird.

Das Prinzip des Zerfalls

Im vorigen Kapitel habe ich erwähnt, lebende Zellen seien in mancher Hinsicht wie winzige Maschinen. Nun benötigen alle Maschinen Kraftstoff, um sie am Laufen zu halten. Tiere nehmen dazu Nahrung auf, und Pflanzen leben von Sonnenenergie. Ein unvermeidliches Abfallprodukt des Kraftstoffverbrauchs ist Wärme. Das sehen wir an uns selbst: Der Mensch hält sich durch die Abfallhitze der Nahrungsverbrennung warm. Wärme ist auch eine Form von Energie, die physikalische und chemische Prozesse antreiben kann. Im neunzehnten Jahrhundert strebten Wissenschaftler und Ingenieure nach einem Verständnis des Zusammenspiels von Wärme, Arbeit und chemischen Reaktionen, das ihnen die Konstruktion leistungsfähiger Dampfmaschinen und anderer Apparate ermöglichen würde. Ein Ergebnis dieser Studien war die Entdeckung der Gesetze der Thermodynamik, von denen eines, der zweite Hauptsatz, in der Erforschung der Natur des Lebens von größter Bedeutung ist.

Im Wesentlichen verbietet der zweite Hauptsatz der Thermodynamik die Existenz der perfekten Maschine, des Perpetuum mobile. Er besagt, dass jeder physikalische Prozess einen Wirkungsgrad von unter 100 Prozent hat. Mit anderen Worten: Verschwendung oder Zerfall ist unvermeidlich. Zum Beispiel nutzen Dampfmaschinen nie die gesamte Energie, die durch die Kohleverbrennung freigesetzt wird. Viel von der Hitze, die im Kessel erzeugt wird, strahlt ungenutzt in die Umgebung ab, und einiges von der Bewegungsenergie geht durch Reibung zwischen den bewegten Teilen der Maschine verloren.

Um diese Verschwendung zu beschreiben, führte man die Begriffe

«Ordnung» und «Unordnung» ein oder auch «nutzbare» und «nutzlose» Energie. Die Bewegung einer Dampflokomotive auf einem Schienenstrang stellt geordnete oder nutzbare Energie dar, die Abfallhitze ungeordnete oder nutzlose Energie. Wärme ist Energie ohne Ordnung, da sie auf der chaotischen Bewegung von Molekülen beruht. Sie ist nutzlos, weil ihre Verteilung rein zufällig ist. Der Hauptsatz beschreibt den unvermeidlichen und nicht umkehrbaren Trend von geordneten zu ungeordneten Energieformen. Ohne Nachschub von Treibstoff – oder nutzbarer Energie – geht der Dampflok schnell die Puste aus.

Der zweite Hauptsatz der Thermodynamik gilt nicht nur für Maschinen. Er ist ein fundamentales Naturgesetz, vor dem es kein Entkommen gibt. Der britische Astronom Sir Arthur Eddington betrachtete es als das höchste aller Naturgesetze. Er schrieb einmal: «Sollte sich zeigen, dass sich Ihre Theorie im Widerspruch zum zweiten Hauptsatz der Thermodynamik befindet, so ist sie hoffnungslos. Sie kann nur in tiefster Schande enden.»

Man findet leicht alltägliche Beispiele für den zweiten Hauptsatz, in denen Ordnung vor dem Chaos kapituliert. Das Verschwinden von Sandhügeln und Fußabdrücken habe ich schon erwähnt. Andere Beispiele sind der geschmolzene Schneemann oder das zerbrochene Ei. In allen Fällen führt der Prozess von einem relativ geordneten zu einem ungeordneten Materiezustand. Und die Veränderungen sind unumkehrbar: Sie werden niemals erleben, dass die Flut Fußabdrücke erzeugt oder fallende Temperaturen einen Schneemann hervorbringen. Selbst die Männer des Königs in *Alice im Wunderland* waren nicht in der Lage, Humpty Dumpty wieder zusammenzusetzen.

Physiker messen den Verlust an nutzbarer Energie anhand der so genannten Entropie, einer Größe, die den Grad des Chaos beschreibt, das in einem System herrscht. Für jeden physikalischen Prozess – zum Beispiel für den Arbeitszyklus einer Dampfmaschine – kann man berechnen, wie viel Entropie erzeugt wird. Mit Hilfe des Entropiebegriffs können wir den zweiten Hauptsatz der Thermodynamik so ausdrücken: In einem geschlossenen System kann sich die Gesamtentropie nicht verringern. Ebenso wenig kann sie unbegrenzt ansteigen. Es wird sich ein Zustand maximaler Entropie oder maximaler Unordnung einstellen, ein sogenanntes thermodynamisches Gleichgewicht. Hat ein System einmal diesen Zustand erreicht, dann muss es dort verharren.

Was dies bedeutet, lässt sich an einem einfachen Beispiel verdeutlichen: Bringt man einen heißen Körper mit einem kalten in Berührung, so geht stets Wärme vom heißen zum kalten Objekt über. Am Ende erreichen die beiden Körper das thermodynamische Gleichgewicht. Sie haben die gleiche Temperatur, und der Wärmefluss endet. Dies ist ein Übergang von Ordnung zu Unordnung, da die ungleiche Wärmeverteilung zu Beginn als der Zustand größerer Ordnung, das heißt geringerer Entropie, zu betrachten ist, denn im Endzustand verteilt sich die Wärmeenergie auf chaotische Weise auf alle beteiligten Moleküle. In diesem Beispiel bedeutet der zweite Hauptsatz, dass Wärme von heiß nach kalt fließt und nie in die andere Richtung.

Wendet man die Gesetze der Thermodynamik nun auf lebende Organismen an, so scheint sich ein Problem zu ergeben. Eine der grundlegenden Eigenschaften des Lebens ist sein hohes Maß an Ordnung. Wenn sich ein Organismus entwickelt oder fortpflanzt, nimmt diese Ordnung zu, was der Forderung des zweiten Hauptsatzes zu widersprechen scheint. Das Wachstum eines Embryos, die Bildung eines DNS-Moleküls, das Erscheinen einer neuen Spezies und die zunehmende Komplexität der Biosphäre als eines Ganzen sind alles Beispiele für einen Zuwachs an Ordnung und eine Abnahme der Entropie.

Für viele hervorragende Wissenschaftler war dieser Widerspruch ein großes Rätsel. Der deutsche Physiker Hermann von Helmholtz, einer der Begründer der Thermodynamik, gehörte zu den ersten Forschern, welche die Ansicht äußerten, das Leben würde den zweiten Hauptsatz irgendwie umgehen. Auch Eddington sah einen Konflikt zwischen Darwins Evolutionstheorie und der Thermodynamik und meinte, man müsse erstere entweder ganz aufgeben oder ihr ein «Anti-Evolutionsprinzip» beifügen. Selbst Schrödinger hatte seine Zweifel. In seinem Buch *Was ist Leben?* untersuchte er die Beziehung zwischen Ordnung und Unordnung in konventioneller Thermodynamik und stellte sie dem Vererbungsprinzip gegenüber, nach dem Leben aus Ordnung weitere Ordnung erzeugt. Er wies darauf hin, dass ein Organismus seine Ordnung behält, indem er Ordnung aus seiner

Umwelt «trinkt», und stellte zur Debatte, der zweite Hauptsatz der Thermodynamik wäre auf lebende Materie vielleicht nicht anwendbar: «Wir müssen darauf vorbereitet sein, auf ein neuartiges physikalisches Gesetz zu stoßen, das hier vorherrscht.»

Sollte die Existenz von Leben tatsächlich den Gesetzen der Thermodynamik zuwiderlaufen? Nein; der vermeintliche Konflikt löst sich auf, wenn man sich zum Beispiel vor Augen führt, was in und um einen Kühlschrank vor sich geht. Der Kühlschrank hat nur die Funktion, Wärme vom Kalten (dem Inneren des Kühlschranks) ins Warme (die Küche) zu befördern. Wir wissen andererseits, dass Wärme stets vom Warmen zum Kalten fließen muss, doch das Gesetz gilt in dieser Form nur unter der Bedingung, dass das System *geschlossen* ist. Ein Kühlschrank ist aber kein geschlossenes System. Um die Wärme zu zwingen, in die «falsche» Richtung zu fließen, muss der Kühlschrank Arbeit verrichten. Man benötigt einen Motor und irgendeinen Treibstoff, um ihn zu betreiben. Der Motor verbraucht Energie, die nicht zurückgewonnen werden kann, und so erhöht sich die Entropie des Systems «Küche».

Summiert man alles auf, dann findet man, dass zwar die Entropie im Kühlschrank abnimmt, dass die Entropie in der Küche aber in noch größerem Maße zunimmt, allein schon durch die Abwärme des Kühlschrankmotors. Was man am einen Ende gewinnt, geht am anderen Ende – und noch einiges mehr – verloren. Im Ganzen trägt also der Betrieb eines Kühlschranks zur Erhöhung der Entropie des Universums bei. Dasselbe gilt für alle anderen Prozesse, einschließlich des Lebens, die scheinbar Ordnung schaffen, wo vorher Chaos herrschte. An einer Stelle mögen sie Ordnung herstellen, doch woanders erzeugen sie dafür mit Sicherheit umso mehr Unordnung.

Die Unordnung in biologischen Systemen ist schnell aufgespürt. Um zu wachsen, braucht ein Organismus Energie oder Brennstoff. Nahrung enthält nutzbare Energie, von der ein Teil als Abfallwärme ausgeschwitzt wird. Dies hält uns warm und ist in dieser Hinsicht ebenfalls nützlich, doch einige Wärme entweicht unweigerlich in die Luft um uns und ist somit verloren. Auf diese Weise erzeugt unser Nahrungsverbrauch Entropie, und zwar mehr als genug, um für die zusätzliche Ordnung aufzukommen, die sich in der Schaffung neuer

Zellen äußert. Das Gleiche gilt für Pflanzen: Sie wachsen, indem sie Sonnenenergie einfangen, doch der Lichttransport von der heißen Sonne zur kühlen Erde geht mit einem Anstieg der Entropie einher, der wiederum den Ordnungsgewinn durch die Produktion neuer Zellen mehr als wettmacht.

Der zweite Hauptsatz ist auch auf die biologische Evolution anwendbar. Das Auftauchen einer neuen Spezies bedeutet einen Zuwachs an Ordnung, doch Darwins Theorie nennt auch den Preis, der dafür zu bezahlen ist. Die Entwicklung einer neuen Art führt über viele Mutationen, von denen bei weitem die meisten Schaden bringen und durch das Sieb der natürlichen Auslese fallen. Auf jeden erfolgreichen, überlebenden Mutanten kommen Tausende gescheiterter und untergegangener Varianten. Das Gemetzel der natürlichen Selektion bedeutet einen enormen Entropiezuwachs, der den Gewinn in Form der erfolgreichen Version mehr als ausgleicht.[1]

Es stellt sich also heraus, dass biologische Organismen dem zweiten Hauptsatz der Thermodynamik durchweg gehorchen. Solange die Umwelt nutzbare Energie zur Verfügung stellt, können biologische Systeme frisch-fröhlich die Entropie reduzieren und in ihrer direkten Umgebung mehr Ordnung einführen, während sie zugleich zum unaufhaltsamen Anstieg der Entropie des Universums beitragen. Auf diese einfache Lösung des Thermodynamikproblems des Lebens kam schon vor langer Zeit ein anderer Gründervater der Theorie, der österreichische Physiker Ludwig Boltzmann: «Das allgemeine Ringen um Leben ist daher weder ein Kampf um Grundstoffe . . . noch um Energie . . ., sondern um die Entropie, die im Übergang von der heißen Sonne zur kalten Erde verfügbar wird.»

Wir müssen jedoch aufpassen, hier nicht in eine Falle zu tappen. Dass das Leben mit dem zweiten Hauptsatz der Thermodynamik in Einklang steht, bedeutet längst nicht, dass der zweite Hauptsatz Leben *erklären* kann. Dies ist mit Sicherheit nicht der Fall, obwohl viele Wissenschaftler, die es eigentlich besser wissen sollten, diesem Trugschluss verfallen sind. Es bleibt immer noch zu zeigen, *wie* der Austausch von Entropie mit der Umgebung zu der sehr spezifischen Art von Ordnung führt, die sich in biologischen Organismen zeigt. Indem man eine Quelle nutzbarer Energie angibt, erklärt man noch nicht, wie der Ordnungsprozess vor sich geht. Dazu muss man auch die Mechanismen genau kennen, die den Vorrat verfügbarer Energie an die betreffenden biologischen Prozesse koppeln. Diesen Aspekt der Geschichte auszublenden ist dasselbe, wie wenn man behaupten würde, man habe die Funktionsweise des Kühlschranks verstanden, nur weil man die Steckdose entdeckt hat.

Da der Zustand maximaler Entropie einem Gleichgewicht entspricht, ist er von Dauer, während jeder andere thermodynamische Zustand unstabil ist. Natürliche Prozesse wollen die Entropie auf den Höhepunkt treiben. Zuweilen gibt es jedoch Barrieren, die sich dem Wirken des zweiten Hauptsatzes in den Weg stellen. So befindet sich eine Mischung aus Benzindunst und Luft nicht im Zustand größtmöglicher Entropie. Die beiden Gase würden lieber miteinander reagieren und stabilere Substanzen bilden, wobei Wärme frei und sich somit die Entropie erhöhen würde. Unter normalen Bedingungen wird diese Reaktion unterdrückt; eine chemische Barriere hindert sie daran, spontan zu geschehen. Man benötigt einen Funken, um die Reaktion auszulösen. Zustände einer solchen zerbrechlichen Stabilität bezeichnet man als metastabil. Ein anderes Beispiel ist ein Bleistift, der auf seinem flachen Ende steht. Es gehört nur ein kleiner Schubser dazu, ihn umzuwerfen. Auf seiner Spitze steht er dagegen überhaupt nicht stabil.

Die Existenz metastabiler Zustände ist absolut entscheidend für den Erfolg des Lebens. Lebende Organismen beziehen ihre nutzbare Energie aus chemischen Reaktionen, doch das wäre ausgeschlossen, wenn anorganische Prozesse ihnen den Weg abschnitten und die Energie vorher verpulverten. Leben ist daher immer auf der Suche nach metastabilen Quellen nutzbarer Energie, die es ausbeuten kann. Tiere gewinnen ihre Energie aus der Verbrennung organischen Materials, wobei sie sich dieselbe grundlegende Metastabilität zunutze machen, die im Benzin-Luft-Gemisch vorliegt. Wie wir sehen werden, ziehen manche Mikroben Energie aus Reaktionspfaden, auf die nicht einmal ein Chemiker kommen würde.

Um metastabile Quellen anzuzapfen, müssen Organismen die Aktivierungsschwellen überwinden, welche die anorganische Freisetzung der Energie verhindern. Dazu verfügen sie über raffinierte Strategien.

Zum Beispiel benutzen sie Enzyme, um Reaktionen auf die Sprünge zu helfen, die sonst extrem langsam verlaufen würden. Ein anderer Trick ist der Einsatz energiegeladener Moleküle, welche die Rolle des Funkens spielen, der das Benzin-Luft-Gemisch zündet. Da chemische Reaktionen unter verschiedenen Bedingungen mit ganz unterschiedlicher Geschwindigkeit ablaufen, können Organismen die Energiefreisetzung kontrollieren und kleine Energiedosen abrufen, wann und wo sie gerade gebraucht werden. Dies macht die Chemie zu einer idealen Basis für die Biologie, doch im Prinzip könnte das Leben auch jede andere metastabile Energiequelle benutzen. Sciencefictionautoren haben sich Lebensformen ausgedacht, die sich aus ionisiertem Gas oder aus Nuklearprozessen speisen. Theoretisch ist alles möglich, doch die schiere Vielfalt und Vielseitigkeit chemischer Reaktionen macht Leben auf der Grundlage von Chemie bei weitem am wahrscheinlichsten.

Woher kommt biologische Information?

Moderne Kriegführung hängt in hohem Maß von zuverlässigen Verständigungswegen ab. Telefonleitungen und Funkverbindungen spielen seit langem eine zentrale Rolle in militärischen Kommandostrukturen, obwohl diese beiden Kommunikationskanäle Störungen unterliegen, wie jeder weiß, der schon einmal versucht hat, jemandem etwas über eine schlechte Telefonverbindung zu erklären. Im Zweiten Weltkrieg beauftragte die US-Armee daher Claude Shannon von den Bell Telephone Laboratories mit einer Studie über die Prinzipien der Verständigung. Die Ergebnisse seiner Analyse erschienen 1949 unter dem Titel *The Mathematical Theory of Communication* («Die mathematische Theorie der Kommunikation»), ein Buch, das schnell zu einem Klassiker wurde.

Shannons Theorie dreht sich um den direkten Zusammenhang zwischen Information und Entropie. Stellen Sie sich zum Beispiel vor, Sie telefonieren mit einem Freund, doch die Verbindung ist sehr schlecht. Selbstverständlich fügt das Rauschen nichts zu Ihrem Gespräch hinzu. Es kann aber dazu führen, dass Sie einen Teil der

Informationen, die Ihr Freund für Sie hat, nicht empfangen können. Shannons große Leistung war es nun, im Rauschen eine Form von Entropie zu erkennen, während ein ungestörtes Funksignal Ordnung repräsentiert. Vergleichen Sie nur die sorgfältig angeordneten Punkte und Striche des Morsecodes mit dem Knacken und Knistern von Funkstörungen. Shannon behandelt in seiner Theorie Information als das Gegenteil von Entropie. Aus diesem Grund nennt man Information auch zuweilen negative Entropie: Geht Information im Rauschen eines Kommunikationskanals unter, dann wächst die Entropie.

Wir haben also ein weiteres Beispiel für den allgegenwärtigen zweiten Hauptsatz der Thermodynamik vor uns. Den Signalschaden kann man auf zwei verschiedene Weisen betrachten: als Rauschen, das in den Kommunikationskanal eindringt, oder einfach als Informationsverlust. Beides bedeutet das Gleiche. Diese neue Seite des Entropiebegriffs ist allgemein auf physikalische Systeme anwendbar. Der zweite Hauptsatz fordert also einerseits den Anstieg der Entropie und andererseits die Verringerung des Informationsgehalts geschlossener Systeme.

Shannons Ideen sind natürlich auch auf biologische Organismen anwendbar, denn Information ist eines ihrer bestimmenden Merkmale. Die DNS speichert die Information, die benötigt wird, den Organismus zu konstruieren und zu betreiben. Einen Aspekt des Geheimnisses biologischer Ordnung kann man daher in folgende Frage fassen: Woher kommt biologische Information? Die Kommunikationstheorie – oder Informationstheorie, wie sie heute genannt wird – besagt, dass Rauschen Information zerstört und dass der umgekehrte Prozess, die Schaffung von Information durch Rauschen, ein Wunder wäre. Erschiene plötzlich von selbst eine Nachricht aus dem Radiorauschen, so wäre das nicht weniger überraschend, als wenn die Flut Fußabdrücke auf dem Strand hinterlassen würde. Wir sind also wieder bei demselben alten Problem: Der zweite Hauptsatz der Thermodynamik verlangt, dass Information ebenso wenig spontan entstehen kann, wie Wärme von kalt nach warm fließen kann.

Die Lösung des Problems könnte wieder damit zusammenhängen, dass ein Organismus kein geschlossenes System ist. Der Informationsgehalt einer lebenden Zelle kann steigen, wenn die Informationsmenge in der Umgebung fällt, wenn also Information aus der Umwelt in den Organismus übergeht. Das meinte Schrödinger im Grunde, als er sagte, ein Organismus lebe davon, dass er Ordnung «trinkt». Leben entgeht dem Zerfall nach dem zweiten Hauptsatz der Thermodynamik, indem es Information, negative Entropie, aus seiner Umgebung importiert. Die Quelle biologischer Information wäre danach die Umwelt des Organismus.

Der Informationsfluss aus der Umgebung treibt sowohl Stoffwechsel als auch Reproduktion eines Biosystems an. Nahrung enthält geordnete, nutzbare Energie und ist reich an Information. Denken Sie nur an die komplexen organischen Moleküle, die so winzig sind wie die Punkte und Striche eines Morsecodes. Körperwärme ist verschwendete Energie und informationsarm wie eine Telefonleitung, die nichts als Rauschen überträgt. Der zweite Hauptsatz fordert also seinen Preis: Der Organismus wächst, indem er Information in sich konzentriert und Entropie nach außen trägt. Im Falle der Reproduktion ändert sich der Informationsgehalt der DNS viel langsamer, über viele Generationen, und zwar auf dem Wege zufälliger Mutationen. Genetische Mutationen sind das biologische Gegenstück des Rauschens in der Telefonleitung. Das «Signal» ist die neue DNS. Erfolgreich sind solche Mutationen, die eine bessere Anpassung an die Umwelt bringen. Die Umwelt liefert oder, genauer gesagt, wählt also die Information aus, die sich dann in der DNS niederschlägt. Auf dem Wege natürlicher Selektion speist die Umgebung die Information in das genetische Programm ein.[2]

Betrachtet man den Daseinskampf als ein Auf und Ab von Informationen, so ergibt sich eine eigenartige Frage: Sind Mutationen gut oder schlecht? Führte die Genomvervielfältigung stets zu perfekten Kopien, dann gäbe es keine Anpassung an veränderte Umstände, und das Leben wäre bald am Ende. Andererseits würde die genetische Botschaft durch zu viele Kopierfehler verwässert und ginge schließlich ganz verloren. Um erfolgreich zu sein, muss eine Spezies den Mittelweg zwischen zu vielen und zu wenigen Mutationen finden.

Dieser Kompromiss wirkt sich auch in unserem täglichen Leben aus. Als ich sieben Jahre alt war, starb eine betagte Tante von mir an Tuberkulose. Das war das erste Mal, dass ich mit der einst gefürchteten Schwindsucht oder Tb in Berührung kam, und für lange Zeit sollte es das letzte Mal bleiben. Schon in den fünfziger Jahren trat diese uralte Geißel der Menschheit immer mehr in den Hintergrund, und im Jahrzehnt darauf wurden die Fälle so selten, dass man die Krankheit fast als ausgerottet bezeichnen konnte. Die Entdeckung des Antibiotikums Streptomycin im Jahre 1943 und die daran anschließende Einführung der BCG-Schutzimpfung schaltete die Tb als Problem der öffentlichen Gesundheit praktisch aus. Doch heute taucht die Tuberkulose plötzlich wieder in den Nachrichten auf – als neueste arzneiresistente Killerseuche. Ebenso wie neue Erscheinungsformen von Salmonellen, Gonorrhö und Lungenentzündung droht die Tuberkulose wieder zu einer ernsten Bedrohung zu werden. Wie konnte das passieren?

Zum Teil liegt die Antwort in der Fähigkeit von Bakterien, sehr schnell zu mutieren. Zusammen mit dem rasanten Fortpflanzungszyklus der Bakterien ist damit fast garantiert, dass sie jedes Arzneimittel ausmanövrieren. Die medizinische Forschung kann noch so schnell mit neuen Antibiotika herauskommen, die sich ständig wandelnden Krankheitserreger sind bald wieder einen Schritt voraus.

Der Wettlauf zwischen Ärzten und Bakterien ist ein gutes Beispiel für Darwins Evolutionsregeln. Obwohl die Situation im Falle ansteckender Krankheiten durch verschiedene medizinische Faktoren kompliziert wird, erkennt man in dem zugrunde liegenden Replikationsprozess ein einfaches Prinzip. Wie ich schon erklärt habe, sind Fehler in der Informationsübertragung mit Signalrauschen oder Entropie in einem Kommunikationskanal vergleichbar. Rauschen führt dazu, dass Information – in diesem Fall genetische Information – verloren geht. Dem Zerfall der genetischen Botschaft wirkt die natürliche Auslese entgegen, die als Informationsquelle dient. Liefert die Umgebung dem Genom im Rahmen der natürlichen Auslese nicht so viel Information nach, wie durch Kopierfehler verloren geht, dann häufen sich die Fehler letztlich in solchem Maße, dass der Replikationsprozess selbst leidet und die Fortpflanzung zum Stillstand kommt. Dieses fatale Ereignis, ein weiteres Beispiel für das Wirken des zweiten Hauptsatzes der Thermodynamik, hat der deutsche Biochemiker Manfred Eigen als Fehlerkatastrophe bezeichnet.

Die Größe der Fehlerkatastrophe kann man daran messen, wie viele Bits an Information ein Organismus enthält und wie viel davon zerstört sein muss, bevor die betreffende Erblinie endet. Eigen hat gezeigt, dass die erlaubte Fehlerrate, die noch nicht zu einer Fehlerkatastrophe führt, umso kleiner ist, je mehr Gene der Organismus besitzt. Schlampiges Kopieren schadet also komplexen Organismen am meisten. Ein höherer Organismus besitzt etwa 100 000 Gene, in denen er zirka 100 Millionen Bits Informationen speichern kann, und jedes Bit unterliegt Kopierfehlern. Nach grober Schätzung bleibt die Fehlerkatastrophe aus, solange die Fehlerrate pro Generation unter einem Fehler in 100 Millionen Bitkopien liegt. Bakterien, die wesentlich weniger Gene besitzen, können dagegen viel höhere Fehlerquoten verkraften.

Nun scheint der Natur Eigens Regel nicht unbekannt zu sein. Zellen wie die unseren können auf Fehlerraten von nur eins in einer Milliarde kommen, was zu einer langsamen Entwicklung führt. Bei Bakterien geht es viel schneller – etwa eins in einer Million –, und deshalb haben wir das Problem der mutierten Krankheitserreger, die auf alte Medikamente nicht mehr ansprechen. Viren, die noch weniger Gene aufweisen, zeigen eine noch höhere Fehlertoleranz. Die optimale Fehlerrate für eine Art liegt in der Regel knapp unter der Schwelle der Fehlerkatastrophe – ein guter Kompromiss zwischen Stabilität und Flexibilität.

Für das Verständnis der Biogenese spielt die Fehlerkatastrophe eine entscheidende Rolle. Moderne Organismen setzen raffinierte Kontroll- und Korrekturmechanismen ein, um die Fehlerrate gering zu halten. Zur Verfeinerung des Kopierprozesses können Zellen auf einen über Milliarden von Jahren entwickelten Satz von Enzymen zurückgreifen. Die ersten Organismen hätten keinen solchen Enzymapparat zur Verfügung gehabt. Ihre Replikation muss voller Fehler gewesen sein. Nach Eigens Regel bedeutet das, dass die Genome der ersten Organismen (oder präbiotischen Replikatormoleküle) sehr kurz gewesen sein müssen, da sie sonst der Fehlerkatastrophe zum Opfer gefallen wären.

Und hier stehen wir wieder vor einem Paradox. Ist ein Genom nämlich allzu kurz, dann kann es nicht genug Information speichern, um einen Kopierapparat zu konstruieren. Eigen glaubt, selbst die einfachste Replikationsausrüstung beruhe auf viel mehr Information, als in einer primitiven Nukleinsäurekette je Platz gefunden hätte. Wenn es auf eine Länge kommen will, wie sie der Code für die benötigten Kopierenzyme einnehmen würde, riskiert das Genom genau die Fehlerkatastrophe, der es zu entgehen versucht. Das Paradox ist also: Komplexe Genome erfordern zuverlässiges Kopieren, und zuverlässiges Kopieren erfordert komplexe Genome. Doch was kam zuerst? Solche Huhn-oder-Ei-Fragen sind typisch für die Probleme der Biogenese, wie wir in Kapitel 5 sehen werden.

Bisher bin ich mit dem Begriff «Information» etwas lässig umgegangen. Computerwissenschaftler unterscheiden zwischen Syntax und Semantik. Syntaktische Informationen sind einfach Rohdaten, die, wenn überhaupt, nur nach grammatischen Regeln geordnet sind, wohingegen semantische Informationen einen Kontext, eine Bedeutung besitzen. Information an sich muss nicht unbedingt etwas bedeuten. Schneeflocken enthalten syntaktische Information in der jeweiligen Anordnung ihrer Eiskristalle, doch diese Muster haben keinerlei semantischen Inhalt, keine Bedeutung jenseits der Form selbst. Biologische Information zeichnet sich dagegen durch ihre Bedeutungsfülle aus. DNS speichert die Instruktionen zum Bau eines funktionierenden Organismus. Sie ist ein Konstruktionsplan oder Algorithmus für ein spezifisches, vorbestimmtes Produkt. Schneeflocken sind kein Code und kein Symbol für irgendetwas – ganz im Gegensatz zu Genen.

Um das Leben in Gänze zu erklären, reicht es nicht, eine Quelle freier Energie oder negativer Entropie zu identifizieren, die Information einbringen kann. Wir müssen darüber hinaus verstehen, wie *semantische* Information zustande kommt. Die Qualität der Information, nicht ihre bloße Existenz, ist das wahre Rätsel. Der vermeintliche Konflikt mit dem zweiten Hauptsatz der Thermodynamik war nichts als eine Sackgasse.

Die Quelle semantischer Information kann nur die Umwelt des Organismus sein, doch dann stellt sich die Frage, wie die Information zunächst in die Umwelt gelangt ist. Bestimmt war sie nicht einfach da und hat darauf gewartet, von der Natur aufgenommen und zusammengestückelt zu werden wie Fetzen eines vorgefertigten Bauplans. Die Umwelt ist kein intelligenter Architekt. Was wissen wir also über ihren Informationsgehalt? Was bedeutet in diesem Zusammenhang eigentlich der Begriff «Umwelt»? Ist es die unmittelbare Umgebung des Organismus? Ist es die Biosphäre? Das Sonnensystem? Oder gar das ganze Universum? Folgt man der Ursachenkette, so steht man am Ende vor einer Frage der Kosmologie: Woher kommt der Informationsgehalt des Universums?

Die Entropielücke – Gravitation als Urquell von Ordnung

Darwin attackierte einmal jene, die über den Ursprung des Lebens nachzudenken wagten, mit den Worten, man könne sich ebenso gut anmaßen, über den Ursprung der Materie zu spekulieren. Doch heute meinen Physiker und Kosmologen tatsächlich zu wissen, wie Materie entstanden ist, und es erweist sich als äußerst aufschlussreich, diesen Prozess mit der Biogenese zu vergleichen. Das beobachtbare Universum umfasst etwa 10^{50} Tonnen Materie, und für viele Jahre plagte die Kosmologen die Frage, wo all diese Materie herkommen könnte. Frühe Kritiker der Urknalltheorie sträubten sich zu Recht gegen die Annahme, alles sei einfach am Anfang der Zeit erschienen, aus keinem ersichtlichen Grund. Der Gedanke, das Universum wäre gleich komplett mit der nötigen Materie entstanden, sozusagen *ab initio,* erschien vielen als vollkommen unwissenschaftlich.

Es gab jedoch einen Weg voran. Physiker wissen seit langem, dass Materieteilchen entstehen können, wenn genug Energie an einem Ort konzentriert ist. Solche Prozesse können mit Hilfe großer Teilchenbeschleuniger im Labor herbeigeführt werden. Doch leider war auch damit das kosmologische Problem noch nicht gelöst, denn nun stellte sich die Frage, wo die Energie herkam, um die kosmische Materie zu erzeugen. Die Annahme, die Energie wäre im Universum schlicht «gegeben» und von Anfang an da gewesen, war kein großer Fortschritt von der früheren These, die Materie selbst habe seit Beginn existiert. Die Urknalltheorie blieb also mit einem Element des Mystischen behaftet; man hatte immer noch das Gefühl, etwas wäre aus dem Nichts erschienen.

Doch dann, in den achtziger Jahren, fand auch das Rätsel der kosmischen Energie seine Lösung. Man erkannte, dass die Gesamtenergie des Universums exakt null sein könnte; das Universum wäre ein «Nichts aus dem Nichts». Die Ursache, weshalb das Universum insgesamt null Energie und dennoch 10^{50} Tonnen Materie enthalten kann, ist die negative Energie seines Gravitationsfeldes. Berechnungen zeigen, dass die beiden Beiträge, Masse und Energie, sich exakt aufheben und null ergeben könnten. Man hat einen überzeugenden Mechanismus gefunden, durch den positive Energie in Materie überführt wird, während die gleiche Menge negativer Energie ins Gravitationsfeld fließt: Die gesamte kosmische Materie kam also sozusagen gratis. Sobald die Kosmologen das erkannt hatten, wurde auch die These glaubhaft, das Universum hätte mit leerem Raum begonnen. Materie wäre erst später (wenn auch sehr bald nach dem Beginn) erschienen, und zwar als Ergebnis eines natürlichen, physikalischen Prozesses. Die neue Theorie wurde als wissenschaftlicher und damit älteren Vorstellungen überlegen betrachtet, weil sie die Notwendigkeit einer übernatürlichen «Materiegabe» am Anfang der Zeit beseitigte.

Wenn wir uns nun dem Problem der Biogenese zuwenden, stoßen wir auf eine bemerkenswerte Umkehr der Ansichten. Es geht nicht mehr um den Ursprung von Materie, sondern um den Ursprung von Information. Doch während es als «gute Wissenschaft» betrachtet wird, nach einem physikalischen Prozess zu suchen, der Materie hervorbringt, gilt es als extrem unwissenschaftlich, über einen Prozess nachzudenken, der Information erzeugt. Dabei soll Information – ungleich der kosmischen Materie – nicht aus dem Nichts kommen können: Für Information hat man Arbeit zu verrichten.

Hier begegnen wir wieder dem zweiten Hauptsatz der Thermodynamik, da das spontane Auftauchen von Information im Universum einer Verringerung seiner Entropie gleichzusetzen wäre und damit eine Verletzung dieses zweiten Hauptsatzes bedeutete – mit anderen Worten: ein Wunder. Dass das Universum Information enthält – da es sich in keinem thermodynamischen Gleichgewicht befindet –, ist unbestreitbar, und wenn Information nicht erzeugt werden kann, dann muss sie von Beginn an da gewesen sein, als eine der Anfangsbedingungen des Universums. Es scheint sich der Schluss aufzuzwingen, dass das Universum komplett mit einem Informationsvorrat oder negativer Entropie entstanden ist.

Wenn wir fragen, was astronomische Beobachtungen über den Informationsgehalt des frühen Universums aussagen, stoßen wir auf eine merkwürdige Entdeckung: Eines der überzeugendsten Beweisstücke für die Urknalltheorie ist die Existenz einer kosmischen Hintergrundstrahlung, einer Art Nachglühen der feurigen Geburt des Universums. Diese Strahlung hat sich seit kurz nach dem Urknall mehr oder weniger ungestört im Raum ausgebreitet und stellt daher eine Momentaufnahme des neugeborenen Universums dar. Von Satelliten aus hat man das Spektrum dieser kosmischen Wärmestrahlung gemessen und festgestellt, dass es einen Zustand thermodynamischen Gleichgewichts charakterisiert. Dies ist jedoch auch der Zustand maximaler Entropie, was gemäß Shannon *minimalem* Informationsgehalt entspricht. Genauer gesagt genügt ein einziges Informationsbit, nämlich die Temperatur, einen solchen Zustand vollständig zu beschreiben. Wenn also die Hintergrundstrahlung ein Maßstab ist, dann hat das Universum fast ohne jeden Informationsinhalt begonnen.

Wir scheinen wieder vor einem beunruhigenden Widerspruch zu stehen. Der zweite Hauptsatz verbietet einen Zuwachs des Informationsgehalts des Universums während seiner Entwicklung, und soweit wir erkennen können, enthielt das frühe Universum sehr wenig Information. Doch wie ist es dann zu der Information gekommen, die heute im Universum enthalten ist? Oder wenn man den Begriff der Entropie benutzen will: Wie hat das Universum den gegenwärtigen Zustand des Ungleichgewichts erreicht, wenn es in einem annähernden thermodynamischen Gleichgewicht, sprich mit maximaler Entropie, begonnen hat, wo doch der zweite Hauptsatz der Thermodynamik eine Abnahme der Entropie ausschließt?

Die Lösung dieser kosmischen Preisfrage ist inzwischen wohl bekannt. Sie beruht auf einer genaueren Betrachtung der Gravitation.

Zur Verdeutlichung, welche Rolle die Schwerkraft im Rahmen der Thermodynamik spielt, stelle man sich eine Gasflasche vor, deren Inhalt überall die gleiche Temperatur hat. Lässt man das Gas in Ruhe, so wird nichts passieren, das heißt, es bleibt im thermodynamischen Gleichgewicht. Doch ist die Gasmasse so groß, zum Beispiel wie eine interstellare Gaswolke, dass die Gravitation einen merklichen Einfluss auszuüben beginnt, dann kann man nicht mehr sicher sein, was geschehen wird: Das System ist instabil. Das Gas wird beginnen, sich zusammenzuziehen. Hier und da werden sich Klumpen höherer Dichte und damit auch höherer Temperatur bilden. Es entstehen Temperaturgefälle, und Wärme wird fließen. In interstellaren Wolken werden Sterne geboren, und der Fluss der Wärmestrahlung von einem solchen Stern, unserer Sonne, ist die Quelle freier Energie oder negativer Entropie, die auf dem Weg der Photosynthese alles Leben auf der Erdoberfläche in Gang hält. So vollziehen sich unter der Wirkung der Gravitation in einem Gaskörper, der sich eigentlich schon in einem Zustand maximaler Entropie befindet, Veränderungen, die dazu führen, dass Wärme fließt und die Entropie weiter ansteigt. Die durch die Schwerkraft verursachte Instabilität wird damit zur Quelle der Information.

Gravitation ändert also die Situation in einem System fundamental. Ein System, in dem Gravitation spürbar ist, befindet sich nicht wirklich im thermodynamischen Gleichgewicht, wenn es nur überall gleiche Temperatur und Dichte hat. Der Augenschein täuscht. Eine einförmige Gaswolke hat immer noch reichlich freie Energie zur Verfügung. Trotz der einheitlichen Temperatur befindet sich das Gas in einem Zustand *geringer* Entropie. Im kosmologischen Maßstab ist die Gravitation die alles beherrschende Kraft, und ihr Einfluss auf die Thermodynamik darf nicht übersehen werden. Deshalb können wir von einer einheitlichen Hintergrundstrahlung nicht darauf schließen, dass sich das frühe Universum im thermodynamischen Gleichgewicht befunden hat.

Wie das Leben scheint auch die Gravitation im Sinne der Thermodynamik «in die falsche Richtung» zu gehen.[3] Aus einer einförmigen Gaswolke wird etwas Klumpiges, Komplexes. Spontan ergibt sich Ordnung. Für die Informationstheorie scheint alles verkehrt zu laufen. Ein einförmiges Gas kann man aufgrund seiner Einfachheit mit einem Minimum an Information beschreiben, wohingegen die Beschreibung eines Sternhaufens oder einer Galaxie zahlreiche Informationsbits erfordert. Auf eine noch wenig verstandene Weise verbirgt sich im glatten Gravitationsfeld eines strukturlosen, einheitlichen Gases eine riesige Informationsfülle. Im Laufe der Zeit gerät das Gas aus dem Gleichgewicht, und Information fließt aus dem Gravitationsfeld in das Materiefeld. Ein Teil dieser Information endet in den Genomen von Organismen und wird zu biologischer Information.

Betrachtet man das Universum als Ganzes, so wurde aus der ursprünglich glatten Verteilung des Gases, das der Urknall ausgespuckt hat, eine Ansammlung von Flecken heißerer und kälterer Gase, aus denen sich dann strahlende, von leerem Raum umgebene Urgalaxien entwickelten. In diesen Ur- oder Protogalaxien bildeten sich schließlich die Sterne. Das Anschwellen des Universums trug zur Verstärkung der Temperaturunterschiede bei, denn die Hintergrundstrahlung wurde immer kälter, und die heißen Sterne stachen immer kräftiger im kalten Raum hervor. Die Gravitationsprozesse öffneten eine Entropielücke im Universum – die Lücke zwischen der tatsächlichen und der maximal möglichen Entropie. Der Lichtfluss aus den Sternen ist bestrebt, diese Lücke zu schließen, und wird damit zur Quelle aller freien Energie, einschließlich der chemischen und thermischen Energie im Erdinneren. Alles Leben speist sich aus der Entropielücke, welche die Gravitation geschaffen hat. Die Gravitation ist also der Ursprung biologischer Information und Ordnung.

Akzeptieren wir die Gravitation im einförmigen Universum unmittelbar nach dem Urknall als den Urquell aller Information, dann bleibt immer noch das Problem der Semantik: Wie ist *sinnvolle* Information im Universum entstanden? Dieses Rätsel ist eng mit dem Ursprung der Komplexität verknüpft, einem weiteren bestimmenden Faktor in der Entstehung des Lebens. Die Wissenschaftler sind sich nicht einig, ob sich Komplexität wie Materie oder wie Information verhält. Die Frage ist, ob die Gesamtkomplexität des Universums stets gleich bleibt oder nicht.

Es gibt Forscher, die davon überzeugt sind, dass Komplexität bestimmten Gesetzen folgt. Wenn solche Gesetze existieren, dann könnten sie beschreiben, wie sich ein einfacher Zustand auf natürliche Weise zu einem komplexeren entwickeln kann, der unter Umständen sogar semantische Information enthält; auf diesen Vorgang, der häufig als Selbstkomplexifizierung oder Selbstorganisation bezeichnet wird, werde ich in den kommenden Kapiteln des Öfteren zu sprechen kommen. Andere Wissenschaftler argumentieren dagegen, Komplexität könne nicht aus dem Nichts entstehen; ein komplexes System könne nur von einem anderen System erschaffen werden, das mindestens ebenso komplex ist. Gravitationsbedingte Komplexität sollte dennoch sorgfältig geprüft werden, weil sie auf natürliche Weise aus einem einfachen Anfangszustand hervorgehen würde.

Wie Gravitation, eine im mikroskopischen Maßstab sehr schwache Kraft, eine direkte Rolle in biochemischen Prozessen spielen soll, ist nicht so leicht einzusehen, obwohl es auch in diese Richtung Überlegungen gibt. Roger Penrose, Mathematiker in Oxford und Fachmann auf dem Gebiet der Gravitationstheorie, hat spekuliert, Gravitation könne über Quantenprozesse Biomoleküle beeinflussen. Der mathematische Physiker Lee Smolin hat ebenfalls die Themen «Gravitation» und «Leben» in seinem kürzlich erschienenen Buch *The Life of the Cosmos* zusammengeführt. Dabei entwickelt er eine Analogie zwischen dem Verhalten von Ökosystemen und dem von Spiralgalaxien. Auf der Grundlage von Computersimulationen selbstorganisierender Systeme findet Smolin bezüglich Rückkopplung und Musterbildung enge Parallelen zwischen der Formung von Sternhaufen und der Biologie. Seiner Auffassung nach gehört Leben zu einer «ineinander greifenden Hierarchie selbstorganisierter Systeme, angefangen von unseren lokalen Ökologien bis mindestens zur Ebene der Galaxie hinauf».

Treffen Penroses und Smolins – zugegebenermaßen sehr spekulative – Ideen zu, dann offenbart sich hier eine Verbindung zwischen gravitationsbedingten und biologischen Systemen, da beide von der Thermodynamik her in die «falsche» Richtung gehen. Der Ursprung des Lebens wäre demnach tief verknüpft mit dem Ursprung des Universums selbst.

Wo wir schon beim Spekulieren sind, darf ich auch ein paar meiner eigenen Gedanken einbringen. Der Begriff «Information» taucht in den unterschiedlichsten wissenschaftlichen Zusammenhängen auf, nicht nur in Biologie und Thermodynamik, sondern auch in der Computertheorie und in anderen Zweigen der Physik. So werden in der Quantenmechanik die wellenartigen Aspekte von Materie durch als Wellenfunktionen bezeichnete mathematische Objekte dargestellt. Die Wellenfunktion eines Systems enthält alles, was über das System bekannt ist, das heißt, sie beschreibt den Informationsgehalt des betreffenden Zustands. Darauf werde ich in Kapitel 10 näher eingehen; an dieser Stelle will ich nur bemerken, dass die Wellenfunktion sich dadurch auszeichnet, dass sie *nicht lokal* ist. Sie breitet sich über den Raum aus und beschreibt geheimnisvolle Verbindungen zwischen weit auseinander liegenden Teilchen – Verbindungen, die Einstein als «gespenstische Fernwirkung» zu bezeichnen pflegte. Die Wellenfunktion mit ihrem Informationsgehalt ist also, mit anderen Worten, *global* und keine lokale Größe wie Impuls, Energie oder elektrische Ladung.

Auch in der Relativitätstheorie stoßen wir auf den Begriff «Information», wenn auch in einem ganz anderen Kontext. Man hört oft, nach der Relativitätstheorie sei es verboten, dass sich irgendetwas schneller fortpflanzen könne als Licht. Das stimmt nicht. Die Theorie erlaubt bestimmten hypothetischen Teilchen, sogenannten Tachyonen, sich mit Überlichtgeschwindigkeit zu bewegen. Verboten ist lediglich die Übertragung von Information schneller als Licht. Das Problem mit einer überlichtschnellen Signalübertragung ist, dass dann auch eine Situation denkbar wäre, wo Signale in die Vergangenheit geschickt werden könnten, was zu den klassischen Kausalitätsproblemen führen würde.

Die Ursache dieser Paradoxe ist jedoch nicht die Möglichkeit überlichtschnellen Transports an sich. Ein Rauschen, das sich schneller ausbreiten würde als Licht, würde die Kausalität nicht bedrohen, weil es keine Information enthält. Nur im Falle von Signalen, das heißt Information, kommt es zu Paradoxen. Stellen Sie sich zum Beispiel vor, die Funkfernsteuerung, die mein Garagentor öffnet, wäre in der Lage, Signale in die Vergangenheit zu senden, etwa um einen Tag. Angenommen, ich würde den Sender auf eine über

Funk aktivierte Bombe legen, die darauf programmiert wäre, zu explodieren, sobald sie ein Signal aus der Zukunft empfinge. Was würde nun geschehen, wenn ich morgen den Knopf drücken würde? Die Bombe sollte dann heute explodieren und meine Fernsteuerung zerstören, was mich allerdings daran hindern würde, die Bombe morgen zu aktivieren . . .

Für Anhänger von Sciencefictiongeschichten sind solche Paradoxe nichts Neues. In unserem Beispiel braucht der Auslöser der Bombe kein kompliziertes Funksignal zu sein. Es reicht ein einzelnes Quantenteilchen. Ist das System so konstruiert, dass das betreffende Teilchen ein Signal ist, das die Bombe zündet, dann stehen wir vor einem Paradox. Das Teilchen an sich ist hingegen durch nichts ausgezeichnet: Teilchen ist Teilchen. Zum Auslöser und Paradox wird es erst, wenn es Information vom Sender zum Empfänger befördert. Es ist der *Kontext,* in dem das Teilchen in die Vergangenheit reist, der die Probleme bereitet. Kontext aber ist ein *globales* Phänomen. Das Teilchen für sich verrät nicht, ob es Information trägt oder nicht. Es gibt keine *lokale* Eigenschaft (wie zum Beispiel seine elektrische Ladung), die es als Informationsträger auszeichnet.

Sowohl die Quantenmechanik als auch die Relativitätstheorie deuten also darauf hin, dass Information keine lokale, sondern eine globale physikalische Größe ist. Man kann nicht einfach einen bestimmten Ort im Raum untersuchen und Information feststellen. Was man sieht – zum Beispiel ein Teilchen –, wird nur in einem entsprechenden globalen Kontext zu Information. Ob das Teilchen Information besitzt oder nicht, ist jedoch keine triviale oder rein semantische Frage. Es könnte dramatische, spürbare Konsequenzen haben, wie das Beispiel der Bombe deutlich macht.

Was hat dies alles mit dem Ursprung des Lebens zu tun? Es legt den Verdacht nahe, dass wir den Ursprung biologischer Information nicht auf das Wirken lokaler physikalischer Kräfte und Gesetze zurückführen können werden. Insbesondere die oft wiederholte Behauptung, das Leben sei in den Gesetzen der Physik vorbestimmt, kann nicht zutreffen, wenn damit die normalen Gesetze gemeint sind, die lokale Wirkung und Nahkräfte beschreiben. Der Ursprung biologischer Information ist in einem irgendwie gearteten globalen Kontext zu suchen. Es könnte sich herausstellen, dass dieser Kontext einfach die Umgebung ist, in der sich Biogenese vollzieht. Er könnte aber auch einen noch unbekannten, nicht lokalen Typ physikalischer Gesetze umfassen, welche die Dynamik der Information eindeutig mit der Dynamik der Materie verknüpfen.

3

Ursuppe und Leben

Sie haben meine Ansicht ganz richtig wiedergegeben, als Sie sagten, ich hätte die Frage des Ursprungs des Lebens – bei unserem gegenwärtigen Wissensstand gänzlich ultra vires *– absichtlich nicht behandelt.*

Charles Darwin

Earl Mountbatten of Burma, der ermordete Vetter von Königin Elisabeth II., prahlte gern, er könne seinen königlichen Stammbaum bis in die Zeit vor der Normanneninvasion von 1066 zurückverfolgen. Eine eindrucksvolle Behauptung, die uns gemeine Sterbliche in Ehrfurcht erstarren lassen sollte. Oder etwa nicht?

Tausend Jahre Geschichte entsprechen ungefähr vierzig Generationen. Jeder Mensch hat zwei Eltern, vier Großeltern und acht Urgroßeltern. Für jede Generation, die man zurückgeht, verdoppelt sich die Anzahl der Ahnen. Nach dieser Regel müssten vor 40 Generationen genau 2^{40} oder zirka eine Billion Vorfahren von mir gelebt haben. Das wären natürlich viel mehr Menschen, als jemals auf der Erde geboren worden sind. Es kann also etwas nicht stimmen in dieser Rechnung.

Der Fehler ist, anzunehmen, unsere Herkunft gehe immer weiter in die Vergangenheit zurück, wie es ein Stammbaum suggeriert. In Wirklichkeit überkreuzen sich die Zweige jedoch irgendwann, weshalb wir alle mehr oder weniger entfernt verwandt sind. Auch in mir fließt königliches Blut. Der einzige Unterschied zwischen mir und Lord Mountbatten ist, dass ich nicht die Dokumente vorweisen kann, die es belegen würden.

Denkt man weiter über Stammbäume nach, so kommt man zu noch seltsameren Schlüssen. Anstatt sich immer mehr zu verzweigen, müssen sie an einem Punkt zusammenlaufen, wenn man weit genug in die Vergangenheit zurückgeht. Vor 100 000 Jahren gab es nur eine Handvoll Homo sapiens auf der Erde, von denen ausnahmslos alle Menschen abstammen, die heute leben. Und vor noch längerer Zeit muss es einen einzigen menschlichen Urahnen gegeben haben. (In der weiblichen Linie wird dieser Vorfahre gern als die «afrikanische Eva» bezeichnet, da vieles darauf hinweist, dass sie in Afrika gelebt hat.) Und was für den Menschen gilt, trifft ebenso für andere Arten zu. Zum Beispiel haben wir fast alle unsere Gene mit den Schimpansen gemeinsam. Einige Millionen Jahre bevor die afrikanische Eva durch die Steppen zog, hauste irgendwo in den Wäldern Afrikas ein gemeinsamer Vorfahre aller Affen und Menschen, und je weiter man zurückgeht, desto engere Verwandtschaften wird man zwischen Arten finden, die heute längst ausgestorben sind. Einer meiner Vorfahren vor einer halben Milliarde Jahren war ein Fisch, und meine Ahnen vor zwei Milliarden Jahren waren lauter Mikroben.

Dieselbe Logik gilt für alle Organismen, auch für den Busch draußen vor meinem Arbeitszimmer, für den Vogel, der mit seinem Schnabel am Fenster klopft, und für die Pilze auf unserem Rasen. Könnten wir ihre Stammbäume weit genug zurückverfolgen, kämen sich die verschiedenen Zweige immer näher und würden schließlich zusammenlaufen. Man kann sich einen Stammbaum vorstellen, der alles umfasst, was heute lebt: einen Baum des Lebens. Am Ende müssen auch dessen Zweige sich alle an einem Stamm treffen, der einen einzigen, primitiven Organismus darstellt, den gemeinsamen Vorfahren allen irdischen Lebens, einen mikrobiellen Adam, dessen Bestimmung es war, einmal die ganze Erde zu bevölkern, mit unzähligen Nachkommen. Doch wie ist es zu diesem winzigen Organismus gekommen, dem Erzeuger einer Milliarde Spezies? Wann und wo hat er gelebt? Und was war davor?

Im Frühjahr und Sommer 1837, gerade zurück von seiner Reise an Bord der *Beagle,* begann Charles Darwin seine Forschungen in der großen Synthese zusammenzufassen, die zu seiner berühmten Evolutionstheorie werden sollte. Mitte Juli waren Darwins Gedanken offenbar noch ungeordnet. Er schien verwirrt zu sein und im Dunkeln zu tappen.

In seinem Protokollbuch aus jener Zeit findet sich jedoch zwischen vielen zaghaften Kritzeleien und eiligen Notizen eine einfache Skizze, welche die begriffliche Strömung der Theorie, die langsam in seinem Geist Gestalt anzunehmen begann, schon treffend erfasste. Die Zeichnung stellte einen «unregelmäßig verzweigten» Baum dar, der die Erbgeschichte der Pflanzen und Tiere repräsentieren sollte: ein Lebensbaum.[1] Darwin hatte ein vorzügliches Sinnbild für die grundlegende Idee gefunden, dass Leben in der finsteren, fernen Vergangenheit mit einem einzigartigen, spontanen Ereignis begonnen hat. Angefangen von diesem einen gemeinsamen Vorfahren, dem Baumstamm, breitete sich das Leben im Laufe der Zeit über viele Verästelungen immer weiter aus, indem neue Spezies von alten abzweigten. Die Enden der Zweige stellen ausgestorbene Arten dar, wie etwa die Dinosaurier.

Darwin widerstrebte die «übermäßig komplizierte» Vorstellung ständig neu erwachsenden Lebens, weshalb er der Idee eines einzelnen Baumes den Vorzug gab gegenüber einem ganzen Wald des Lebens. Dass es einen einzigen Stamm gegeben haben könnte, war nur eine Vermutung, doch heutige Biologen sind überzeugt, dass Darwins erster Ansatz im Grunde richtig war: Das Leben auf der Erde stammt von einem einzigen gemeinsamen Vorfahren ab.

Dafür gibt es mehrere ausgezeichnete Gründe. Zunächst haben alle Organismen, die wir kennen, das gleiche physikalische und chemische System gemeinsam. Die Stoffwechselkanäle der Zelle – die Art, wie sie wächst, welche Moleküle was und wann erledigen, wie Energie gespeichert und freigesetzt wird, wo Proteine erzeugt werden und was sie tun – sind im Grunde überall identisch. Auch die Methoden, wie eine Zelle genetische Information aufnimmt und sich fortpflanzt, sind in allen irdischen Lebensformen dieselben. Der vielleicht überzeugendste Beleg für einen gemeinsamen Ursprung ist die Tatsache, dass die Ausführung genetischer Instruktionen durch einen universalen Code erfolgt (siehe Kap. 4). Es ist kaum vorstellbar, dass sich diese komplexen und hochspezifischen Merkmale immer wieder neu und unabhängig entwickelt haben sollen. Wahrscheinlicher spiegeln sie Eigenschaften wider, die schon in einer universalen Ahnenzelle zu finden waren und von ihr weitervererbt worden sind.

Für einen gemeinsamen Vorfahren spricht auch eine Besonderheit der molekularen Orientierung, in der Fachsprache als Händigkeit oder Chiralität bezeichnet. Die meisten organischen Moleküle sind nicht symmetrisch, das heißt, ihr jeweiliges Spiegelbild unterscheidet sich vom Original in gleicher Weise, wie sich die rechte Hand von der linken unterscheidet – sie haben «entgegengesetzte Händigkeit». DNS ist zum Beispiel zu einer rechtshändigen Spirale aufgespult, während ihr Spiegelbild eine linkshändige Spirale wäre. Die Kräfte, die Moleküle zusammenhalten, unterscheiden aber nicht zwischen links und rechts, und es gibt kein Naturgesetz, das ein linkshändiges DNS-Molekül ausschließen würde. Und doch hat noch nie jemand eines gefunden. Ähnliches gilt für viele andere organische Moleküle: Sie haben – ganz gleich in welchem Organismus man sie findet – stets dieselbe Chiralität, sei es rechts- oder linkshändig. Dies ist ein Indiz, dass alles Leben von einem universalen Vorfahren abstammt, der Moleküle mit den charakteristischen Händigkeiten enthalten hat, wie man sie heute findet.

Man darf nun den ersten gemeinsamen Vorfahren nicht mit der ersten Lebensform verwechseln. Um dies zu verdeutlichen, ist in Abbildung 3.1 der Lebensbaum in der Form skizziert, wie er sich von heute betrachtet darstellt. Von jedem beliebigen Zweig aus kommt man zum Stamm zurück. Man beachte auch die unteren, abgebrochenen Zweige, die Organismen darstellen, die längst ausgestorben sind. Dieses Schicksal hat übrigens über 99 Prozent aller Spezies ereilt, die je existiert haben. Beginnt man am Baumwipfel, der die Gegenwart darstellt, und folgt den Zweigen bis zum tiefsten gemeinsamen Ursprung, dann zeigt sich, dass dieser durchaus nicht direkt am Stamm,

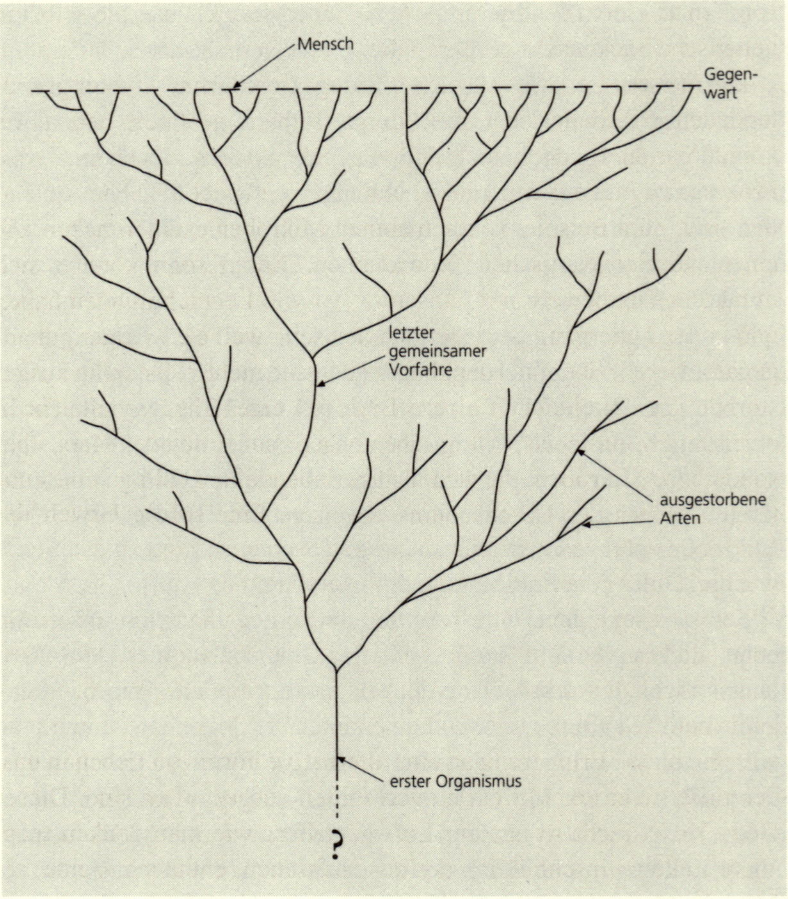

Abb. 3.1: Der Lebensbaum in stark vereinfachter Form. Der Baumstamm repräsentiert das erste Leben. Die obersten Äste entsprechen der Gegenwart, wo auch der Mensch zu finden ist. Der universale Vorfahre heute existierenden Lebens befindet sich an der letzten Gabelung, mit der alle obersten Äste noch verbunden sind. Unterhalb davon sind Organismen, die keine lebenden Nachkommen hinterlassen haben. Dass die ausgestorbenen Spezies bei weitem in der Überzahl sind, kommt in dieser Skizze nicht zum Ausdruck.

sondern an einem der älteren Äste zu finden sein könnte, die selbst in genetische Sackgassen geführt haben.

Die meisten Lebewesen solcher Sackgassen dürften in ihrer grundlegenden Biochemie heutigen Lebensformen geähnelt haben. Es könnte darunter jedoch auch Zellen gegeben haben, denen exotische Prozesse zu eigen waren, die in keiner überlebenden Spezies zu finden sind. Zum Beispiel könnten einmal Mikroben existiert haben, die einen anderen genetischen Code kannten. Diese Exoten könnten sich in hartem Wettbewerb mit «unserer» Art von Leben befunden haben und in den Untergang getrieben worden sein, weil sie weniger gut angepasst waren. Ebenfalls denkbar ist, dass sie nicht vollständig ausgestorben sind. Vielleicht stolpern Biologen eines Tages, vielleicht in einer ungewöhnlichen ökologischen Nische auf Erde oder Mars, über sonderbare Mikroben, die sich als überlebende Sprösslinge eines unteren Zweiges des Lebensbaums erweisen. Eine solche Urwelt der Mikroben wäre eine phantastische Gelegenheit, vergangene Stoffwechsel- oder genetische Prozesse zu studieren.

Selbst unser eigener Stoffwechsel könnte noch harmlose Überreste einer alternativen Biochemie enthalten, die von unseren Vorfahren längst abgelegt worden war, während inzwischen ausgestorbene Organismen sie zu ihrem Unheil beibehielten. Trifft das zu, dann tragen wir eine blasse Erinnerung an eine alternative Form von Leben in uns, deren Vertreter vor Milliarden von Jahren ausgestorben sind. Dieser Gedanke ist nicht so aus der Luft gegriffen, wie man denken mag. Viele Zellen, einschließlich der des Menschen, enthalten kleine, als Mitochondrien bezeichnete Untereinheiten. Von diesen Strukturen nimmt man an, sie seien Spuren einst unabhängiger Mikroben, die in Wirtszellen eingedrungen sind und sich für immer dort niedergelassen haben. Diesen Vorgang nennt man Symbiose.

Will man sich verdeutlichen, wie es zu mikrobieller Symbiose kommen kann, so hält man sich am besten das Alltagsleben von Bakterien vor Augen. In ihrem Überlebenskampf greifen Mikroben einander an und fressen sich gegenseitig nicht weniger gnadenlos als Löwen oder Haie ihre Beutetiere. In der Welt der Bakterien bedeuten «Fressen» und «Infektion» im Grunde ein und dasselbe: Mikrobe A dringt in Mikrobe B ein. Wenn B gewinnt und A stirbt, bezeichnen wir es als Fressen. Gewinnt A und B stirbt, dann spricht man von Infektion. Es kann aber auch vorkommen, dass die Schlacht in einem Patt endet und A und B zu einer Übereinkunft kommen: Beide überleben und gehen ein symbiotisches Verhältnis ein. In der Natur gibt es zahlreiche Beispiele für Symbiose. Wir brauchen nur an unseren eigenen Verdauungstrakt zu denken. Dort wimmelt es von Bakterien, die uns helfen, unsere Nahrung zu verdauen, und die dafür selbst ein gutes Leben führen dürfen. Ohne solche Bakterien kämen wir nicht aus, und schon gar nicht ohne Mitochondrien, die Kraftwerke der Zellen.

Die Theorie, dass Mitochondrien früher einmal frei lebende Organismen gewesen sein könnten, ist schon ein Jahrhundert alt, doch am überzeugendsten ist sie von Lynn Margulis in den späten sechziger Jahren vertreten worden. Danach haben Mitochondrien zunächst ihre eigenen Stoffwechsel- und Fortpflanzungsprozesse benutzt und in friedlicher Koexistenz mit ihren Wirtszellen gelebt. Erst später hat die Evolution sie ihrer Selbständigkeit beraubt und ihre Funktionen den Erfordernissen der Wirtszelle unterworfen. Etwas von ihrem ursprünglichen Genmaterial haben die Mitochondrien jedoch behalten – Erinnerungen an ihre verlorene Autonomie.

Seit Margulis ihre Theorie veröffentlicht hat, häufen sich die Indizien, dass sie Recht hat. Heute sieht es so aus, als ob nicht nur die Mitochondrien, sondern auch andere Strukturen innerhalb von Zellen – zum Beispiel winzige Röhrchen (Mikrotubuli), peitschenartige Antriebsfäden (Flagellen) und Peroxisomen (Flecken in Zellwänden, die die Zelle gegen Sauerstoffvergiftung schützen) – auf bakterielle Eindringlinge zurückgehen könnten. In Pflanzen sind es die Chloroplasten, zuständig für die lebenswichtige Photosynthese, die wahrscheinlich von Cyanobakterien abstammen. Manche Zweige des Lebensbaums könnten also mit anderen zusammengewachsen sein, anstatt einfach abzusterben.

Die drei Domänen des Lebens

In der Schule hat man uns früher beigebracht, dass alles Leben in zwei große Reiche unterteilt ist: das Tierreich und das Reich der Pflanzen. Einzellige Geschöpfe wie die Amöben wurden als primitive Tiere behandelt, und Algen betrachtete man als einfache Pflanzen. Die Frage, wozu Bakterien gehören, wurde geflissentlich übergangen.

Dabei war schon 1937 ein besseres Klassifizierungssystem eingeführt worden, welches das Leben in zwei ganz andere Bereiche aufteilte: Prokaryonten und Eukaryonten. Prokaryonten sind kleine, vergleichsweise primitive Einzeller ohne Zellkern und andere komplizierte Strukturen. Dort hatte man auch die Bakterien eingeordnet. Alles andere waren Eukaryonten, angefangen von größeren und komplexeren Einzellern wie den Amöben bis zu vielzelligen Organismen, die man sich als eukaryontische Zellkolonien vorstellte. Die große Ausbreitung vielzelligen Lebens hat erst vor etwa 600 Millionen Jahren begonnen, doch die Eukaryonten haben schon viel früher den Weg dafür gebahnt.

Der in Abbildung 3.1 gezeigte Baum ist ein sehr grobes Schema. Es gibt erheblich aussagekräftigere Versionen, aus denen man den Grad der genetischen Verschiedenheit zwischen den Ästen ablesen kann. Da eine Zelle bei ihrer Vermehrung Kopierfehlern unterliegt, können anfänglich identische Zellen im Laufe zahlreicher Mutationen ganz unterschiedliche Entwicklungswege einschlagen. Gibt es genug Mutationen, dann entsteht eine neue Spezies. Als allgemeine Regel gilt, dass zwei Spezies im Lebensbaum umso weiter voneinander entfernt sind, je mehr Unterschiede sich zwischen den beiden Genketten entwickelt haben. Zum Beispiel sind Ihre Gene den meinen sehr ähnlich, denen eines Affen etwas weniger und noch verschiedener von den Genen einer Schildkröte oder einer Erbse. Mit Hilfe der Gen- und Proteinsequentialisierung kann man die Unterschiede in der genetischen Zusammensetzung sehr genau messen und so die Positionen verschiedener Spezies auf dem Lebensbaum berechnen.

Die Prozedur ist vergleichbar mit der Erforschung von Sprachentwicklungen. Als die Wikinger nach Island kamen, sprachen sie zunächst dieselbe Sprache wie ihre skandinavischen Vorfahren. Im

Laufe der Zeit führte jedoch der Mangel an Kontakten zwischen den Siedlern und dem europäischen Festland dazu, dass das Isländische immer mehr von der Muttersprache abwich, und heute wird es als eine eigene Sprache betrachtet. Vor 500 Jahren hätte man noch keine großen Unterschiede festgestellt. An der Sprachverschiebung kann man also messen, für wie lange die beiden Nationen sich getrennt entwickelt haben.

Vor etwa dreißig Jahren hat man ein Protein namens Cytochrom C, welches von vielen Organismen einschließlich des Menschen eingesetzt wird, unter die Lupe genommen. Wie ich noch im Einzelnen darlegen werde, bestehen alle Proteine aus Untereinheiten, die man als Aminosäuren bezeichnet. Cytochrom C enthält rund hundert Aminosäuren zwanzig verschiedener Sorten. Aus dem Vergleich der Aminosäureketten in Cytochrom C verschiedener Spezies kann man eine Abschätzung des entwicklungsgeschichtlichen Abstands gewinnen, um den die Arten sich voneinander entfernt haben. Menschliches Cytochrom C ist zum Beispiel bis auf eine einzige Aminosäure identisch mit dem des Rhesusaffen, während es zum Cytochrom C von Weizen fünfundvierzig Verschiedenheiten gibt. Jedermann weiß, dass wir den Affen verwandter sind als dem Weizenkorn, doch diese Studie erlaubte es endlich, den Unterschied in Zahlen auszudrücken.

Eine wichtige Erkenntnis war auch, dass selbst Arten, die so wenig miteinander zu tun zu haben scheinen wie der Mensch und der Weizen, in ihren Cytochrom-C-Molekülen so viele Gemeinsamkeiten zeigen, dass alles für einen gemeinsamen, fernen Vorfahren spricht. Allgemein kann man sagen: Je weiter zwei Spezies genetisch voneinander entfernt sind, desto länger ist es her, dass sie sich im Lebensbaum getrennt haben. Die Übersetzung evolutionärer Distanzen in Zeitintervalle ist leider nicht so einfach, da Mutationen sich nicht in regelmäßigen Zeitabständen ereignen. Den Zeitpunkt einer Artenspaltung zu bestimmen ist daher problematisch.

Ende der siebziger Jahre war man schließlich in der Lage, Sequentialisierungstechniken systematisch auf die Proteine und Nukleinsäuren sowohl von Mikroben als auch von höheren Arten anzuwenden. Ein Pionier auf diesem Gebiet war Carl Woese von der Universität von Illinois. Seine Ergebnisse waren eine kleine Sensation. Vor

Woese hatten die Biologen angenommen, Prokaryonten wären etliche Millionen Jahre älter als Eukaryonten, was ihnen einen Ehrenplatz am Stamm des Lebensbaums eingeräumt hätte, soweit dieser bekannt war. Doch Woese zerschlug diese Ansicht, indem er zeigte, dass die saubere Unterteilung der Lebensformen in zwei Klassen, Prokaryonten und Eukaryonten, prinzipiell falsch war. Er erkannte, dass es nicht zwei, sondern drei große Domänen des Lebens gab. Zu den Prokaryonten gehören zwei genetisch klar unterscheidbare Klassen von Zellen, die man zunächst Eubakterien und Archaebakterien nannte. Archaebakterien waren zuvor fälschlich als eine absonderliche Bakteriengruppe betrachtet worden; Woese zeigte jedoch, dass Archaebakterien, mochten sie auch oberflächlich wie Bakterien aussehen, nicht mehr mit diesen gemein haben als der Mensch.

Woeses Forschungen legen nahe, dass die drei fundamentalen Bereiche – inzwischen umgetauft in Archaebakterien, Bakterien und Eukaryonten – sich vor über drei Milliarden Jahren getrennt haben. Die Dreigabelung des Lebensbaums ist also sehr alt und geht wahrscheinlich auf eine Zeit kurz nach der Entstehung des Lebens zurück (siehe Abb. 3.2). Damit stellt sich die wichtige und immer noch unbeantwortete Frage nach der relativen Lage der drei Bereiche im Lebensbaum: Welcher ist als erster entstanden? Neueste Befunde aus Sequentialisierungsversuchen, besonders den von Karl Stetter an der Universität Regensburg beziehungsweise von Norman Pace und Susan Barns an der Universität von Indiana durchgeführten Experimenten, sagen aus, dass eine Situation wie in Abbildung 3.2 am wahrscheinlichsten ist.

Kein Biologe zweifelt mehr daran, dass die drei Domänen des Lebens auf einen gemeinsamen Vorfahren zurückgehen. Trotz der gegenwärtigen Entfernung zwischen den Hauptzweigen ist die genetische und zum Stoffwechsel verwendete Ausrüstung im Grunde dieselbe, und auch viele komplizierte, speziellere Merkmale sind in allen Bereichen anzutreffen. Der gemeinsame Vorfahre muss also schon ein sehr komplexer Organismus gewesen sein, kein primitives Etwas mit einer kurzen Daseinsgeschichte. Oben habe ich darauf hingewiesen, dass der letzte gemeinsame Vorfahre nicht dasselbe ist wie die erste Lebensform. Wenn der Organismus, von dem die drei

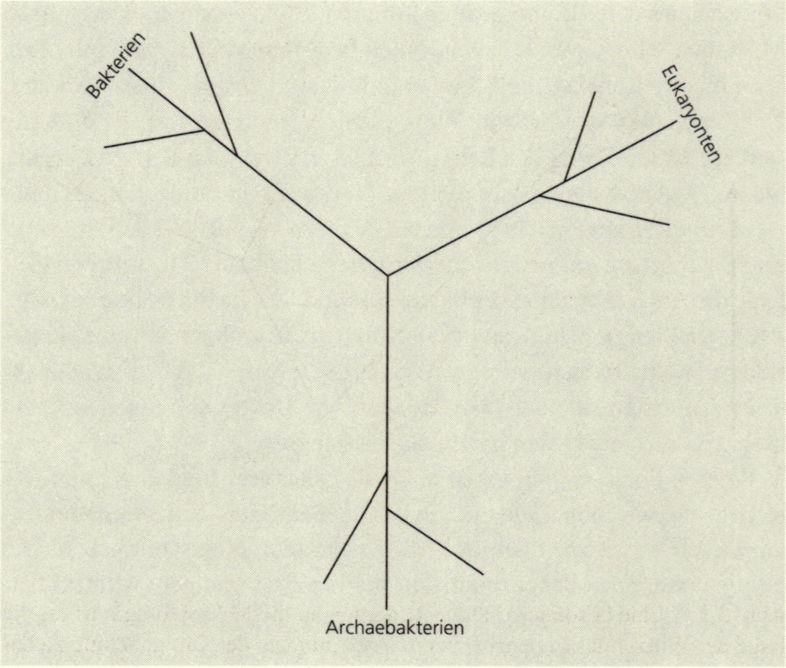

Abb. 3.2: Molekülsequentialisierung zeigt, dass irdisches Leben sich auf drei Wegen entwickelt hat. Vielzellige Organismen gibt es nur in der Klasse der Eukaryonten.

Lebensdomänen stammen, selbst schon hoch entwickelt war, dann ist er deutlich über der wahren Wurzel des Lebensbaums anzuordnen.

Der Einsatz von Molekülsequentialisierungstechniken hat die Mikrobiologie revolutioniert und lässt die Geheimnisse um den Ursprung des Lebens in einem neuen Licht erscheinen. Im Grunde spürt man damit molekulare Fossilien auf, die sich in lebenden Zellen verbergen. Die Ergebnisse lassen darauf schließen, dass die drei Domänen des Lebens auf eine sehr lange Geschichte zurückblicken können. Die untersten Verzweigungen sind über drei Milliarden Jahre alt. Wie passen nun diese Befunde in die Ergebnisse der konventionellen Fossiliensuche in alten Gesteinsschichten?

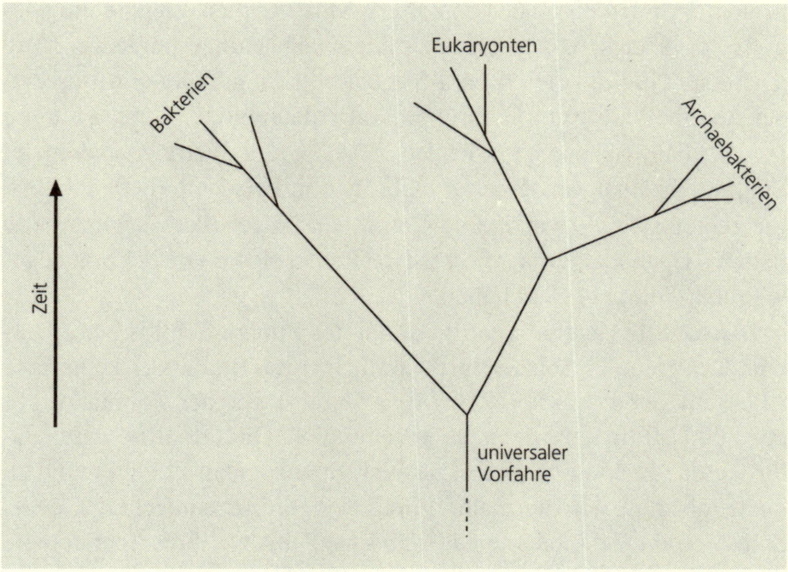

Abb. 3.3: Eine besondere Herausforderung an die Mikrobiologie ist es, die Lage der Wurzel des Lebensbaums in Beziehung zu der Dreigabelung zu bestimmen, die in Abbildung 3.2 skizziert ist. Wahrscheinlich ist der universale, gemeinsame Vorfahre irgendwo zwischen den Bakterien und den Archaebakterien anzusiedeln, wie hier gezeigt.

Die ältesten Fossilien der Welt

Der Pilbara-Schild in Westaustralien ist eine der heißesten, trostlosesten und am dünnsten bevölkerten Zonen der Erde. In den Hügeln etwa 40 Kilometer westlich der Kleinstadt Marble Bar, in einer geologischen Formation, die eigenartigerweise als North Pole bekannt ist, hat ein Geologiestudent namens John Dunlop 1980 die ältesten bekannten Fossilien der Welt entdeckt. Für den Laien sehen sie kaum aus wie Fossilien. Es sind keine Ammoniten oder Trilobiten, sondern merkwürdige kissenförmige, von Cyanobakterien hinterlassene Körnerhaufen. Solche so genannten Stromatolithen kann man noch heute rund 500 Kilometer von «Nordpol» entfernt an der westaustralischen Küste in ihrer Entstehung bewundern.[2] In versteinerter Form sind sie in den Sedimenten einer ehemaligen vulkanischen Lagune eingelagert, ihr Alter schätzt man auf dreieinhalb Milliarden Jahre. Kurz nachdem Dunlop die Pilbara-Stromatolithen gefunden hatte, entdeckte eine kalifornische Gruppe von Paläontologen unter Führung von William Schopf ganz in der Nähe, in den Warrawoonahügeln, Spuren einzelner versteinerter Mikroben in Felsen ähnlichen Alters. Sie zeigen sich als winzige, in Quarzstein eingebettete, segmentierte Fäden – Cyanobakterien, die vor Urzeiten in einem von der Sonne gewärmten Tümpel gelebt haben.

Die nächste richtige Stadt nördlich des Pilbara-Schilds heißt Darwin. Der große Forscher selbst war noch verblüfft, dass es keine Fossilien aus der vorkambrischen Epoche, also vor der Zeitmarke vor etwa 600 Millionen Jahren, zu geben schien. Die Fossilien waren natürlich da, doch die meisten Organismen aus jenem Zeitalter sind zu klein, als dass ein normaler Fossilienjäger sie entdecken könnte. Selbst erfahrene moderne Paläobiologen mit all ihrer Technologie sind nur auf wenige Fundstätten mit Mikrofossilien gestoßen, die älter als zweieinhalb Milliarden Jahre sind, und viele dieser Funde sind immer noch umstritten.

Handelte es sich bei den Warrawoona-Mikrofossilien wirklich um Cyanobakterien, dann würde das bedeuten, dass das Leben die Photosynthese schon vor dreieinhalb Milliarden Jahren entdeckt hat. Photosynthese ist ein komplexer und raffinierter chemischer Prozess, weshalb anzunehmen ist, dass die Warrawoona-Organismen schon recht hoch entwickelt waren und dass es noch viel ältere, primitivere Vorgänger gegeben haben muss. Doch haben sie auch Spuren hinterlassen?

Ältere intakte Mikrofossilien als die in Westaustralien wird man wahrscheinlich nie finden, doch zum Glück hinterlassen Organismen auch andere, noch unauffälligere Spuren in Gesteinen: Sie verändern deren chemische Zusammensetzung. Ein frühes Ökosystem in einem flachen Meer hätte organische Materialien in Ablagerungen auf dem Meeresgrund hinterlassen, einen Mikrobenfriedhof mit Schichten kohlenstoffreicher Mineralien. So könnte es in den extrem alten gebänderten Eisenerzen bei Isua auf Grönland geschehen sein. Eine Untersuchung des Kohlenstoffgehalts, wie sie Manfred Schidlowski vom Max-Planck-Institut für Chemie entwickelt hat, deutet darauf hin, dass es dort schon 300 Millionen Jahre vor der Ablagerung der Pilbara-Fossilien Leben gegeben haben könnte.

Die Belege für Leben in Isua stammen aus sorgfältigen Messungen der Isotopenverhältnisse von Kohlenstoff, den man dort gefunden hat. Das häufigste Kohlenstoffatom, Kohlenstoff-12, enthält sechs Protonen und sechs Neutronen. Manche Kohlenstoffatome haben jedoch ein Neutron mehr und werden deshalb als Kohlenstoff-13 bezeichnet. In chemischer Hinsicht sind die beiden identisch, weshalb man sie Isotope nennt. Das Leben bevorzugt Kohlenstoff-12, weil es leichter ist und etwas bereitwilliger mit anderen Atomen reagiert. Organismen vergrößern daher in den Ablagerungen, in denen sie enden, den Anteil des leichteren Isotops. In den Pilbara-Felsen liegt das Verhältnis von Kohlenstoff-12- zu Kohlenstoff-13-Atomen zirka drei Prozent über dem Normalwert, und in Isua beträgt die Abweichung etwa ein Prozent.

Vor kurzem hat eine Gruppe unter Gustaf Arrhenius vom Scripps-Institut für Ozeanographie in Kalifornien die Isotopenverhältnisse von Kohlenstoff im Isua-Gestein mit einer verbesserten Technik überprüft. Mit Hilfe eines so genannten Ionen-Mikroproben-Massenspektrometers waren die Forscher in der Lage, Kohlenstoffkörnchen von nur einem Hundertstel Millimeter Durchmesser und einer Masse von ganzen 20 Billionstel Gramm zu analysieren, und haben damit nach ihrer Aussage eine noch deutlichere Spur des Lebens gefunden. Die Steine stammen von der Insel Akilia, nicht weit von Isua, und wurden von der Arrhenius-Gruppe auf ein Alter von mindestens 3,85 Milliarden Jahren datiert. Die Erde selbst ist nach Radioaktivitätsmessungen 4,55 Milliarden Jahre alt. Hat schon vor 3,85 Milliarden Jahren Leben auf der Erde existiert, dann bedeutet das also, dass unser Planet für mindestens 85 Prozent seiner Geschichte bewohnt gewesen ist.

Auf der Suche nach Fossilien erforscht man die Biogenese sozusagen von oben nach unten: Man geht von unserem Wissen über heutige Lebensformen aus und versucht, die Evolution in die Vergangenheit und zu immer kleineren Lebewesen zurückzuverfolgen, bis zu den einfachsten Organismen und den ältesten Spuren, bis sich alles im

Ungewissen verliert. Vor über 3,5 Milliarden Jahren, möglicherweise schon vor mehr als 3,8 Milliarden Jahren, lebte irgendwo auf unserem Planeten der erste irdische Organismus. Doch wo? Und wie sah er aus? Auf diese Frage komme ich in Kapitel 6 zurück, wo ich näher auf den Forschungsansatz «Von oben nach unten» eingehen werde. In der anderen Strategie, dem Studium der Biogenese von unten nach oben, beginnt man bei Anhaltspunkten über die Bedingungen auf der jungen Erde und versucht dann, die physikalischen und chemischen Ereignisse zu rekonstruieren, mit denen das Leben vor all diesen Jahrmilliarden begonnen hat.

Spontane Entstehung

Die Wissenschaft akzeptiert keine Wunder. Die Entstehung des Lebens mag vielen als ein Wunder erscheinen, doch wissenschaftliche Forschung hat stets davon auszugehen, dass Leben auf natürliche Weise entstanden ist, in einer Abfolge normaler, physikalischer Prozesse. Wenn wir auch wahrscheinlich nie herausfinden werden, wie es genau geschehen ist, so könnten wir doch eines Tages in der Lage sein, einen plausiblen chemischen Pfad zu finden, der von einfachen Reagenzien zum Leben führt. Sicher, es könnte mehrere Wege zum Leben geben – Leben, wie wir es kennen – und ebenso viele andere Arten von Leben. Es ist sogar vorstellbar, dass Wissenschaftler einmal Leben in irgendeiner Form im Labor produzieren und damit auf überzeugende Weise zeigen werden, dass kein Wunder vonnöten ist.

In unserem gegenwärtigen Zustand der Unwissenheit können wir jedoch nur auf den einen oder anderen Hinweis auf chemische Schlüsselprozesse hoffen, die auf dem Weg zum Leben eine Rolle gespielt haben. Mancher mag solche Hinweise für nutzlos halten und das ganze Thema für viel zu spekulativ erachten, als dass man sich überhaupt damit beschäftigen sollte. Doch diese Einstellung könnte sich als sehr kurzsichtig erweisen. Die Forschung des Ursprungs des Lebens könnte zu wertvollen Erkenntnissen führen, selbst wenn man nie genau wissen wird, wie die Biogenese tatsächlich abgelaufen ist. Vor allem könnte sie uns ermöglichen, die Frage zu beantworten, wie wahrscheinlich oder unwahrscheinlich die spontane Entstehung von Leben ist. Erweist sie sich als einigermaßen wahrscheinlich, dann dürfen wir annehmen, dass Leben auch anderswo im Universum sich entwickelt hat. Stellt sich dagegen die Wahrscheinlichkeit, dass die Chemie sich Richtung Leben bewegt, als verschwindend gering heraus, dann müssen wir davon ausgehen, dass wir allein sind im Universum.

Das Leben muss aus einer irgendwie gearteten molekularen Selbstmontage hervorgegangen sein, was immer die präzise chemische Prozedur war. «Selbstmontage» klingt ziemlich nach Zauberei, doch in Wirklichkeit gibt es sehr viele Beispiele dafür. Galaxien und Kristalle bilden sich in spontaner Selbstmontage, das heißt, sie erschaffen sich selbst, ohne äußere Hilfe, aus einem ungeordneten oder strukturlosen Anfangszustand. Es gibt keine «Lebenskraft», die sie in ihre endgültige Form bringt, sondern nur gewöhnliche physikalische Kräfte. Nach Ansicht der Biologen gilt dasselbe auch für die Entstehung von Leben, obwohl schon die einfachste Lebensform unermesslich kompliziert erscheint. Der Glaube an die spontane Entstehung von Leben reicht weit in die Geschichte der Menschheit zurück, mindestens bis Platon. Im siebzehnten Jahrhundert glaubte man allgemein, viele Arten von Lebewesen könnten unter den geeigneten Bedingungen *de novo* erschaffen werden. So dachte man, ausgewachsene Mäuse würden aus einem Haufen schmutziger Unterwäsche und Weizen entstehen. Andere Lieblingsrezepte waren alte Socken und faulendes Fleisch, aus denen Läuse, Fliegen und Maden kriechen sollten.

So lächerlich derartige Geschichten heute auch klingen mögen, so gehörte doch ein Wissenschaftler vom Kaliber des Louis Pasteur dazu, sie aus der Welt zu schaffen. 1862 führte Pasteur, angespornt durch einen öffentlich ausgeschriebenen Preis, eine Reihe sorgfältiger Experimente durch, um zu zeigen, dass lebende Organismen nur aus anderen lebenden Organismen entstehen können. Eine wirklich sterile Welt würde, so behauptete er, für immer steril bleiben. Am Ende erklärte er triumphierend: «Niemals wird sich die Doktrin der spontanen Entstehung von dem tödlichen Schlag erholen, den ihr dieses einfache Experiment zugefügt hat!»

Pasteurs Demonstration war zweifellos wichtig, doch seine Schlussfolgerung stand in direktem Widerspruch zu Darwins Evolutionstheorie. In seinem berühmten Werk *Die Entstehung der Arten durch natürliche Zuchtwahl,* das nur drei Jahre vor Pasteurs Experimenten herausgekommen war, zog Darwin die Notwendigkeit Gottes als Schöpfer der Arten in Zweifel, indem er zeigte, wie eine Spezies zu einer anderen werden kann. Darwins Erklärungen ließen jedoch das Problem offen, wie es zum *ersten* lebenden Organismus kommen konnte. Wenn Leben nicht schon immer existiert hat, dann kann mindestens eine Art – die erste – nicht durch Mutation aus einer anderen, sondern nur aus nicht lebender Materie hervorgegangen sein. Darwin selbst schrieb einige Jahre später: «Mir ist kein auch nur im geringsten zuverlässiger Beweis für eine sogenannte spontane Entstehung begegnet.» Doch wie, abgesehen von einem Wunder, konnte Leben sonst entstanden sein, wenn nicht durch irgendeine Form spontaner Selbstmontage? Darwins Theorie der Evolution und Pasteurs These, dass nur Leben selbst Leben zeugen kann, können nicht gleichzeitig vollkommen stimmen.

Obwohl Darwin recht zurückhaltend war, wenn es um den Ursprung des Lebens ging (siehe das Zitat zu Beginn dieses Kapitels), setzte er in einem berühmten Brief aus dem Jahre 1871 die Idee in die Welt, die das Denken zu diesem Thema für das nächste Jahrhundert prägen sollte. Dort spricht er ganz nebenbei von «einem warmen, kleinen Teich mit allen möglichen ammoniakalischen und phosphorigen Salzen darin, und Licht, Wärme, Elektrizität etc.». In dieser einfachen Brühe sollten nach Darwins Vorstellungen über immense Zeiträume und zahllose chemische Prozesse hinweg immer komplexere Verbindungen und schließlich Leben entstehen.

Damals traf die bloße Erwähnung einer spontanen Entstehung von Leben aus einer nicht lebenden Chemikalienmischung auf scharfe Kritik nicht nur von Theologen, sondern auch von so manchem Wissenschaftler. Der hochangesehene britische Physiker Lord Kelvin tat die ganze Idee als eine «überkommene Spekulation» ab und stellte fest, dass «die Wissenschaft eine Masse induktiver Beweise gegen diese Hypothese vorbringen kann». Er bestand darauf, dass «tote Materie ohne den Einfluss zuvor lebender Materie nicht lebendig werden kann». Demnach gab es nur zwei Möglichkeiten: Entweder hat Leben immer schon existiert, oder sein Ursprung war ein Wunder.

Für einige Zeit gab es kaum echte Fortschritte auf dem Gebiet, bis zu den zwanziger Jahren und den Studien Alexander Oparins in Russland und J. B. S. Haldanes in England. Beide Wissenschaftler erkannten, dass man nicht ernsthaft glauben konnte, Leben würde plötzlich, in einem Schritt, in einer einzigen erstaunlichen Reaktion entstehen. Sie beriefen sich auf Darwin und postulierten eine lange Entwicklungsphase, eine Abfolge chemischer Reaktionen, die allmählich zur ersten Mikrobe geführt hat. In dieser präbiotischen Phase ging auf noch zu erhellenden Wegen eine Mischung von Molekülen zu immer komplexeren Anordnungen über, bis sich schließlich etwas herausformte, das die Züge eines lebenden Organismus trug.

Anstelle von Darwins «kleinem Teich» sah Haldane die Weltmeere als den Schauplatz der Biogenese. Regenfluten hätten alle möglichen Chemikalien von öden Landmassen in die Ozeane gespült. Dort hätten sie sich angesammelt, bis das Meer, in Haldanes eigenen Worten, «die Konsistenz einer heißen, wässrigen Suppe hatte». Haldanes Beschreibung fiel auf fruchtbaren Boden, und der Begriff «Ursuppe» hat sich seitdem gehalten.

Über die Jahre hat es verschiedene Versionen der Ursuppe gegeben: War es wirklich ein Ozean, oder war es doch ein Tümpel, wie Darwin zunächst vorgeschlagen hatte? Könnte es eine austrocknende Lagune gewesen sein, eine geschützte Höhle oder ein unterirdischer Kanal? Oder vielleicht ein brodelnder Geysir oder ein Vulkanschlot am Meeresgrund? Warum nicht Wassertröpfchen in der Luft? Oder befand sich die Suppe gar nicht auf der Erde, sondern im Inneren eines Kometen oder Kleinplaneten? Jede einzelne dieser Ideen ist ernsthaft erwogen worden, wenngleich die meisten nicht über das Stadium der Mutmaßung hinausgekommen sind. Die Vorschläge waren sehr unterschiedlich, doch eines hatten sie gemeinsam: In allen kam Wasser vor, gewürzt mit geeigneten Substanzen und unter dem Einfluss einer Energiequelle, welche die chemischen Reaktionen anzutreiben hatte.

Über die genaue Abfolge der Ereignisse waren sich Haldane und Oparin ganz und gar nicht einig, und dies hat zu einer Spaltung des

Forschungsgebiets geführt, die noch heute zu erkennen ist. Die Meinungsverschiedenheiten betreffen die Zellbildung. Alle Mikroorganismen sind durch eine Membran oder Zellwand von ihrer Umgebung getrennt, und ohne eine solche Barriere ist Leben tatsächlich kaum vorstellbar. Die Frage ist nun, wann diese Zellstruktur entstanden ist: vor, während oder nach den grundlegenden chemischen Schritten?

Während sich Haldane auf die Chemie der Ursuppe konzentrierte, vertrat Oparin die Ansicht, die Zellen wären als erstes gekommen. Er war beeindruckt von der Beobachtung, dass ölige Substanzen und Wasser sich nicht vermischen. In manchen Fällen bilden sie ein so genanntes Koazervat, in dem das Öl sich in winzige Tropfen zurückzieht, die oberflächlich an biologische Zellen erinnern. Oparin ging in seiner Theorie davon aus, die physische Struktur der Zelle wäre zuerst da gewesen und hätte einen natürlichen Behälter dargestellt, in dem dann die verschiedensten molekularen Wunder geschehen konnten.

Die Vorstellung hat einigen Reiz, zumal es eine Reihe physikalischer Prozesse gibt (nicht nur die Verteilung von Öl und Wasser), die Bläschen hervorbringen. Zudem können Flüssigkeitszellen und Tröpfchen instabil werden und sich teilen, was eine rohe Form der Reproduktion darstellt. Schwillt eine Blase voller Chemikalien an und spaltet sie sich in zwei Teile, dann erbt jede der «Tochterblasen» die chemischen Eigenschaften des Elternobjekts. Dies könnte schon zu einer primitiven Form der natürlichen Auslese geführt haben. Die Membran muss jedoch besondere Eigenschaften aufweisen. Zum Beispiel muss sie die Leben erhaltenden Moleküle in der Zelle einschließen und zugleich für die Rohstoffe durchlässig sein, die von außen benötigt werden.

Oparins Anschauung, wonach der Ursprung des Lebens in der Zellbildung wurzelt, spiegelt zum Teil den seinerzeitigen Wissensstand wider. Damals hatte man noch Mühe, die Stoffwechselvorgänge und die Rolle der Proteine in Zellen zu verstehen, und darüber, was Gene waren, gab es nur die vagsten Vorstellungen. Molekularbiologie existierte nicht, und DNS war noch unbekannt. Vielleicht war es unter diesen Bedingungen nur natürlich, dass Oparin die Betonung von den genetischen zu den physikalischen Aspekten des Lebens – Zellbildung und -struktur, die damals besser verstanden waren – verlagerte. Dadurch wird die Theorie, dass Zellen zuerst gekommen sind, noch nicht falsch, doch es besteht stets die Gefahr, das Pferd beim Schwanz aufzuzäumen, wenn man der Versuchung nachgibt, schon Verstandenes in den Mittelpunkt einer Theorie zu stellen.

In den zwanziger Jahren sah, wie auch immer, alles Theoretisieren über den Ursprung des Lebens wie ein großes Ratespiel aus, und kaum jemand schenkte den Ideen Oparins und Haldanes große Aufmerksamkeit. Doch unter diesen wenigen war der amerikanische Chemiker Harold Urey, der eines Tages für seine Entdeckung des Deuteriums den Nobelpreis erhalten sollte. Urey erkannte, dass es möglich sein müsste, die Ursuppentheorie im Labor zu testen, und viele Jahre später, 1953, versuchte er es tatsächlich.

Die synthetische Ursuppe

Ureys berühmtes Experiment war von der Idee her erfrischend einfach. Er wollte die Bedingungen nachahmen, die auf der jungen Erde geherrscht haben, und dann schlicht beobachten, was passiert. Darüber, wie es auf unserem Planeten vor Milliarden von Jahren ausgesehen hat, konnte er nur Vermutungen anstellen. Dass Wasser in flüssiger Form vorlag, war ziemlich sicher, doch die Zusammensetzung der Atmosphäre war unbekannt. In der Entscheidung, welche Gase er benutzen wollte, ließ sich Urey von der Erkenntnis leiten, dass das Leben die Erdatmosphäre erheblich verändert hat. So ist Sauerstoff ein Produkt der Photosynthese und kann deshalb in einer frühen Erdatmosphäre noch nicht existiert haben. Er ließ also den Sauerstoff weg, und dies war eine kluge Entscheidung. Sauerstoff wird zwar allgemein als lebenswichtig betrachtet, doch er ist auch ein sehr aggressives Element. Er ist nicht nur der Stoff, der Feuersbrünste am Brennen hält; für die meisten organischen Zellen bedeutet er auch einen schnellen Tod. Hat die präbiotische Phase auch nur im Entferntesten der Situation geglichen, die Haldane und Oparin im Sinn hatten, dann gab es keinen freien Sauerstoff. Urey entschied sich also für eine Mischung aus Methan, Wasserstoff und Ammoniak.

Als seinen Assistenten für das Experiment engagierte er Stanley Miller, einen aufgeweckten jungen Studenten von der Universität Chicago. Miller begann damit, eine Glasflasche mit den ausgewählten Gasen zu füllen und etwas Wasser hinzuzufügen. Dann versiegelte er das Ganze und jagte einen elektrischen Funken durch die Mixtur, der einen Gewitterblitz simulieren sollte. Für eine Woche konnte er dann gespannt beobachten, wie das Wasser, das in seinem Apparat zirkulierte, sich langsam rotbraun färbte. Miller war überglücklich. Anscheinend hatte er es mit diesem einfachen Experiment geschafft, so etwas wie eine Ursuppe zu produzieren. In seiner Analyse der Flüssigkeit fand er sogleich mehrere organische Chemikalien: Aminosäuren, die Bausteine der Proteine, einer der Grundstoffe allen irdischen Lebens.

Millers faszinierende Ergebnisse wurden allgemein als der erste Schritt zum «Leben im Reagenzglas» gefeiert. Konnte man Aminosäuren in einer Woche produzieren, was würde dann erst geschehen, wenn man das Experiment viel länger laufen ließe? Man dachte, es wäre nur eine Frage der Zeit, bis irgendetwas aus der rotbraunen Brühe gekrochen käme. Viele Wissenschaftler zogen den Schluss, dass ein paar gewöhnliche Chemikalien und eine Energiezufuhr alles war, was man brauchte, um Leben zu erschaffen.

Leider erwies sich die Euphorie über das Miller-Urey-Experiment jedoch als etwas voreilig, und zwar aus mehreren Gründen. Zunächst einmal glauben die Geologen heute nicht mehr, die frühe Erdatmosphäre sei so zusammengesetzt gewesen wie die Gasmischung in Millers Flasche. Im Laufe der ersten Milliarde Jahre hatte die Erde wahrscheinlich nacheinander mehrere verschiedene Atmosphären, in denen Methan und Ammoniak wahrscheinlich nie einen nennenswerten Anteil gestellt haben. Und wenn die Erde einmal große Mengen Wasserstoff in ihrer Atmosphäre gehabt hat, dann nie für lange: Als leichtes Element wäre der Wasserstoff bald in den Weltraum entwichen. Urey dagegen hatte seine Gase gerade deshalb ausgewählt, weil sie alle Wasserstoff enthalten. Chemiker nennen solche Gase Reduktionsmittel. Reduktion ist das Gegenteil von Oxidation, und da organische Moleküle wasserstoffreich sind, kann nur eine reduzierende Atmosphäre sie hervorbringen. Heute hält man es jedoch für wahrscheinlicher, dass die frühe Erdatmosphäre weder ein Reduktions- noch ein Oxidationsmittel war, sondern eine neutrale Mischung von Kohlendioxid und Stickstoff, zwei Gasen, welche die Bildung von Aminosäuren nicht ohne weiteres begünstigen.

Der zweite Grund, weshalb man an der Bedeutung des Miller-Urey-Experiments zu zweifeln begann, war die Entdeckung, dass es keineswegs schwer ist, Aminosäuren zu produzieren. Es gelang auch mit Versuchsanordnungen, die vollkommen anders aussahen als die in Chicago. Den elektrischen Funken als Energiequelle konnte man durch einen Brennofen, eine Ultraviolettlampe, durch Schockwellen oder energiereiche Chemikalienmixturen ersetzen. Wie sich zeigte, entstehen Aminosäuren fast von selbst. Man findet sie sogar in Meteoriten und in den Tiefen des Weltraums.

Und schließlich gibt es auch einen begrifflichen Grund, weshalb das Miller-Urey-Experiment nicht mehr den Status genießt, den es einmal innehatte. Man darf nämlich nicht annehmen, der Weg zum Leben sei wie eine Produktionsstraße, die von einer bestimmten Chemikaliensuppe unausweichlich zu lebenden Organismen führt. Aminosäuren mögen die Bausteine der Proteine sein, doch zwischen Bausteinen und einer fertigen Struktur besteht ein himmelweiter Unterschied. Ein Haufen Backsteine stellt noch lange kein Haus dar, und von Aminosäuren zu den großen, spezialisierten Proteinmolekülen, die das Leben erfordert, ist es ein sehr weiter Weg.

Für die Entwicklung von Leben in einer Ursuppe gibt es zwei wesentliche Hindernisse. Zunächst ist eine solche Brühe allem Ermessen nach zu dünn, als dass sie viel hervorbringen könnte. In Haldanes Urozean kämen die richtigen Komponenten kaum jemals zur selben Zeit am selben Ort zusammen. Ohne einen Mechanismus, der den Chemikalien zu einer höheren Konzentration verhilft, erscheint die Bildung komplexerer Substanzen jenseits der Aminosäuren zum Scheitern verurteilt. Man kam also auf viele phantasievolle Ideen, das Gebräu anzureichern. Zum Beispiel könnte Darwins warmer Tümpel allmählich verdunstet sein, so dass ein kräftiger Schleim zurückblieb. Oder mineralische Oberflächen, wie etwa Ton, könnten aus einem flüssigen Medium einsickernde Chemikalien aufgefangen und in sich konzentriert haben. Ob irgendetwas davon realistisch ist, weiß kein Mensch.

In der Erdkruste ist jedenfalls nichts zu finden, was an eine Ursuppe erinnert und einen Anhaltspunkt liefern könnte.

Das andere Problem ist noch grundsätzlicherer Natur und hängt mit dem zweiten Hauptsatz der Thermodynamik zusammen. Wie wir uns erinnern, beschreibt dieses Gesetz die Tendenz zu Zerfall und Auflösung in der Natur, weg von Ordnung und Komplexität. Die Bildung komplexerer Biomoleküle ist im Sinne der Thermodynamik eine Entwicklung «gegen den Strom». Auf den ersten Blick scheint dies in Widerspruch zu den experimentellen Ergebnissen zu stehen, nach denen sich Aminosäuren ohne weiteres unter verschiedensten Bedingungen bilden können, doch bei näherer Betrachtung erweist sich der Widerspruch als eine Täuschung. Wie ich in Kapitel 2 erklärt habe, kann an einer Stelle Ordnung entstehen, wenn zugleich eine größere Menge von Unordnung oder Entropie in die Umgebung entlassen wird. Dies ist zum Beispiel der Fall, wenn eine Flüssigkeit kristallisiert. Im Kristall sind die Atome geordneter als in der Flüssigkeit; er hat also die geringere Entropie. Allerdings wird bei der Kristallbildung Wärme frei, die in die Umgebung entweicht, was den Entropieverlust in der Lösung mehr als aufwiegt.

Dasselbe gilt für die Aminosäuren. Ihre Entstehung ist in thermodynamischer Hinsicht von Gewinn, was mit der Rolle der freien Energie zusammenhängt. Verringert ein Prozess den Energieinhalt eines Systems – geht es sozusagen «bergab» –, dann hat er den Segen des zweiten Hauptsatzes. Ein Prozess, der «bergauf» führt, widerspricht dagegen dem Naturgesetz. Wasser fließt niemals bergauf. Man kann es zwar dazu bringen, doch nur wenn man Energie aufwendet. Ein spontaner Prozess geht stets bergab, und ein solcher Prozess ist auch die Bildung von Aminosäuren. Deshalb sind sie so einfach herzustellen.

Doch dann beginnen die Schwierigkeiten. Der zweite Schritt auf dem Weg zum Leben – zumindest wenn dieser über Proteine führt – ist die Verbindung der Aminosäuren zu sogenannten Peptiden. Ein Protein ist nichts anderes als eine lange Peptidkette, ein Polypeptid. Während die spontane Bildung von Aminosäuren ein erlaubter Bergab-Prozess ist, geht es bei der Verkopplung von Aminosäuren zu Peptiden bergauf, thermodynamisch also in die falsche Richtung. Genauer gesagt muss für jede neue Peptidverbindung ein Wassermolekül aus der Kette weichen. In einer wässrigen Ursuppe ist dies thermodynamisch ungünstig und wird folglich spontan niemals geschehen. Das Wassermolekül muss in die wässrige Umgebung gezwungen werden.

Peptidbildung ist sicher nicht unmöglich, sonst könnte sie nicht in lebenden Organismen vorkommen. Doch da wird sie durch besondere, energiegeladene Moleküle angetrieben, welche die notwendige Arbeit verrichten. In einer einfachen chemischen Suppe ständen solche spezialisierten Moleküle nicht zur Verfügung. Eine wässrige Brühe ist also ein Rezept nicht für den Aufbau, sondern für den Zerfall von Molekülen.[3]

Energiequellen für die Verbindung der Peptide gab es sicherlich genug auf der frühen Erde, doch auch damit ist das Problem noch nicht gelöst. Dieselben Energien, die organische Moleküle ins Leben rufen, können sie auch zerstören. Um nützlich zu sein, muss die Energie genau in die chemische Reaktion einfließen, die gerade benötigt wird. Unkontrollierter Energieeinfluss, zum Beispiel einfaches Aufheizen, erweist sich in den meisten Fällen als destruktiv oder erfolglos. Man baut keine Säule, indem man einfach einen Stein auf den anderen legt. Je höher die Säule wird, desto wahrscheinlicher ist es, dass sie zu schwanken beginnt und zusammenbricht. Ebenso zerbrechlich sind lange Ketten aus Aminosäuren. Im Allgemeinen führt das Aufheizen organischer Materie nicht zur Bildung von langen, raffinierten Kettenmolekülen, sondern zu einer teerigen Masse, wie jeder Grillkoch bezeugen kann.

Natürlich ist der zweite Hauptsatz der Thermodynamik genau genommen nur ein statistisches Gesetz. Er verbietet physikalischen Systemen nicht absolut, sich in die «falsche Richtung» zu entwickeln; nur die Wahrscheinlichkeit, dass dies passiert, ist äußerst gering. So ist es zum Beispiel möglich, wenn auch sehr unwahrscheinlich, dass eine Säule entsteht, wenn man eine Ladung Backsteine auskippt. Wir wären nicht sehr überrascht, wenn ein Stein hübsch auf einem anderen landen würde; doch drei Steine aufeinander wären schon außergewöhnlich und zehn fast ein Wunder. Bestimmt müsste man sehr lange warten, bevor man die spontane Entstehung einer zehnsteinigen Säule beobachten würde.

In normalen chemischen Reaktionen, die sich nie weit vom thermodynamischen Gleichgewicht entfernen, werden die Moleküle so zufällig durcheinander geworfen wie die Steine in unserem Beispiel, und ebenso lange müsste man warten, bevor sich zufällig eine zerbrechliche Molekülkette bilden würde. Je länger die Kette, desto geringer die Wahrscheinlichkeit. Nach einer Schätzung müsste ein Meer aus gelösten Aminosäuren das gesamte Universum einnehmen, um mit Sicherheit ein einziges kleines Polypeptid hervorzubringen. Eine statistische Mischung von Molekülen führt offenbar zu nichts, wenn die thermodynamische Richtung die falsche ist.

Ein möglicher Ausweg aus den Zwängen des zweiten Hauptsatzes ist eine Abweichung vom thermodynamischen Gleichgewicht. Der amerikanische Biochemiker Sidney Fox hat untersucht, was passiert, wenn man eine Aminosäurelösung stark erhitzt. Das Wasser verdampft, und die Verbindung von Aminosäuren zu Peptidketten wird auf einmal sehr begünstigt. Der Einfluss der Wärmeenergie sorgt für die nötige Entropie, so dass der zweite Hauptsatz erfüllt bleibt. Auf diese Weise hat Fox einige ziemlich lange Polypeptide produziert, die er dann als Proteinoide bezeichnete. Doch leider ist die Ähnlichkeit zwischen diesen Molekülen und wirklichen Proteinen nur sehr oberflächlich. Echte Proteine bestehen ausschließlich aus linkshändigen Aminosäuren (siehe Seite 75), während in Proteinoiden links- und rechtshändige Moleküle in gleicher Stärke vertreten sind.

Es gibt aber einen noch fundamentaleren Grund, weshalb die Selbstmontage von Proteinen als hoffnungslos erscheint, und der hat nichts mit der Bildung chemischer Bindungen an sich zu tun, sondern mit der besonderen Reihenfolge, in der sich Aminosäuren zusammenschließen müssen. Proteine sind nicht *irgendwelche* Peptidketten. Sie sind ganz spezifische Aminosäuresequenzen mit besonderen Eigenschaften, die zum Leben nötig sind. Die Anzahl der möglichen, *zufälligen* Verbindungen in einer Mischung von Aminosäuren ist dagegen mehr als astronomisch. Ein kleineres Protein mag etwa hundert Aminosäuren zwanzig verschiedener Sorten enthalten. Die Anzahl der nach den Regeln der Statistik möglichen Kombinationen in einem Molekül dieser Länge ist dann 10^{130} (eine Eins mit 130 Nullen).[4] Es wäre also ein gehöriger Zufall, wenn gerade die richtige erwischt würde.[5]

Auf statistische Weise zu einer brauchbaren Konfiguration von Aminosäuren zu gelangen ist mit einer gigantischen Informationssuche zu vergleichen, unendlich schwerer noch, als etwa ohne eine Suchhilfe im Internet eine bestimmte Information zu finden. Im Rahmen der Thermodynamik wird diese Schwierigkeit deutlich, wenn man sich den Zusammenhang zwischen Information und Entropie vor Augen hält, den ich in Kapitel 2 dargelegt habe. Der äußerst spezifische Informationsgehalt eines Proteins, der ihm durch seine einzigartige Anordnung von Aminosäuren aufgeprägt ist, bedeutet einen erheblichen Entropieverlust, sobald das Molekül sich bildet. Eine unkontrollierte Energiezufuhr allein würde nicht zu dem benötigten, geordneten Ergebnis führen.

Ebenso wenig könnten wir in unserem Bild mit den Backsteinen erwarten, dass ein Haus entsteht, wenn man unter dem Steinhaufen einfach eine Ladung Dynamit zündet. Man setzt vielleicht genug Energie frei, dass die Steine in die Luft fliegen, doch wenn sich diese Energie nicht in geordneter und kontrollierte Weise an die Backsteine koppelt, ist die Wahrscheinlichkeit groß, dass nur ein chaotischer Trümmerhaufen herauskommt. Die Herstellung von Proteinen durch statistisches Mischen von Aminosäuren stößt also in thermodynamischer Hinsicht auf ein doppeltes Problem: Die Moleküle müssen nicht nur «bergauf» geschüttelt werden, sondern auch in einer Konfiguration enden, für die unter den zahllosen möglichen Kombinationen nur eine verschwindend geringe Wahrscheinlichkeit besteht.

Bisher habe ich nur davon gesprochen, wie Proteine aus der Verbindung von Aminosäuren zu Peptiden entstehen. Proteine sind jedoch lediglich ein kleiner Teil des feinen Netzwerks des Lebens, zu dem auch Lipide, Nukleinsäuren, Ribosomen und vieles andere gehört. Und hier stoßen wir auf das nächste Problem: Wissenschaftler mögen vielleicht einmal in der Lage sein, mit Hilfe komplizierter und empfindlicher Methoden Stück für Stück die Grundelemente des Lebens nachzubauen. Viel unwahrscheinlicher ist es jedoch, dass irgendeine Gruppe von Prozessen *gleichzeitig* zu *allen* benötigten Resultaten führt. Nicht nur die Selbstmontage großer, zerbrechlicher und sehr spezifischer Moleküle aus einem Durcheinander von Einzelteilen ist das Geheimnis, sondern die gleichzeitige Produktion eines ganzen Sortiments von Molekülen.

Ich will noch einmal ganz klar sagen, um was es hier geht: Die komplexen Moleküle in lebenden Organismen sind an sich nicht lebendig. Ein Molekül ist nichts weiter als ein Molekül, es ist weder lebend noch tot. Leben ist ein Phänomen, an dem eine ganze Gemeinschaft spezialisierter Moleküle beteiligt ist, Millionen davon, die auf erstaunliche, sonst nirgendwo zu beobachtende Weise zusammenwirken. Kein einzelnes Molekül besitzt den «Lebensfunken», keine Kette von Atomen stellt für sich einen Organismus dar. Selbst DNS, das biologische Supermolekül, lebt nicht. Außerhalb einer Zelle ist keine DNS in der Lage, ihre gewohnte Rolle zu spielen. Nur in Gesellschaft ganz bestimmter anderer Moleküle wird ein einzelnes Molekül seinen Beitrag zum Leben leisten. Um richtig zu funktionieren, muss eine DNS zu einem großen Team gehören, in dem jedes Molekül seine ihm zugewiesene Aufgabe erfüllt.

Akzeptieren wir die gegenseitige Abhängigkeit der Komponentenmoleküle innerhalb eines lebenden Organismus, so stehen wir sofort vor einem philosophischen Dilemma: Wenn kein Molekül ohne die anderen funktionsfähig ist, wie konnte dann jedes einzelne Mitglied dieser Molekülgesellschaft je zustande kommen? Wie sind diese Moleküle ursprünglich entstanden – als es noch keinen Wissenschaftler gab, der hilfreich eingreifen konnte –, wo doch die meisten der Großmoleküle, die das Leben benötigt, ausschließlich von lebenden Organismen produziert werden und außerhalb von Zellen nicht zu finden sind? Können wir ernsthaft annehmen, eine Ursuppe vom Miller-Urey-Typ habe sie alle auf einmal erzeugt, wo die Chemie solch ein Zufallsspiel ist?

Nach dem bisher Gesagten könnte man den Eindruck bekommen, nicht nur der Ursprung des Lebens, sondern Leben selbst sei praktisch unmöglich. Wenn die zerbrechlichen Biomoleküle ständigen Angriffen ausgesetzt sind und sich ununterbrochen auflösen, warum versinkt dann nicht auch der menschliche Körper in einem chemischen Chaos, das den sicheren Tod bedeutet? Zum Glück enthalten unsere Zellen raffinierte, chemische Reparatur- und Aufbauapparate, verfügen über Quellen chemischer Energie, um die Lebensprozesse «bergauf» zu treiben, und über besondere Enzyme, die für eine reibungslose Konstruktion komplexer Moleküle aus einfacheren Bruchstücken sorgen. Zudem ziehen sich Proteine zu schützenden Kugeln zusammen, die das Wasser daran hindern, ihre empfindlichen chemischen Bindungen anzugreifen.

So schnell uns der zweite Hauptsatz bergab zu ziehen versucht, so geschwind tritt diese Armee spezialisierter Moleküle in Aktion, uns bergauf zu schieben. Als offene Systeme, die Energie und Entropie mit ihrer Umwelt austauschen, bleiben wir vor den zerstörerischen Folgen des zweiten Hauptsatzes bewahrt. In der Ursuppe gab es dagegen keine hilfreichen Kohorten zusammenwirkender Moleküle. Es gab keine molekularen Reparaturtrupps, die es mit dem zweiten Hauptsatz aufnehmen konnten. Die Ursuppe musste die Schlacht allein gewinnen, und die Chance dafür war nicht nur gering, sondern geradezu verschwindend klein.

Was ist also die Antwort? Ist das Leben am Ende doch ein Wunder? Auf die jüngsten Erklärungsversuche, wie eine Mischung von Chemikalien die Chancen zugunsten der spontanen Entstehung komplexer Moleküle beeinflussen kann, werde ich in Kapitel 4 eingehen. An dieser Stelle möchte ich nur den Hinweis geben, dass die ersten Lebewesen zweifellos weit primitiver waren als heutige Mikroben. Man darf nicht erwarten, dass existierende Bakterien mit ihren fein ausbalancierten und spezialisierten Stoffwechselzyklen vollständig und in ihrer gegenwärtigen Form in einer Ursuppe entstanden sind. Heutige Mikroben haben sich Schritt für Schritt entwickelt, von einfachsten Anfängen über eine lange Periode evolutionärer Verfeinerung. Das frühe Leben war in biochemischer Hinsicht mit Sicherheit viel simpler als moderne Organismen.

Hier zeigt sich ein wichtiges Prinzip: Einfache Maschinen sind robuster als komplizierte Apparate. Ein höherer Entwicklungsstand bringt stets auch eine größere Störanfälligkeit mit sich. Gießt man Heizöl in den Tank eines Rennwagens, dann wird der nur keuchen und spucken und kaum von der Stelle kommen. Ein Traktor dagegen würde klaglos weitertuckern. Ebenso wäre ein modernes DNS-Molekül in der Ursuppe vollkommen hilflos. Ein nicht so verfeinerter Vorgänger der DNS würde unter Umständen besser damit fertig und könnte sich erfolgreich vermehren. Vielleicht ist die Wahrscheinlichkeitshürde gegen die Selbstmontage eines mikrobiellen Gegenstücks des Traktors doch nicht unüberwindlich.

Zufall und der Ursprung des Lebens

Die Frage ist: Wie wahrscheinlich war die Entstehung von Leben unter den Bedingungen, die vor vier Milliarden Jahren auf der Erde geherrscht haben?

Folgende Erwiderung, die man zuweilen hört, ist jedenfalls nicht gut genug: «Das Leben musste entstehen, einfach weil wir hier sind.» Natürlich *ist* Leben entstanden. Doch *musste* es auch entstehen? War, mit anderen Worten, das Auftauchen von Leben aus einer Chemiebrühe – oder in welcher Umgebung auch immer – in einem Zeitraum von Millionen von Jahren unausweichlich?

Niemand kennt die Antwort. Der Ursprung des Lebens könnte einfach ein Glücksfall gewesen sein, ein haarsträubend unwahrscheinlicher chemischer Zufall, so unwahrscheinlich, dass er sich im ganzen Universum kein zweites Mal ereignen würde. Oder ist Leben so normal und natürlich wie die Bildung von Salzkristallen? Wie können wir entscheiden, welche Erklärung die richtige ist?

Betrachten wir zunächst die Theorie, es sei ein chemischer Glücksfall gewesen. Wie oben erklärt, basiert irdisches Leben auf einer Reihe sehr komplizierter Moleküle ganz bestimmter, raffinierter Struktur. Selbst in einfachen Organismen enthält die DNS Millionen von Atomen. Dabei ist die genaue Reihenfolge der Atome entscheidend. Willkürliche Sequenzen funktionieren nicht, denn die DNS ist die Bauanleitung des Organismus. Ändert man ein paar Atome, so ist die ganze Struktur des Organismus in Gefahr. Ändert man zu viele, dann gibt es keinen Organismus.

Zum Vergleich stelle man sich die Wortabfolge in einem Roman vor. Man braucht nur wenige Wörter zu ändern, willkürlich irgendwo im Text, und das Buch würde wahrscheinlich leiden. Wirft man aber sämtliche Wörter durcheinander, dann ist es mit größter Sicherheit kein Roman mehr. Es mag andere Romane mit ähnlichen Wörtern in anderen Kombinationen geben, doch allgemein stellen die Wortfolgen, aus denen Romane bestehen, nur einen verschwindenden Bruchteil aller möglichen Wortsequenzen dar.

Im vorigen Abschnitt habe ich die unvorstellbar geringe Chance dafür angegeben, dass Aminosäuren durch einfaches Durchmischen in der richtigen Reihenfolge zusammenkommen und dabei zufällig ein Proteinmolekül entsteht. Die 10^{130} Kombinationsmöglichkeiten, die ich dort genannt habe, gelten für ein einziges Protein. Leben, wie wir es kennen, benötigt aber Hunderttausende spezialisierter Proteine, ganz zu schweigen von einer Unzahl von Nukleinsäuren. Die Chance, dass sich auch nur die Proteine zufällig zusammenfügen, beträgt nun 1 zu $10^{40\,000}$; mit anderen Worten: Die Anzahl der Auswahlmöglichkeiten ist eine Eins mit 40 000 Nullen, eine Zahl, die ein ganzes Kapitel dieses Buches einnehmen würde, wenn ich sie ausschreiben wollte. Unter diesen Möglichkeiten die richtige zu erwischen ist weitaus unwahrscheinlicher, als dass in einem Kartenspiel alle Spieler tausendmal hintereinander dieselben Blätter ausgeteilt bekommen. Der britische Astronom Fred Hoyle hat die Situation einmal mit der Chance verglichen, dass ein Wirbelsturm über einen Schrottplatz fegt und dabei eine funktionstüchtige Boeing 747 entsteht.

Ich halte des Öfteren Vorträge über die Möglichkeit außerirdischen Lebens, und stets kommt von einem der Zuhörer der Kommentar, es müsse Leben auf anderen Planeten geben, einfach weil es so viele Sterne gibt, die sich als Heimstätten anbieten. Dieses Argument hört man sehr oft. Vor kurzem, auf einem Flug nach Europa zu einer Konferenz über außerirdisches Leben, blätterte ich in dem Unterhaltungsprogramm der Fluggesellschaft und fand einen Bericht über die Suche nach Leben fern von der Erde. Darin hieß es: «Wo eine halbe Billion Sterne in der Milchstraßenspirale kreisen, erscheint es unlogisch, dass nur eine einzige Welt intelligentes Leben beherbergen soll.» Leider stimmt «unlogisch» nicht, denn die Logik ist vollkommen klar. Es gibt zwar eine Menge Sterne – mindestens zehn Milliarden Milliarden im beobachtbaren Universum –, doch diese Zahl, so gigantisch sie auch erscheinen mag, ist *winzig* im Vergleich zu der Zahl, welche die Chance für die Entstehung auch nur eines einzigen Proteinmoleküls beschreibt. Bei aller Größe des Universums wäre die Entstehung von

Leben durch Aufmischen eines molekularen Schrottplatzes so unwahrscheinlich, dass es, wenn überhaupt, vermutlich nur einmal vorkommen würde.

Manch einer denkt, etwas so Fundamentales wie unsere eigene Existenz könne nicht auf einer Laune der Chemie beruhen, und indem man sich auf den Zufall berufe, würde man das Problem nur unter den Teppich kehren. Zuweilen wird auch das Prinzip der Mittelmäßigkeit zitiert: An unserem Platz im Universum ist nichts Besonderes oder Außergewöhnliches. Die Erde scheint ein typischer Planet eines typischen Sterns in einer typischen Galaxie zu sein. Warum sollte das Leben auf der Erde dann nicht ebenfalls typisch sein?

Leider ist auch dieses Argument nicht tragfähig. Unser Dasein *muss* die Ausnahme von dieser Regel sein. Wenn es im Universum nur einen Planeten gibt, der Leben beherbergt, dann muss es der unsere sein. Selbstverständlich würden wir nicht auf einem leblosen Planeten existieren. Die Erde kann nicht als das zufällige Ergebnis einer kosmischen Auswahl gelten, weil allein schon unsere Existenz sie unter den Planeten auszeichnet.

Trotz dieser unbestreitbaren Tatsache sollten Wissenschaftler versuchen, die Welt im Rahmen von Gesetzen und Prinzipien zu erklären, wo immer es möglich ist. Niemand würde sich je mit der Behauptung zufrieden geben, die Saturnringe seien ein zufälliger Zusammenschluss unabhängiger Teilchen. Auf den Zufall berufen sollte man sich nur als letzten Ausweg – was jedoch nicht bedeutet, Zufälle würden sich niemals ereignen oder wären bedeutungslos.[6] Das Leben auf der Erde könnte ein Glücksfall sein, doch wir sollten zumindest versuchen, die Biogenese als einen normalen physikalischen Prozess zu erklären. In den kommenden Kapiteln werde ich auf einige der Ideen eingehen, wie man um die scheinbare Unmöglichkeit einer spontanen Entstehung von Leben herumkommen kann.

4

Die Botschaft in der Maschine

Im Juli 1997 zeigten Wissenschaftler der Cornell-Universität Fotografien einer Gitarre nicht größer als eine menschliche Blutzelle, mit Saiten, die gerade hundert Atome dick waren. Das Liliputinstrument bestand aus Siliziumkristallen und war mittels Elektronenstrahlgravur hergestellt worden. Eigentlich war es nur als eine Spielerei gedacht, doch es demonstrierte auf dramatische Weise, was mit neuer Technologie möglich ist: Man kann heute Maschinen bauen, die derart winzig sind, dass man sie mit bloßem Auge nicht sehen kann. So haben Wissenschaftler unsichtbare Zahnräder, stecknadelkopfgroße Motoren und elektrische Schalter von der Größe eines einzelnen Moleküls hergestellt. IBM-Ingenieure haben es geschafft, ihr Firmenzeichen Atom für Atom auf eine Kristalloberfläche zu prägen. Die Nanotechnologie – die Konstruktion von Strukturen und Apparaten in der Größenskala von Millionsteln von Millimetern – erlebt ein rasantes Wachstum und ist dabei, unser Leben von Grund auf zu ändern.

Die Errungenschaften der Mikroingenieure werden atemberaubende Folgen zeitigen, doch sollten wir nicht vergessen, dass es die Natur war, die den Weg gewiesen hat. Die Welt ist schon lange voller Nanomaschinen. Jede lebende Zelle ist voll gepackt mit mikroskopischen Strukturen, die aussehen, als seien sie das Werk von Ingenieuren. Es wimmelt von winzigen Pinzetten, Scheren, Pumpen, Motoren, Hebeln, Ventilen, Röhren, Ketten und sogar Fahrzeugen. Dabei ist die Zelle natürlich mehr als eine Ansammlung technischer Spielereien. Die vielfältigen Komponenten passen so zusammen, dass sie ein reibungslos funktionierendes Ganzes bilden, wie eine wohl durchdachte Produktionsstraße. Das Wunder des Lebens besteht nicht in seiner

Zusammensetzung aus Nanowerkzeugen, sondern aus deren hoch organisiertem Zusammenwirken.

Was ist das Geheimnis dieser erstaunlichen Organisation? Wie können «dumme» Atome dazu in der Lage sein? Einzelne Atome können nur ihre Nachbarn ein wenig anstoßen und sich gegebenenfalls mit ihnen verbinden. In ihrem Zusammenspiel schaffen sie jedoch phantastische Wunder der Ingenieurskunst und der Kontrolle und zeigen eine Feinabstimmung und Komplexität, der keine von Menschen konstruierte Maschine das Wasser reichen kann. Und irgendwie ist die Natur ohne jede Hilfe darauf gekommen, wie dies zu machen ist. Sie hat entdeckt, wie sie aus der zusammengewürfelten Mischung von Rohstoffen, die ihr zur Verfügung standen, die raffinierten Maschinen bauen kann, die wir heute Zellen nennen. Diese Leistung vollbringt sie immer noch Tag für Tag, jedesmal, wenn eine neue Zelle entsteht, was an sich schon erstaunlich ist. Noch bemerkenswerter ist jedoch, dass die Natur die erste Zelle ganz ohne Vorgabe geschaffen hat. Wie war sie dazu in der Lage?

Wenn ich als einfacher Physiker über das Leben auf der Ebene der Moleküle nachdenke, frage ich mich immer wieder: Woher wissen all diese hirnlosen Atome, was sie zu tun haben? Eine lebende Zelle ist unendlich komplex und erinnert in ihren vielfältigen Aktivitäten an eine Großstadt. Jedes Molekül hat eine besondere Funktion und einen ihm zugewiesenen Platz im großen Schema, so dass die richtigen Produkte hergestellt werden. Es wird viel gereist. Moleküle müssen die Zelle durchqueren, um sich am richtigen Ort und zur rechten Zeit mit anderen zu treffen und ihre Aufgaben ordentlich zu erfüllen. Und all dies geschieht ohne einen Chef, der die Moleküle herumkommandiert und sie an ihre Positionen beordert. Es gibt keinen Aufseher, der ihre Aktivitäten überwacht. Die Moleküle tun einfach, was sie zu tun haben. Sie taumeln blind durch die Gegend, rammen einander, prallen zurück und vereinigen sich mit anderen. Auf der Ebene der Einzelatome ist das Leben anarchisch, ein sinnloser, chaotischer Taumel. Doch als Gesamtheit führen dieselben gedankenlosen Atome den Tanz des Lebens mit vorzüglicher Präzision auf.

Wird die Wissenschaft je in der Lage sein, einen sich auf so großartige Weise selbst orchestrierenden Prozess zu erklären? Manche

Leute verneinen diese Frage rundweg[1] und meinen, die lebende Zelle sei einfach zu genial, zu planvoll, als dass sie allein das Produkt blinder physikalischer Kräfte sein könne. Ihrer Ansicht nach mag die Wissenschaft vielleicht in der Lage sein, diese oder jene Einzelheit richtig zu beschreiben, doch die Organisation als Ganzes oder wie die erste, ursprüngliche Zelle zustande gekommen ist, würde sie nie erklären können.

Da bin ich anderer Meinung. Nach meiner Überzeugung wird die Wissenschaft am Ende eine überzeugende Erklärung für den Ursprung des Lebens liefern, jedoch nur wenn das Problem auf zwei Ebenen angegangen wird. Die erste ist der Bereich der Moleküle, von der dieses Kapitel handelt. Hier hat es die eindrucksvollsten Fortschritte gegeben. Über die vergangenen beiden Jahrzehnte hat die Molekularbiologie tiefe Einblicke geliefert, was bestimmte Moleküle tun und wie sie mit anderen zusammenwirken. Man findet stets, dass die Nanomaschinen der Natur ganz gewöhnlichen physikalischen Kräften und Gesetzen unterliegen. Auf Zauberei oder Wunder ist man nicht gestoßen.

Es wäre jedoch falsch, anzunehmen, Moleküle seien das Einzige, was zum Leben gehört. Leben lässt sich ebenso wenig durch eine Auflistung von Molekülaktivitäten erklären, wie sich das Genie eines Mozart oder Einstein auf die Wirkungsweise eines Neurons zurückführen lässt. «Das Ganze ist mehr als die Summe der Einzelteile», darf man hier sagen. Schon das Wort «Organismus» verweist auf eine Kooperation auf der Ebene der Gesundheit, die das Studium der Komponenten allein nicht erfassen kann. Ohne ein Verständnis des Zusammenwirkens aller Einzelteile bleibt eine Erklärung des Lebens unvollständig.

Vermehrt euch, vermehrt euch!

In Kapitel 1 steht die Fortpflanzung fast ganz oben auf meiner Liste der definierenden Merkmale des Lebens. Ohne Reproduktion und da nichts und niemand unsterblich ist, würde alles Leben früher oder später sein Ende finden. Lange Zeit hatten die Wissenschaftler kaum eine Vorstellung, wie Organismen Kopien von sich selbst anfertigen können. Es gab vage Ideen über unsichtbare Gene, die biologische Botschaften von einer Generation in die nächste tragen, doch darüber, wie Zellen dies genau bewerkstelligen, war wenig bekannt. Erst das Aufkommen der Molekularbiologie und die Entdeckung der DNS führten zur Lösung dieses Rätsels.

Im Wesentlichen beginnt alles mit der Vervielfältigung von Molekülen. Dass ein Molekül eine Kopie von sich selbst anfertigen soll, mag als Zauberei erscheinen, doch in Wirklichkeit ist es ziemlich einfach. Das Prinzip ist simple Geometrie. Man muss sich zunächst an eine scheinbar triviale, aber wichtige Tatsache erinnern: Moleküle sehen nicht immer wie kleine Bälle aus; sie können alle möglichen Auswüchse bilden, zum Beispiel Arme, Ellbogen, Kuhlen oder Ringe. Obwohl es Kräfte zwischen den Atomen sind, die bestimmen, was sich miteinander verbindet (oder sich gegenseitig abstößt), sind die biologischen Fähigkeiten organischer Moleküle weitgehend durch deren dreidimensionale Form vorgegeben. Die pythagoreischen Philosophen, nach deren Glauben die Geometrie der Schlüssel zum Universum war, hätten ihre helle Freude gehabt.

DNS ist die genetische Datenbank, und die Replikation dieses Großmoleküls bildet den Kern der biologischen Vermehrung. Ich will nun beschreiben, wie DNS sich selbst kopiert, indem sie sich einfache Geometrie zunutze macht. Die Form der DNS, die berühmte Doppelhelix, die Crick und Watson in den frühen fünfziger Jahren entdeckt haben, ist in Abbildung 4.1 skizziert. Man beachte, dass die beiden Spiralen durch Querstreben miteinander verbunden sind. Die Helixform ist nebensächlich für meine Erklärung; es ist einfacher, sich die Doppelspirale entfaltet und flach ausgebreitet vorzustellen, so dass man eine Leiter wie in Abbildung 4.2 vor sich hat. Die Spiralfäden sind nun die Handläufe, die Querstreben die Leitersprossen. Die Handläufe stellen lediglich ein Gerüst dar, entscheidend sind die Sprossen.

Die Sprossen der DNS sind nicht alle gleich, sondern bestehen aus vier Arten von Molekülen, die man als Nukleotidbasen oder einfach Basen bezeichnet: Adenin, Guanin, Cytosin und Thiamin, oder kurz A. G, C und T. Jede Sprosse ist aus zwei Basen zusammengesetzt, die

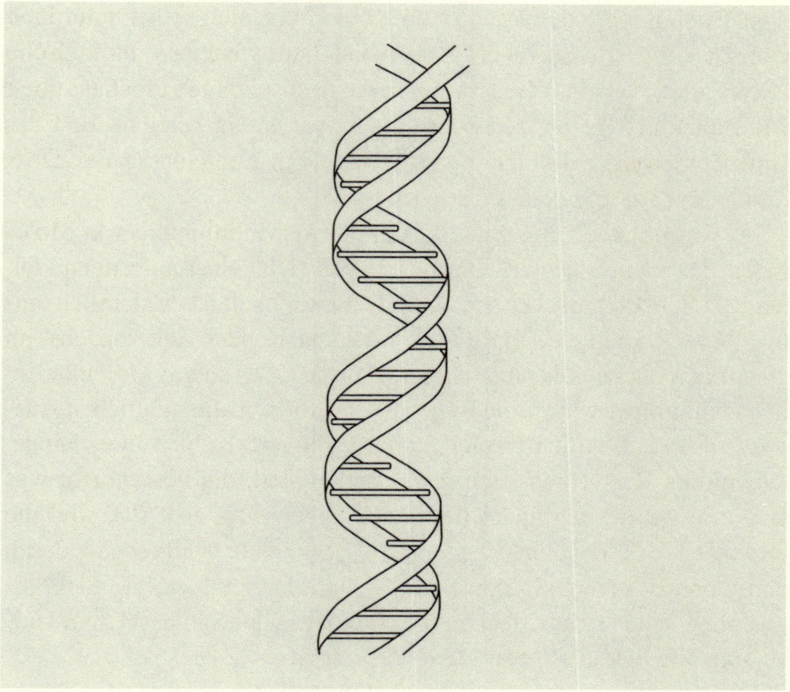

Abb. 4.1: Das Schema der Doppelhelixstruktur der DNS. Wichtig sind die Querstreben, welche die beiden Zwillingsspiralen zusammenhalten. Diese Verstrebungen spielen die entscheidende Rolle in der Speicherung biologischer Information.

an einem Ende miteinander verbunden sind, und hier kommt die Geometrie ins Spiel. A ist darauf zugeschnitten, sauber mit T zusammenzupassen, während C mit G Paare bildet. Die Kräfte, die diese Basenpaare zusammenhalten, sind recht schwach. Man stelle sich nun vor, man risse die beiden Handläufe auseinander, so dass sämtliche Basenpaare aufbrechen, als wenn man die Leiter in der Mitte durchsägte (siehe Abb. 4.3). Dann hätte man zwei Stangen, jeweils mit vorstehenden Sprossenstummeln – den von ihren Partnern getrennten Basen. Angenommen, an der einen Stange wären die Basen in der Folge TGCCAGTT . . . angeordnet; dann wäre die andere Hälfte

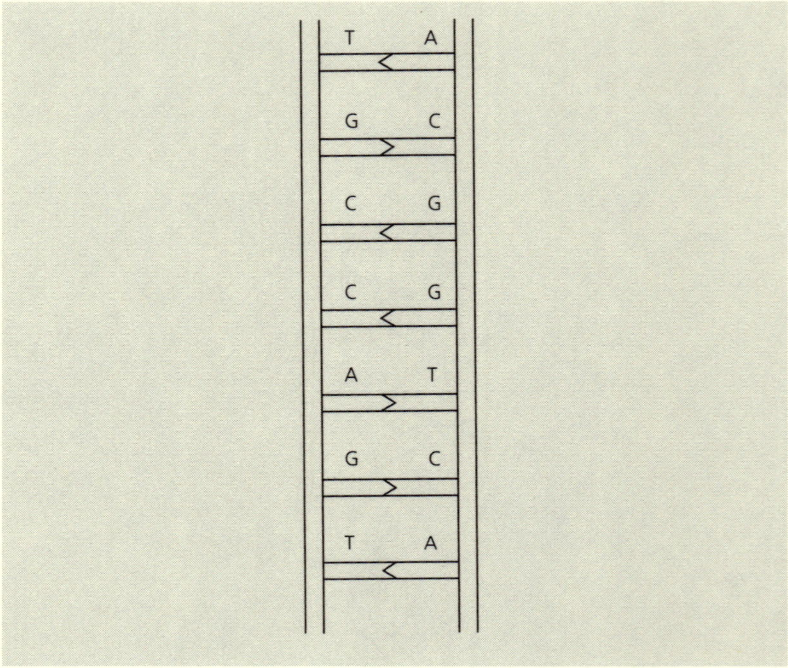

Abb. 4.2: Eine aufgewickelte DNS nimmt die Form einer Leiter an. Die Sprossen sind Paare von Molekülen, die so geformt sind, dass sie genau zusammenpassen.

durch die *komplementäre* Sequenz ACGGTCAA . . . charakterisiert. Man würde die Leiter wieder zusammensetzen, indem man die entsprechenden Basenpaare gegeneinander ausrichtet und die offenen Enden wieder einrasten lässt. Der Umstand, dass jede Base entlang des DNS-Moleküls auf diese Weise gepaart ist, macht den einen Strang zum Abbild des anderen. Von einer Seite des Doppelstrangs kann man eindeutig auf die Struktur der anderen schließen, indem man einfach die Paarungsregeln anwendet: A gehört zu T und C zu G.

Diese Komplementarität ist die Grundlage des Vervielfältigungsprozesses. Stellen wir uns vor, ein Stück Doppelhelix wäre aufgetrennt, wie oben beschrieben, so dass jeweils eine Strecke ungepaarter Basen aus den Strängen vorsteht. Treiben nun freie Basenmole-

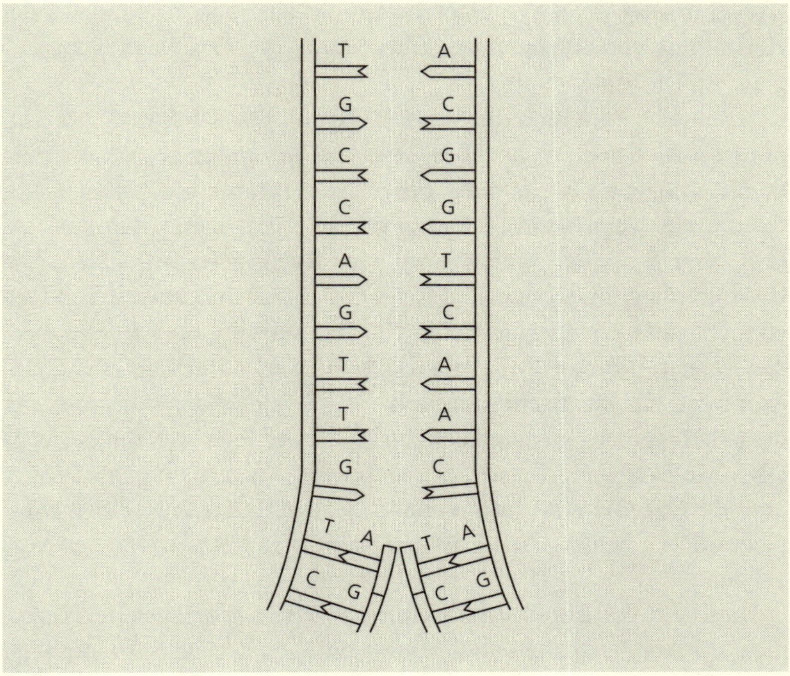

Abb. 4.3: Haben sich die Querverbindungen eines DNS-Moleküls einmal getrennt, dann können die vorstehenden Stümpfe jeweils passende, einzelne Basenmoleküle an sich binden, die gerade in der Umgebung sind. Die Replikation, der Schlüsselprozess des Lebens, ist abgeschlossen, sobald sich beide Hälften der ursprünglichen DNS einen neuen, kompletten Satz von Partnerbasen zugelegt haben.

küle der Typen A, G, C und T in der Umgebung, dann können diese mit den offenen Enden in Berührung kommen und sich an ihre vorbestimmten Partner hängen, A stets an T und C an G, T an A und G an C. So baut sich automatisch der komplementäre Helixstrang auf, und solange die Paarungsregeln in Kraft sind, ist der neue Strang mit Sicherheit mit dem Original identisch. Wird also ein DNS-Molekül aufgetrennt, so wird sich jede Hälfte einen neuen Partnerstrang aneignen, und am Ende hat man nicht ein, sondern zwei DNS-Moleküle. Es fällt auf, dass diese Art der Replikation eigentlich kein

Kopierprozess im Sinne einer Fotokopie ist, sondern eher mit der Herstellung von Abzügen von einem fotografischen Negativ zu vergleichen ist.

So einfach lässt sich die Vervielfältigung von DNS erklären. Damit ist jedoch noch nichts über Gene und Vererbung gesagt, über die Speicherung und Weitergabe genetischer Information durch DNS, wo die vier verschiedenen Basen ins Spiel kommen. Man kann A, G, C und T als ein Alphabet aus vier Buchstaben betrachten. Die Botschaft liegt in der genauen Reihenfolge der Buchstaben. Ein Gen ist nichts anderes als eine Reihe von Basenpaaren oder Buchstaben, die einen Teil dieser Botschaft tragen. Vervielfältigt sich eine DNS, dann wird das identische Gen in die Kopie eingebaut. Aufgrund der doppelsträngigen, komplementären Natur der Prozesse enthält jedes DNS-Molekül seine Botschaft in doppelter Ausfertigung, als Positiv und als Negativ. Alle Information, die zur Herstellung einer kompletten DNS benötigt wird, ist unabhängig in beiden Strängen vorhanden.

Diese Art der Replikation – unterstützt von spezialisierten Enzymen, die das Aufspalten und Zusammenfügen der DNS fördern – ist sehr effizient. Wie erfolgreich sie ist, lässt sich daran ablesen, dass DNS in ihrer Grundstruktur mindestens drei Milliarden Jahre überlebt hat. Kein Kopiermechanismus ist jedoch perfekt, und es bleibt nicht aus, dass sich von Zeit zu Zeit Fehler einschleichen, welche die Reihenfolge der Basen verändern und somit die Buchstaben A, G, C und T durcheinander werfen. Da eine DNS eine Anleitung für den Bau eines Organismus ist, kann der betreffende Organismus dann eine Mutation erleiden. Kopierfehler verhelfen zu Unterschieden zwischen den Generationen, welche auf dem Wege der natürlichen Selektion ausgenutzt werden können. Die genetischen Botschaften sind von eindrucksvoller Länge. Schon eine einfache Kolibakterie enthält Millionen von Symbolen in ihrem Genom, genug für ein tausend Seiten dickes Buch. Der Informationsgehalt menschlicher DNS würde gar eine ganze Bibliothek füllen.

Was man zum Leben braucht

Bisher habe ich vielleicht den Eindruck erweckt, alles drehe sich um DNS, um Gene und Replikation. Das stimmt auch im engeren, biologischen Sinne: Leben ist nichts anderes als das fortwährende Kopieren von Genen. Für sich allein ist DNS jedoch hilflos. Sie muss eine Zelle mit all ihren spezialisierten Chemikalien um sich haben, um den Vermehrungsprozess beeinflussen zu können. Zum Aufbau von Biomasse und für den eigentlichen Betrieb einer Zelle sind andere Dinge erforderlich: Proteine, die zweite wichtige Klasse spezialisierter organischer Moleküle. Wie ich schon bemerkt habe, ist Leben, wie wir es kennen, das Ergebnis einer für beide Seiten nützlichen Übereinkunft zwischen DNS und Proteinen.

Proteine sind für DNS ein Geschenk des Himmels, denn sie dienen sowohl als Baumaterial, zum Beispiel für Zellwände, als auch als Enzyme, welche die chemischen Reaktionen kontrollieren und beschleunigen. Enzyme sind chemische Katalysatoren, sozusagen das Öl, das die Räder der biologischen Maschine schmiert. Ohne sie würde der Stoffwechsel zum Stillstand kommen und dem Leben die Energie ausgehen. Es überrascht daher nicht, dass ein großer Teil der DNS-Datenbank für Instruktionen bezüglich der Herstellung von Proteinen reserviert ist.

Und so werden diese Instruktionen ausgeführt: Wir erinnern uns, dass Proteine lange Kettenmoleküle aus zahlreichen, zu Polypeptiden verbundenen Aminosäuren sind. Verschiedene Sequenzen von Aminosäuren stellen verschiedene Proteine dar. Nun hat die DNS eine Wunschliste mit allen Proteinen gespeichert, die der Organismus braucht, und zwar in Form von Reihen von A-, G-, C- und T-Elementen, die den benötigten Aminosäuresequenzen entsprechen. In der Regel wird ein Protein durch mehrere hundert Basenpaare dargestellt.

Um die abstrakte Liste von Aminosäuren in funktionstüchtige Proteine zu verwandeln, bedient sich die DNS der Hilfe eines nahen Verwandten, eines Moleküls namens RNS (Ribonukleinsäure). Auch RNS besteht aus vier Basen, A, G, C und U. Uracil, für welches das U steht, ähnelt dem T der DNS und dient im Rahmen des Alphabets demselben Zweck. RNS kommt in mehreren Versionen vor, von denen uns hier zunächst die so genannte Boten-RNS oder kurz mRNS (m für engl. *messenger*) interessiert. Deren Aufgabe ist es, die Proteinrezepte von der DNS abzulesen und sie an die winzigen Fabriken in der Zelle weiterzugeben, in denen die Proteine hergestellt werden. Diese Minifabriken, die man als Ribosomen bezeichnet, sind komplizierte Maschinen aus RNS und verschiedenen Proteinen. Ribosomen haben einen Schlitz, wo sich die mRNS einfüttert, ähnlich wie die Lochstreifen, die man früher in Computer stecken musste. Das mRNS-«Datenband» tuckert dann durch das Ribosom, welches daraufhin die übermittelten Instruktionen Stück für Stück abarbeitet, indem es Aminosäuren eine nach der anderen in der angeforderten Sequenz zusammensetzt, bis ein komplettes Protein fertig ist. Irdisches Leben produziert Proteine aus zwanzig verschiedenen Sorten von Aminosäuren[2], deren Reihenfolge in der mRNS festgehalten ist, so dass das Ribosom sie in der richtigen Ordnung zusammenfügen kann.

Nun sind die Aminosäuren natürlich nicht so freundlich, gleich in der Reihenfolge anzukommen, dass sie ohne weiteres an die Kette angehängt werden können. Wie stellt das Ribosom also sicher, dass die mRNS in jedem Schritt die richtige Aminosäure zur Verfügung hat? Die Antwort liegt in der Rolle einer anderen RNS-Gruppe, der Transfer-RNS (tRNS). Jedes tRNS-Molekül befördert an seinem Ende genau nur eine Sorte Aminosäure, die es an die Ribosom-Produktionsstraße abliefert.

Auf jeder Stufe der Proteinkonstruktion geht es darum, die tRNS mit der passenden Aminosäure dazu zu bringen, ihre Ladung aufzugeben und ans Ende der wachsenden Proteinkette zu übergeben. Zugleich müssen die anderen neunzehn Lieferungen, die sich anbieten könnten, abgelehnt werden. Dies wird wie folgt bewerkstelligt: Die mRNS (welche, wie wir uns erinnern, die Instruktionen trägt) zeigt ein Stück Information, das heißt eine Gruppe von Buchstaben, die befehlen: «Füge jetzt die und die Aminosäure hinzu.» Die Instruktionen werden korrekt ausgeführt, weil nur das tRNS-Molekül, das die angeforderte Aminosäure trägt, das vorgezeigte Stück mRNS anhand seiner Form und chemischen Eigenschaften erkennen und mit ihm in Verbindung treten kann. Die anderen tRNS-Moleküle – also die mit den «falschen» Aminosäuren – passen nicht an die Verbindungspunkte. Nachdem das richtige tRNS-Molekül so veranlasst worden ist, an der Produktionslinie anzulegen, muss das Ribosom als Nächstes die frisch eingetroffene Aminosäure dazu bringen, sich an das Ende der Proteinkette anzuhängen. Die Proteinkette wartet im Inneren des Ribosoms, wo sie am Ende des davor ausgewählten tRNS-Moleküls klebt. Nun lässt besagtes Molekül den Proteinrumpf frei und übergibt ihn an die neu angekommene tRNS, wo er sich an die Aminosäure hängt, welche die tRNS mitgebracht hat.

Sobald die Proteinsynthese fertig ist, empfängt das Ribosom vom mRNS-«Programm» ein Stoppsignal, und die Proteinkette löst sich ab. Das Protein ist jetzt komplett, doch es verbleibt nicht in seiner ausgestreckten Form, sondern zieht sich zu einem Knäuel zusammen. Dieses Einfalten kann mehrere Stunden benötigen. Es ist immer noch ein Geheimnis, wie das Protein seine endgültige Form findet. Um richtig zu funktionieren, muss seine dreidimensionale Gestalt genau stimmen, mit allen Höckern und Kuhlen am richtigen Platz und den richtigen Atomen an der Oberfläche. Letztlich ist es die spezielle Reihenfolge der Aminosäuren, welche die Form und damit die physikalischen und chemischen Eigenschaften des Proteins festlegt.

Die bemerkenswerte Abfolge von Ereignissen, die ich hier geschildert habe, wiederholt sich in Tausenden von Ribosomen, die über die ganze Zelle verstreut sind, und produziert Zehntausende verschiedener Proteine. Dabei sind die beteiligten Moleküle, trotz ihrer scheinbaren Zielstrebigkeit, vollkommen denkunfähig. Als Gesamtheit mögen sie eine systematische Zusammenarbeit zeigen und den Eindruck erwecken, sie handelten nach einem Plan, doch jedes für sich treibt nur ziellos durch die Gegend. Der Molekülverkehr innerhalb einer Zelle ist im Grunde chaotisch. Als Antrieb dienen chemische Anziehung und Abstoßung und als Anregung ein ständiger Fluss von Wärmeenergie. Und doch erwächst aus diesem blinden Chaos ganz spontan Ordnung.

Nun könnte man unter dem Eindruck stehen, abgesehen von der Replikation drehe sich das Leben gänzlich um die Herstellung von Proteinen. Dieses Gefühl hat man erst recht, wenn man Lehrbücher der Molekularbiologie liest. Doch muss es nicht mehr auf sich haben mit DNS und Leben? Was ist mit Paarungsritualen, Nestbau und sozialen Strukturen? Wie erklären wir uns so verblüffende Verhaltensmuster wie die Reisen der Zugvögel oder die Netzkunstwerke der Spinnen?

Um Leben in all seiner großartigen Komplexität zu verstehen, müssen wir über die Molekülwelt hinausblicken und den Organismus als Ganzes betrachten, seine Hierarchie und Organisation. Zudem ist es erforderlich, zwischen Aufbau und Funktion zu unterscheiden. Der Erfolg der Molekularbiologie beruht weitgehend auf der Erhellung der Formen und chemischen Affinitäten bestimmter Moleküle, zum Beispiel der Basen und Proteine. Leben ist jedoch nicht auf eine Ansammlung statischer, wild durcheinander gewürfelter Formen reduzierbar. Die Organisationskraft lebender Organismen ist nur mit kollektiven *Prozessen* zu erklären, die zahlreiche Moleküle umfassen und ihr Verhalten zu einem zusammenhängenden Ganzen formen.

Etwas Wichtiges fehlt also in der bisherigen Darstellung – doch was?

Die Antwort verbirgt sich in der vorangegangenen Beschreibung, wie Proteine hergestellt werden. Ich fing mit den geometrischen Formen von Molekülen an, der Struktur von DNS und der Reihenfolge von Basen, und dann begann ich kurzerhand, über Botschaften, Information und Instruktion zu reden. Kurz gesagt: Von der Sprache der Hardware bin ich zur Sprache der Software übergegangen. Ein Gen ist eine fest umrissene, greifbare Form im dreidimensionalen Raum, doch es beinhaltet auch eine Instruktion, etwas Bestimmtes zu tun. Das Geheimnis des Lebens liegt in dieser doppelten Funktion biologischer Komponenten, und nichts verdeutlicht diesen Dualismus besser als der genetische Code.

Der genetische Code

Ich habe das Leben als eine Übereinkunft zwischen Nukleinsäuren und Proteinen beschrieben, doch diese Moleküle bewohnen sehr verschiedene Domänen der Chemie. Genau genommen reden sie kaum miteinander. Dies spiegelt sich am deutlichsten in der Arithmetik der

Informationsübertragung wider. Die Daten, die zur Zusammenstellung eines Proteins benötigt werden, sind in der DNS in Form von Buchstabenkombinationen des Viereralphabets A, G, C und T gespeichert. Proteine bestehen andererseits aus zwanzig verschiedenen Aminosäuren. Nun passt die Zahl 20 schlecht in die Zahl 4. Wie soll dann die Kommunikation zwischen Nukleinsäuren und Proteinen funktionieren?

Das Leben auf der Erde hat für dieses Zahlenproblem eine hübsche Lösung gefunden: Es gruppiert die Basen in Dreiersätze oder Tripletts. Aus vier Basen kann man 64 verschiedene Dreierkombinationen auswählen, mehr als genug für die Darstellung von zwanzig Nukleinsäuren, so dass noch etwas als Reserve und für Satzzeichen übrig bleibt. Auf diese Weise bestimmen jeweils drei Sprossen der DNS-Leiter die Aminosäuren der Proteine, für die sie Instruktionen enthalten.

Die Übersetzung der 64 Buchstabenkombinationen in zwanzig Aminosäuren bedeutet, dass jedem dieser Tripletts (die auch als Codone bezeichnet werden) eine Aminosäure zugeordnet wird, und diese Zuordnung ist es, was man als genetischen Code bezeichnet. Auf den Gedanken, dass das Leben einen Buchstabenschlüssel benutzen könnte, kam als erster, und zwar in den frühen fünfziger Jahren, der Physiker George Gamow – derselbe, der die moderne Urknalltheorie des Kosmos ursprünglich vorgeschlagen hat. Wie in jeder Übersetzung muss hier irgendjemand oder irgendetwas zweisprachig sein, um die verschlüsselten Instruktionen in der Sprache der Nukleinsäuren in ein Objekt aus Aminosäuren umzusetzen. Nach dem bisher Erklärten sollte klar sein, dass sich der entscheidende Übersetzungsschritt vollzieht, wenn sich die geeigneten Aminosäuren vor Konstruktion des Proteins an die entsprechenden tRNS-Moleküle hängen. Diese Ankopplung wird von einigen schlauen Enzymen durchgeführt, die sowohl RNS-Sequenzen als auch die verschiedenen Aminosäuren erkennen und sie entsprechend verheiraten.

Der genetische Code ist – mit Ausnahme weniger, geringfügiger Abweichungen, die man kürzlich entdeckt hat – für alle bekannten Lebensformen der gleiche. Diese Allgemeingültigkeit ist von immenser Bedeutung. Sie lässt nämlich darauf schließen, dass der Code auch vom gemeinsamen Vorfahren allen Lebens benutzt worden ist und dass er robust genug ist, drei Milliarden Jahre der Evolution zu überleben. Ohne ihn wäre die Proteinproduktion ein hoffnungsloses Glücksspiel.

Dennoch bleiben Fragen über Fragen: Wie ist ein so kompliziertes und charakteristisches System wie der genetische Code ursprünglich entstanden? Warum hat die Natur unter den 10^{70} möglichen Codes, die man auf Dreierkombinationen aufbauen kann, gerade den ausgewählt, der nun überall in Gebrauch ist? Wenn es auf Mars Leben gibt, wird es dann denselben genetischen Code benutzen wie das Erdenleben? Ist ein uncodiertes Leben denkbar, in dem Moleküle allein auf der Basis ihrer chemischen Affinitäten miteinander wechselwirken? Oder ist der Ursprung des genetischen Codes (oder zumindest *eines* genetischen Codes) selbst der Schlüssel zum Ursprung des Lebens?

Der britische Biologe John Maynard Smith hat die Herkunft des genetischen Codes als das verblüffendste Problem der Evolutionsbiologie bezeichnet. Er und sein Mitarbeiter Eörs Szathmáry schreiben: «Der existierende Übersetzungsapparat ist so komplex und zugleich so universal und essenziell, dass schwer zu erkennen ist, wie er entstanden oder wie Leben ohne ihn möglich sein könnte.»

Um eine Vorstellung zu bekommen, warum der Code solch ein Rätsel darstellt, sollte man überlegen, ob an den Zahlen, um die es hier geht, irgendetwas Besonderes ist. Warum benutzt das Leben zwanzig Aminosäuren und vier Nukleotidbasen? Es wäre zum Beispiel viel einfacher, mit sechzehn Aminosäuren zu arbeiten und die vier Basen nicht in Tripletts, sondern in Paare zu packen. Noch simpler wären nur zwei Basen und ein Binärcode. Hat es einmal ein einfacheres System gegeben? Wenn ja, dann wäre kaum einzusehen, wie der komplizierte Dreiercode sich je gegen ihn durchsetzen konnte. Die Antwort ist vielleicht: «Es war seinerzeit eben eine gute Idee.» Wenn sich der Code in einer sehr frühen Phase der Geschichte des Lebens entwickelt hat, vielleicht gar im präbiotischen Stadium, dann waren aus Gründen der Chemie zu jener Zeit die Zahlen 20 und 4 vielleicht die beste Lösung. Danach blieb das Leben bei diesen Zahlen, obwohl ihr ursprünglicher Zweck längst nicht mehr existierte.

Oder die 20 und 4 sind tatsächlich die optimale Wahl. Es ist sicherlich vorteilhaft für das Leben, viele verschiedene Aminosäuren zu benutzen, denn so steht eine größere Auswahl von Kombinationen und damit von Proteinen zur Verfügung. Doch die Auswahl hat auch ihren Preis: Mit der Anzahl der Aminosäuren wächst das Risiko von Übersetzungsfehlern. Bei zu vielen Aminosäuren besteht eine größere Wahrscheinlichkeit, dass das falsche Bauteil an eine Proteinkette gehängt wird. Vielleicht ist 20 ein guter Kompromiss.

Noch problematischer ist die Frage der Codezuordnungen, also der Regeln, welche Dreiergruppen für welche Aminosäuren stehen. Wie ist es zu diesen Zuordnungen gekommen? Da Nukleinsäuren und Aminosäuren sich nicht unmittelbar erkennen, sondern über chemische Vermittler miteinander kommunizieren müssen, gibt es keinen offensichtlichen Grund, weshalb bestimmte Tripletts zu bestimmten Aminosäuren gehören. Verschlüsselte Instruktionen sind eine gute Idee, doch der Schlüssel an sich erscheint ziemlich willkürlich. Vielleicht handelt es sich hier einfach um einen eingefrorenen Zufall, eine Auswahl ohne tiefere Bedeutung, die sich dann festgesetzt hat.

Oder gibt es einen verborgenen Grund, weshalb gerade dieser Code am besten funktioniert? Wenn ein Code besser geeignet ist als andere, dann wird die Evolution ihn vorziehen und schrittweise optimieren. Doch auch diese Theorie, so plausibel sie klingen mag, ist nicht ohne Schwierigkeiten. Die darwinische Evolution vollzieht sich in kleinen Schritten und häuft über viele Generationen kleine Vorteile an. Für den Code würde dies nicht funktionieren. Die Änderung auch nur einer einzigen Zuordnung würde sich gewöhnlich als tödlich erweisen, weil davon nicht nur eine, sondern eine ganze Gruppe von Proteinen betroffen wäre, darunter auch die Proteine, die den Übersetzungsprozess selbst aktivieren und ermöglichen. Eine Änderung des Codes kann also Rückwirkungen auf die Übersetzungsmaschine haben, was zu katastrophalen Fehlern führen und den ganzen Prozess zusammenbrechen lassen würde. Die Zelle muss von Anfang an akkurat übersetzen, wenn es je eine akkurate Übersetzung geben soll.

Carl Woese zeigt einen möglichen Ausweg aus diesem Paradox auf. Seiner Auffassung nach haben sich die Codezuordnungen und der Übersetzungsmechanismus gemeinsam entwickelt. Zuerst hätte es nur einen groben, «schmutzigen» Code gegeben und der Übersetzungsprozess wäre sehr ungenau gewesen. In dieser frühen Phase, wo es wahrscheinlich weniger als die heutigen zwanzig Aminosäurearten gab, mussten Organismen sich mit Enzymen zufrieden geben, die noch nicht sehr effizient waren. (Die hoch spezifischen und raffinierten Enzyme, die das Leben heute benutzt, hatten sich noch nicht entwickelt.) Manche Codezuordnungen hätten sich als besser erwiesen als andere und die Organismen mit den am wenigsten zu Fehlern neigenden Zuordnungen hätten das große Los gezogen. Ihre Replikation wäre präziser und unter den Tochterzellen würden ihre Verschlüsselungsregeln dominieren. In diesem Zusammenhang ist die «bessere» Codezuordnung stets die robustere, also die, welche im Falle eines Übersetzungsfehlers immer noch dieselbe Aminosäure hervorbringt. Die Übersetzungsregeln wären demnach flexibel genug, dass der Fehler nichts ausmachen würde, und falls der Fehler doch zu einer anderen Aminosäure führte, wäre diese eine nahe Verwandte der beabsichtigten Form, und das dabei herauskommende Protein könnte seine Aufgabe fast ebenso gut erfüllen. Schrittweise Verfeinerungen dieses Prozesses könnten dann zu dem universalen Code geführt haben, den wir heute haben – vergleichbar einem Bild, das allmählich schärfer wird.

Möglicherweise liegt die Erklärung jedoch viel tiefer. Eine Tabelle von Codezuordnungen kann man mathematisch analysieren und auf versteckte Muster untersuchen. Peter Jarvis und seine Kollegen an der Universität von Tasmanien haben dies getan und glauben nun, der universale Code enthalte abstrakte Folgen, die mit den Energieniveaus in Atomkernen übereinstimmten. Ihrer Meinung nach könnte gar Supersymmetrie, eine fundamentale Eigenschaft subatomarer Elementarteilchen, eine Rolle spielen. Solche mathematischen Entsprechungen sind entweder purer Zufall, oder sie deuten auf eine tiefe Verknüpfung zwischen der Physik der beteiligten Moleküle und der Organisation des Codes hin.

Auf die technischen Einzelheiten des genetischen Codes musste ich eingehen, um ein allgemeines, begriffliches Argument vorbringen zu können, das für das Geheimnis des Lebens von zentraler Bedeutung ist. Ohne einen Übersetzer oder eine Entschlüsselungstafel ist eine codierte Botschaft nur ein nutzloser Datenwirrwarr. Ihr Wert hängt ganz von dem Kontext ab, in dem sie eingesetzt wird. Mit anderen Worten: Die Botschaft muss eine *Bedeutung* haben, sonst ist sie wertlos. In Kapitel 2 habe ich den Unterschied zwischen syntaktischer und semantischer Information erklärt. Für sich genommen sind genetische Daten nichts als Syntax. Ihre enorme Nützlichkeit beruht auf dem Umstand, dass Aminosäuren sie «verstehen» können. Die Information entlang einem DNS-Strang ist biologisch relevant, oder in der Sprache der Computerwissenschaftler: Genetische Daten sind semantische Daten.

Zur Verdeutlichung betrachte man, wie die vier Basen A, C, G und T in einer DNS angeordnet sind. Wie schon erklärt, sind diese Sequenzen mit Buchstaben zu vergleichen, die im Rahmen eines Schlüssels Instruktionen, zum Beispiel zur Herstellung von Proteinen, darstellen. Eine andere Buchstabensequenz wäre in diesem Zusammenhang fast mit Sicherheit ohne biologischen Nutzen. Nur ganz wenige von allen möglichen Sequenzen drücken eine biologisch sinnvolle Botschaft aus, genau wie nur ganz bestimmte Folgen von Buchstaben und Wörtern als Buch zu erkennen sind. Gene und Proteine erfordern in ihrer Struktur einen hohen Grad von Bestimmtheit. Wie schon aus meiner Liste von Eigenschaften in Kapitel 1 hervorgeht, sind lebende Organismen nicht wegen ihrer Komplexität an sich so geheimnisvoll, sondern wegen ihrer genau *spezifizierten* Komplexität. Wenn wir verstehen wollen, wie aus Nichtlebendem Lebendes werden konnte, müssen wir nicht nur wissen, wie biologische Information ihr heutiges, konzentriertes Format erlangt hat, sondern auch, wie biologisch nützliche Information in der vermutlich ganz zufälligen Mischung molekularer Bausteine, aus der die ersten Organismen erwachsen sind, so spezifisch werden konnte. Kurz gesagt: Wie ist aus einem Haufen Gerümpel plötzlich sinnvolle Information geworden?

Zu Beginn dieses Abschnitts habe ich den dualen Charakter der Biomoleküle betont. Sie können sowohl Hardware (bestimmte dreidimensionale Formen) als auch Software (Instruktion) sein. Der genetische Code zeigt, wie wichtig der Informationsaspekt der Biomoleküle tatsächlich ist. Es genügt nicht, einen einleuchtenden chemischen Weg aus der Ursuppe zu finden, wenn wir uns den Ursprung des Lebens erklären wollen. Wir müssen auch verstehen, wie bloße Hardware je Software hervorbringen kann.

Botschaft empfangen

Ich schreibe dieses Buch auf einem altmodischen Macintosh Classic mit einem kleinen Bildschirm und der eigensinnigen Angewohnheit, sich die Tabulatoreinstellungen selbst auszusuchen. Wie die meisten Computer besteht mein Mac zum größten Teil aus Plastik. Die wichtigen Innereien jedoch sind aus Metall und Halbleitern, die zusammen mit den Drähten, Platinen und der Bildröhre die Hardware des Computers darstellen. Ohne die Software, die ihm sagt, was er zu tun hat, ist der Computer jedoch vollkommen nutzlos. Die Software wird gewöhnlich auf Disketten geliefert, die natürlich auch Hardware sind, doch entscheidend ist die Information, die auf deren Oberfläche verschlüsselt ist und von der Maschine gelesen wird. Sobald man die richtige Software mit der geeigneten Hardware kombiniert hat, kann man beginnen: Das Programm läuft.

Ganz ähnlich verhält es sich mit dem Leben. Eine Zelle besteht größtenteils aus Proteinen; dies ist die Hardware. Die Zellwand entspricht dem Plastikgehäuse meines Computers oder, vielleicht genauer, dem Mikrochip, auf dem die Schaltkreise eingraviert sind. Es hat jedoch keinen Zweck, einfach einen Haufen Proteine in einen Behälter zu werfen und zu warten, dass sie lebendig werden. Selbst wenn alle benötigten Rohmaterialien da sind, wird eine Zelle ohne Software nichts Vernünftiges damit anstellen können. Diese Software wird gewöhnlich von DNS zur Verfügung gestellt. Wie eine Diskette ist auch DNS an sich Hardware. Das Entscheidende ist jedoch nicht, woraus sie besteht, sondern die Botschaft, die ihre Basenpaare tragen. Bringt man diese Botschaft in die richtige molekulare Umgebung – in den richtigen semantischen Kontext –, so hat man plötzlich Leben vor sich.

Leben ist also eine glückliche Verbindung von Hardware und Software. Es beruht nicht auf Komplexität, sondern auf informierter oder instruierter Komplexität. Ich will diesen feinen und zugleich absolut zentralen Unterschied anhand zweier Vergleiche verdeutlichen. Das neunzehnte Jahrhundert war die große Zeit der Maschine. Viele geniale Geräte sind damals erfunden worden. Man denke zum Beispiel an den Druckregler für Dampfmaschinen. Dabei handelt es sich um zwei Kugeln, die auf Hebeln sitzen und mit diesen Hebeln um eine Welle kreisen. Die Geschwindigkeit hängt nun vom Dampfdruck ab. Wird der Druck zu hoch, dann wirbeln die Kugeln so schnell herum, dass sie aufgrund der Zentrifugalkraft die Hebel betätigen, die dann ein Ventil öffnen und somit den Druck verringern.

Heute würden wir das Prinzip hinter dieser Art Mechanismus als Rückkopplung bezeichnen. Man würde jedoch keine Eisenkugeln mehr verwenden, sondern einen Drucksensor, der seine Daten an einen kleinen Computer oder einen Mikroprozessor übermittelt. Der Prozessor verarbeitet die Informationen des Drucksensors und weist einen Elektromotor an, das Ventil zu öffnen oder zu schließen. Ein solcher Mikroprozessor ist auch im Wagen meiner Frau eingebaut und optimiert den Benzinverbrauch, indem er die Leerlaufdrehzahl des Motors regelt. Der Unterschied zwischen dem mechanischen Fliehkraftregler der alten Dampfmaschinen und dem elektronischen Mikroprozessor ist, dass es sich bei ersterem um eine Hardwarelösung handelt, während der moderne Regler auf Information und Software beruht.

Software hat den großen Vorteil, dass sie als Vermittler zwischen den verschiedensten Arten von Hardware zu agieren vermag, die sonst nicht erfolgreich zusammenarbeiten könnten. Man vergleiche nur, wie mühsam es ist, einen Drachen zu steuern, und wie leicht es einem dagegen die Funkfernsteuerung eines Modellflugzeugs macht. Auch hier stehen sich wieder Hardware und Software gegenüber. Die Drachenleine ist eine direkte, aber sehr plumpe Verbindung zwischen der Drachenhardware und der Kontrollhardware (der Person, die den Drachen steigen lässt). Das Funksystem, das Instruktionen verschlüsselt und die codierten Daten an das Flugzeug sendet, wo sie von einem Empfänger interpretiert werden, ist viel effizienter. Natürlich kann man auch den Informationsfluss zwischen Modellflieger und Modellflugzeug als Hardwareprozess auffassen: Funkwellen wandern vom Sender zum Empfänger, wo sie einen elektrischen Strom induzieren, der Schaltkreise aktiviert, Ruder steuert und so weiter. Doch der Hardwareaspekt ist im Grunde nebensächlich. Die Radiowellen dienen lediglich als Informationskanal. Die Wellen selbst lenken das Flugzeug nicht in die eine oder andere Richtung. Es ist die codierte Information, welche die viel größeren Kräfte steuert, die dazu nötig sind.

Der schwerfällige Drachen ist ein im wahrsten Sinne des Wortes «fest verdrahteter» Mechanismus, während das viel gewandtere Modellflugzeug durch Information gesteuert wird. Im lebenden Organismus sehen wir den Einsatz von Software auf unglaubliche Spitzen getrieben. Zellen sind nicht fest verdrahtet wie Drachen, sondern von Informationsfluss beherrscht, der mittels des genetischen Codes zwischen Nukleinsäuren und Proteinen vermittelt, zwei Molekülklassen, die sonst nichts miteinander gemein haben. Dabei wird gespeicherte Energie freigesetzt, und es werden Kräfte eingespannt, die programmierte Anweisungen auszuführen haben, genau wie im Beispiel des Modellflugzeugs.

So betrachtet reduziert sich das Problem des Ursprungs des Lebens auf die Frage, wie aus Hardware spontan verschlüsselte Software entstehen konnte. Wir haben es hier nicht mit einer Verfeinerung oder Anpassung zu tun, nicht einfach mit einer Erhöhung der Komplexität, sondern mit einem fundamentalen Systemwechsel. Ebenso könnten wir uns fragen, wie sich ein Drachen zu einem ferngesteuerten Flugzeug entwickeln kann. Sind die Naturgesetze, wie wir sie gegenwärtig auffassen, geeignet, einen solchen Übergang zu erklären? Ich glaube nicht. Um zu verstehen, weshalb nicht, müssen wir ein wenig tiefer in den Informationscharakter des Lebens eindringen.

Ein Code im Code?

Ich habe dargelegt, dass Leben letztlich dieselbe logische Struktur besitzt wie ein Computer. Dieser Umstand ermöglicht uns, die recht schwammigen Begriffe «Komplexität» und «biologische Information» etwas präziser zu fassen, indem wir auf die Computertheorie zurückgreifen. Zu einem beträchtlichen Teil liegt die Verwirrung

10101010101010101010101010101010101010101010101010 . . .

Abb. 4.4: Eine Binärreihe mit einem einfachen, sich wiederholenden Muster. Diese Reihe hat einen sehr geringen Informationsgehalt. Ihr Aufbau kann durch eine einfache Prozedur oder einen simplen Computeralgorithmus beschrieben werden.

angesichts des Phänomens «Leben» nämlich in Unklarheiten bezüglich der Begriffe Ordnung, Organisation, Entropie, Wahrscheinlichkeit, Zufälligkeit, Information und Komplexität begründet, die häufig in schlampiger oder mehrdeutiger Weise benutzt werden. Insbesondere werden «Ordnung» und «Organisation» oft durcheinander geworfen.

Als Erstes wollen wir uns dem Begriff der Zufälligkeit zuwenden. Als elementares Beispiel betrachten wir eine Folge von Einsen und Nullen wie in Abbildung 4.4. Die dargestellte Reihe ist offenbar nicht zufallsbedingt, sondern periodisch. Nun ist es hilfreich, das zu erkennende Muster in Begriffen der Information auszudrücken.[3]

Den gesamten Informationsgehalt der Reihe könnte man auf die einfache Anweisung «Drucke 25mal 10» abkürzen. Selbst wenn ich die Reihe über die ganze Seite fortgesetzt hätte, wäre die abgekürzte Anweisung kaum länger. Wir können also die Information einer periodischen Folge zu einer kompakten Formel komprimieren – einen Algorithmus, wie die Mathematiker es nennen. Ein Computeralgorithmus ist nichts anderes als ein Rezept oder eine mechanische Prozedur, die ein bestimmtes Ergebnis erzeugt. In unserem Beispiel produziert der einfache Algorithmus «Drucke 25mal 10» den Output, der in Abbildung 4.4 dargestellt ist.

Der Grund, weshalb wir die lange Ziffernreihe zu einer einfachen Instruktion zusammenfassen können, ist das regelmäßige Muster. Wir könnten uns auch kompliziertere Muster ausdenken, die immer noch durch eine relativ kurze Formel oder einen Algorithmus darstellbar wären. Nur für eine Folge von Nullen und Einsen, die keinerlei Muster aufweist – eine echte Zufallsreihe –, würden wir keine verkürzte

11001001000011111101101010100010001000010110100011 . . .

Abb. 4.5: Zufällig? Diese Binärreihe sieht ganz danach aus. Sie zeigt kein bekanntes Muster und birgt dennoch Ordnung. Wir haben hier nämlich die Binärdarstellung der Zahl π vor uns, die man durch einen einfachen Algorithmus erzeugen kann. Sie ist also ganz und gar nicht zufällig und enthält in gewissem Sinne nur wenig Information.

Beschreibung, keinen mehr oder weniger simplen Algorithmus finden.

Gregory Chaitin, ein Computerforscher bei IBM, hat eine beeindruckende und umfassende Theorie algorithmischer Information und Komplexität entwickelt und sie auf viele physikalische Beispiele angewandt, darunter auch biologische Systeme. Nach Chaitin ist jede Reihe, die nicht algorithmisch komprimiert werden kann, als eine Zufallsreihe anzusehen: Die kürzeste Darstellung einer Zufallsreihe ist die Reihe selbst.

Aufgrund dieser Definition von Zufälligkeit wird klar, dass eine zufällige Reihe auch informationsreich ist, da ihr Informationsgehalt nicht zu einer simplen Formel komprimiert werden kann. Eine periodische Folge wie in Abbildung 4.4 enthält dagegen sehr wenig Information, weil sie zu einer einfachen Beschreibung («25mal 10») verkürzt werden kann. Dient eine Sequenz ausschließlich dazu, Informationen zu verschlüsseln, dann sollte sie keine Muster enthalten. Zufallsreihen sind dann der Weg zum Erfolg.

Abbildung 4.5 zeigt eine Reihe von Einsen und Nullen, die ziemlich zufällig *aussieht.* Doch können wir da sicher sein? Woher wollen wir wissen, ob sich nicht doch irgendein raffiniertes Muster darin verbirgt? Und dies ist wirklich der Fall: Die Sequenz stellt die ersten fünfzig Ziffern der Zahl π (Pi) in Binärcode dar. Man kann sie auf der Basis einer einfachen Formel durch wenige Zeilen Computerprogramm erzeugen. Doch wenn Sie das nicht wissen, werden Sie das Muster niemals erkennen, denn die Folge besteht alle statistischen Überprüfungen auf Zufälligkeit. Dennoch ist π nach Chaitins «algorithmischer» Definition keine Zufallszahl.

. . . 0100011101110100100111001101011010111011101010000010 . . .

Abb. 4.6: Und was ist damit? Dies ist ein Abschnitt des Genoms des Virus MS2. Die Folge muss (wenigstens annähernd) zufällig sein, wenn sie eine große Menge genetischer Informationen enthalten soll. Auch die Aminosäuren der Proteine, die in ihm verschlüsselt sind, werden daher in zufälliger Ordnung aufgereiht sein.

Bisher habe ich mich in meinen Darlegungen auf die Mathematik beschränkt. Doch wie sieht es in der Natur aus? Der Begriff der algorithmischen Zufälligkeit ermöglicht eine sehr allgemeine Definition des Begriffes «Gesetz»: Ein Naturgesetz ist im Wesentlichen nur eine einfache Art, kompliziertes Verhalten zu beschreiben (oder vorherzusagen). Ein bekanntes Beispiel ist das Eintreten von Sonnenfinsternissen. Schreibt man die Zeiten jeder einzelnen Sonnenfinsternis in Binärform nieder, dann erhält man eine Reihe von Nullen und Einsen, die ganz zufällig aussieht. Doch das täuscht natürlich. Mit Hilfe der Newtonschen Gesetze können wir Sonnenfinsternisse und alle anderen Eigenschaften von Planetenbahnen vorhersagen. Diese Gesetze sind relativ einfache mathematische Formeln und so kurz, dass sie auf eine Postkarte passen. In Newtons Algorithmus ist die Information über alle Sonnenfinsternisse und über die Position von Erde und Mond an jedem Tag des Jahres vollständig enthalten. Das System Erde-Sonne-Mond ist also sehr informationsarm. Es zeigt viele tief eingeprägte Muster und Regelmäßigkeiten.

Das Muster – oder die Ordnung – in der Bewegung der Planeten, das sich in der Existenz des einfachen Newtonschen Algorithmus offenbart, ist ein Beispiel für ein physikalisches Gesetz. Wenn wir sagen, ein Gesetz ist am Werk, dann meinen wir im Allgemeinen, dass die Daten, die das Verhalten des betreffenden Systems beschreiben, nicht zufallsbedingt sind. Die Zukunft des Systems kann dann mit Hilfe einer relativ einfachen Formel genau vorhergesagt werden.

Allmählich wird klar, was wirklich hinter dem Geheimnis der Biologie steckt. Abbildung 4.6 zeigt eine weitere Binärreihe, diesmal handelt es sich um einen Genomabschnitt des Virus MS_2 in der Notation A = 00, U = 11, G = 01 und C = 10. Nun kann man fragen: Ist diese Reihe rein zufallsbedingt[5] oder gibt es eine einfache Formel, einen Algorithmus, nach dem man sie berechnen kann? Mit anderen Worten: Gibt es einen Code im Code? Verbirgt sich irgendwo das Wort «Organismus»? Fast jeder würde darauf wohl mit Nein antworten. Intuitiv glaubt man, die Sequenz sei zufällig. Der Grund dafür wird klar, wenn man sich vorstellt, ich hätte hier ein Stück des menschlichen Genoms abgebildet. Wer würde dann wagen, zu behaupten, unsere fundamentale Beschaffenheit und ein großer Teil unserer Persönlichkeit seien auf eine bloße Formel reduzierbar? Sicher hat doch ein Mensch (und selbst ein Virus) viel mehr an sich, als mit einem trivialen Rechentrick zu erfassen wäre! Wer wollte schon glauben, Leib und Seele seien nichts weiter als die Quadratwurzel irgendeiner Zahl, ausgespuckt von einer Molekularmaschine, die sich eines Vierbuchstabenalphabets bedient?

Es gibt jedoch auch einen rationalen Grund, anzunehmen, dass das Genom weitgehend zufallsbedingt ist. Ein Genom hat genetische Information zu enthalten, und zwar in großer Menge, wenn man die Komplexität und nahezu grenzenlose Anpassungsfähigkeit des Lebens bedenkt. Und wenn Genome informationsreich sind, wie es ihre biologische Funktion erfordert, dann *müssen* sie in hohem Maß zufällig sein.[6] Ein periodisches Genom würde immer nur dieselbe genetische Botschaft wiederholen, wie eine Schallplatte mit einem Sprung. Es gibt also keinen Code im Code.

Nun könnte man meinen, wenn biologische Organisation zufallsbedingt ist, dann sollte ihre Erschaffung kein großes Problem darstellen. Schließlich ist es ganz einfach, zufällige Muster zu produzieren. Man braucht nur eine Dose Kaffeebohnen auf dem Boden ausschütten. Steckt die Natur nicht voller planloser und chaotischer Prozesse, die ein zufälliges Großmolekül von der Art der Genome hervorbringen könnten?

Diese Frage ist angebracht, denn sie konfrontiert uns direkt mit dem wahrhaft tiefen und geheimnisvollen Wesen des Lebens: Einerseits sind die möglichen Sequenzen in einem Nukleinsäuremolekül größtenteils zufallsbedingt; andererseits ist nicht jede x-beliebige Zufallssequenz ein potentielles Genom. Im Gegenteil; nur ganz, ganz wenige der möglichen Zufallsreihen wären von irgendeinem biologischen Nutzen. Ein funktionstüchtiges Genom *ist* eine Zufallssequenz, aber nicht *irgendeine.* Es gehört zu einer sehr speziellen Untergruppe der Zufallssequenzen, in denen biologisch sinnvolle Information verschlüsselt ist. Zufallsreihen einer bestimmten Länge enthalten alle in etwa dieselbe Menge an Information; entscheidend ist jedoch die Qualität dieser Information. In den allermeisten Fällen bestände sie im Rahmen der Biologie aus sinnlosem Kauderwelsch.

Der Schluss, zu dem wir kommen, ist unausweichlich und von höchster Bedeutung: Ein funktionstüchtiges Genom ist *sowohl* zufallsbedingt *als auch* hoch spezifisch, obwohl sich diese Eigenschaften gegenseitig fast auszuschließen scheinen. Es muss zufallsbedingt sein, um nennenswerte Mengen an Information zu enthalten, und es muss spezifisch sein, wenn diese Information biologisch relevant sein soll. Doch wie kann so etwas jemals zustande kommen? Wir wissen, dass der Zufall alle möglichen Strukturen hervorbringen kann. Wir wissen auch, dass Gesetze zu bestimmten, vorhersagbaren Resultaten führen. Wie können aber Zufall und Gesetz zusammenspielen und eine spezifische Zufallsstruktur erzeugen?

Die Größenordnung des Problems, vor dem wir hier stehen, wird deutlich, sobald man sich vorstellt, man wolle ein ganz *bestimmtes* Zufallsmuster herstellen, indem man besagte Kaffeebohnen auf den Boden schüttet – nicht irgendein Zufallsmuster, sondern ein ganz besonderes, eng definiertes und vorbestimmtes Zufallsmuster. Es erscheint unmöglich. Kann ein Gesetz für sich allein, ohne eine mächtige Portion Glück (also Zufall), dazu in der Lage sein? Kann spezifische Zufälligkeit das garantierte Ergebnis eines vorbestimmten, mechanischen, gesetzmäßigen Prozesses sein, der zum Beispiel in einer Ursuppe ablaufen könnte, die man der Gnade unserer vertrauten Gesetze der Physik und Chemie überlässt? Ausgeschlossen; kein Naturgesetz könnte das vollbringen. Diese Erkenntnis ist von weit reichender Bedeutung, wie wir im letzten Kapitel sehen werden.

Wer das vorangegangene Argument überzeugend findet, mag durchaus zu dem Schluss kommen, ein Genom könne nur durch ein Wunder entstehen. Man darf jedoch nicht vergessen, dass die Probleme, die ich hier dargestellt habe, nicht nur die Entstehung, sondern auch die Evolution des Genoms betreffen. Und da haben wir eine Antwort auf alle Fragen: Darwinismus. Zufällige Mutationen plus natürliche Auslese sind eine sichere Methode, biologische Information zu erzeugen. Ein kurzes, zufallsbedingtes Genom entwickelt sich über die Zeitalter zu einem langen, immer noch zufallsbedingten Genom. Zufall, in Gestalt von Mutationen, und Gesetz in Form der natürlichen Selektion stellen genau die Kombination von Zufälligkeit und Ordnung dar, die erforderlich ist, das «Unmögliche» zu schaffen. Die nötige Information wird, wie wir gesehen haben, von der Umwelt beigesteuert.

Darwinische Evolution ist jedoch ein langwieriger und mühsamer Prozess. Um jede evolutionäre Verfeinerung seines Genvorrats hat das Leben hart zu kämpfen. Könnte auch das erste Genom das Ergebnis eines so mühseligen Prozesses gewesen sein?

Computerwissenschaftler sind auf gewisse Rechenprobleme gestoßen, denen eine *nicht reduzierbare* Komplexität zu eigen ist, Probleme, die nicht auf einfache, flotte Prozeduren zurückgeführt werden können. In einem bekannten Beispiel geht es um den kürzesten Weg für jemanden, der eine Reihe von Städten zu besuchen hat und durch keine der Städte mehr als einmal kommen will. Derartige Probleme erweisen sich als rechnerisch nicht erfassbar. Das heißt nicht, dass sie unlösbar sind. Der Rechenaufwand wächst jedoch mit dem Umfang des Problems (im zitierten Beispiel mit der Anzahl der Städte) ins Unermessliche.

Als rechnerisch ebenso unerfassbar erscheint die Informationsverarbeitung, die erforderlich ist, ein Genom zu produzieren. Eine bestimmte Zufallsreihe unter allen möglichen Genfolgen zu finden wird als nicht weniger hoffnungslos eingeschätzt als die Aufgabe, die besagte Person vor sich hat, wenn sie ihre optimale Route durch eine Million Städte finden will.

Damit formuliert sich das zentrale Paradox der Biogenese wie folgt: Wenn die Entwicklung eines Genoms von Mikrobe zu Mensch eine langwierige und mühsame Berechnung (das heißt Informationsverarbeitung in vielen Schritten) erfordert, wie kann dann das (schon sehr komplexe) Genom einer Mikrobe ohne einen Prozess vergleichbarer Länge und Schwierigkeit zustande kommen? Wie konnte in der Ära, bevor darwinische Evolution einsetzte, eine *ganz besondere* Art von Information aus der nicht lebenden Umwelt gefischt und in einem Genom deponiert werden?

Für die mathematische Theorie ist die Biogenese also ein ebenso gigantisches Problem wie für den Physiker oder Chemiker. Die Schwierigkeiten sind nicht nur technischer Art, sondern berühren heikle philosophische Fragen. Begriffe wie «Information» und «Software» entstammen nicht den Naturwissenschaften, sondern der Kommunikationstheorie (siehe Kap. 2), wo Attribute wie «Kontext» und «Beschreibungsmodus» ins Spiel kommen – Anschauungen, die im Weltbild des Physikers kaum zu finden sind. Immerhin akzeptieren die meisten Wissenschaftler, dass Begriffe der Informationstheorie in der Beschreibung biologischer Systeme ihren Platz haben, und behandeln semantische (sinnvolle) Information ohne großes Zögern als eine natürliche Größe wie Energie. Nun klingt jedoch «Sinn» verdächtig nach «Zweck», welcher in der Biologie ein absolutes Tabuthema ist. Wir stehen also vor dem Dilemma, dass wir Begriffe aus der Welt zweckvoller menschlicher Aktivität – Kommunikation, Sinn, Kontext, Semantik – auf biologische Prozesse anzuwenden haben, die zwar zweckvoll erscheinen, es aber nicht sind (oder nicht sein sollen).

Es ist sicher nicht ohne Risiko, wenn die Wissenschaft menschliche Kategorien und Begriffe behandelt, als seien sie Teil der Natur. Doch letztlich *sind* Menschen Produkte der Natur, und wenn Menschen Zwecke verfolgen, dann muss diese Zielrichtung auf irgendeiner Ebene in der Natur wurzeln und damit zur Natur gehören. Ist Zielstrebigkeit eine Eigenschaft, die sich nur auf dem relativ hohen Niveau des Homo sapiens zeigt, oder findet man sie auch bei anderen Tieren? Wenn ein Hund einen Knochen aufspürt und ausbuddelt, tut er es, weil es sein «Wunsch» ist? Wenn eine Amöbe sich einem Krümel Nahrung nähert und ihn umschließt, hatte sie dann die «Absicht», ihn zu verschlingen? Sollte tatsächlich der gesamten Natur, bis hinunter zu Zellen oder gar Zellbausteinen, ein Zweck zugrunde liegen? Auf keine dieser Fragen gibt es bisher eine einmütige Antwort, doch wer sich mit dem Ursprung des Lebens befasst, kommt nicht um sie herum.

5

Huhn oder Ei?

Vor einigen Jahren zeigte die BBC eine fesselnde, wenn auch etwas düstere Sciencefictionserie mit dem Titel *The Survivors* («Die Überlebenden»), die damit begann, dass der größte Teil der Menschheit an einer Seuche zugrunde gegangen war. Nur eine Hand voll waren am Leben geblieben und versuchten zurechtzukommen, so gut sie konnten. Doch bald waren alle Vorräte verbraucht, und der bedrängten kleinen Gemeinschaft drohte das Aussterben. In einem Anfall von Pessimismus gerieten die beiden Hauptfiguren in Streit. Was würde geschehen, wenn selbst die einfachsten Dinge fehlten, fragte die Frau. Ihr Partner antwortete selbstbewusst: «Dann müssen wir eben alles selbst machen. Gib mir eine Säge, und ich baue dir einen Tisch.» – «Und was passiert, wenn die letzte Säge den Geist aufgibt?», erwiderte die Frau. «Wir haben keine Werkzeuge, um Werkzeuge herzustellen.»

Die Notlage der Überlebenden zeigt auf eindrucksvolle Weise, wie sehr wir in unserer modernen, technischen Gesellschaft voneinander abhängig sind. Jeder braucht jeden, wenn die Gemeinschaft überleben soll – ganz wie in der Biologie allgemein. Eine Zelle ist eine fein abgestimmte, sich selbst in Gang haltende Gemeinschaft von Molekülen, von denen jedes einzelne von den anderen abhängt. Man betrachte zum Beispiel DNS. Trotz ihrer viel bewunderten Langlebigkeit ist sie allein vollkommen machtlos. Sie hat einen großen Plan, doch um ihn auszuführen, ist sie auf die Hilfe von Proteinen angewiesen. Wie ich schon dargelegt habe, werden Proteine von komplizierten molekularen Chemiefabriken, so genannten Ribosomen, hergestellt. Die Ribosomen arbeiten nach verschlüsselten

Instruktionen, die sie über Botenmoleküle (mRNS) von der DNS empfangen.

Die Frage ist nun, wie Proteine entstehen konnten, ohne dass schon DNS existierte, die ihren Bauplan enthält, ohne mRNS, die diesen Bauplan übersetzen kann, und ohne Ribosomen, welche die Konstruktion erledigen. Oder andersherum: Wenn Proteine nicht von Anfang an da waren, wie sollen dann DNS, Ribosomen und alles andere Zellinventar entstanden sein? Es ist eine echte Zwickmühle.

Alles bekannte Leben beruht auf dem segensreichen Zusammenwirken von DNS und Proteinen, von Software und Hardware. Das eine kommt ohne das andere nicht aus. Doch was kam zuerst? Einem solchen Huhn-oder-Ei-Paradox sind wir schon in Kapitel 2 begegnet, wo es um die so genannte Fehlerkatastrophe ging, welche der Anzahl der erlaubten Kopierfehler in der genetischen Replikation Grenzen setzt, doch das Problem ist viel allgemeinerer Natur. Dem Leben scheint ein geheimnisvoller, geschlossener Kreislauf innezuwohnen – für viele ein unergründliches Rätsel.

In diesem Kapitel werde ich die verschiedenen Versuche diskutieren, aus diesem Teufelskreis auszubrechen, doch zunächst möchte ich auf einen allgemeinen Punkt hinweisen: Die Fernsehserie, von der ich gesprochen habe, erinnert uns, dass komplexe Systeme in einen Kreislauf von Abhängigkeiten geraten können, aus dem es kein Entkommen gibt. Dennoch behauptet niemand, die technische Gesellschaft könne, da heute jeder von jedem anderen abhängig ist, nicht durch eine schrittweise Evolution entstanden sein. Betrachten Sie ein einfaches Beispiel: Ein Schmied bearbeitet sein Eisen mit Hilfe von Eisenwerkzeugen. Er benutzt Eisenwerkzeuge, um Eisenwerkzeuge herzustellen. Wo sind dann aber die ersten Eisenwerkzeuge hergekommen? Sind sie vielleicht vom Himmel gefallen? Natürlich nicht; wahrscheinlich hat man Steinkeulen oder Werkzeuge aus anderen Metallen benutzt, um die ersten Eisenhämmer zu schmieden.

Es gibt viele Wege, von zaghaften Anfängen zu raffinierten technologischen Zyklen zu gelangen, doch ist ein solcher Zyklus erst einmal aufgebaut, dann erreicht er nach einer gewissen Zeit einen solchen Grad der Verfeinerung, dass von seinen primitiven Anfängen kaum noch etwas zu erkennen ist. Heutige Organismen stecken voller «Hightech»-Chemie, die irgendwie aus einem längst nicht mehr benötigten chemischen Herumtasten hervorgegangen sein muss.

Wir erahnen ein allgemeines Prinzip, das vielleicht erklärt, wie dies vor sich gegangen sein könnte: Wenn A von B abhängt und B von A, dann kommt es zu einer kausalen Rückkoppelungsschleife. Eine geringe Änderung in A hat Auswirkungen auf B, welche wiederum auf A rückwirken und so weiter, immer im Kreis. Kausale Rückkoppelung kann zu enormen Verstärkungseffekten führen: Bewirkt eine zufällige Verbesserung in A, dass auch B sich verbessert, was wiederum A zum Vorteil gereicht, dann wird die Verbesserung sich sehr schnell «aufschaukeln».

Niemand glaubt, Nukleinsäuren und Proteine seien komplett mit ihren gegenseitig nützlichen Eigenschaften entstanden. Zuvor muss eine einfachere Chemikaliengemeinschaft existiert haben, aus der sich in einer Folge von Rückkoppelungsschleifen in Verbindung mit natürlicher Auslese die heutige Biochemie geformt hat. Irgendwann im Laufe dieser Entwicklung ist es zur Trennung von Hardware und Software gekommen, von Huhn und Ei, da sind sich die Wissenschaftler einig. Nicht einigen kann man sich dagegen über die Reihenfolge der Ereignisse. Über die Frage, womit alles begonnen hat, wird heftig gestritten.

RNS zuerst

Ein Blick auf die Kommandostrukturen in einer modernen Zelle zeigt, dass die DNS das Sagen hat. Mit ihren verschlüsselten Instruktionen kommandiert sie RNS-Moleküle dazu ab, die Botengänge zu erledigen, und schreibt den Ribosomen vor, welches Protein sie als Nächstes zu fabrizieren haben. Die Proteine spielen eine vollkommen untergeordnete Rolle, obwohl sie die ganze Arbeit erledigen.

Wie ich schon erklärt habe, ist DNS in chemischer Hinsicht ein totaler Versager. Ihr Vetter, die RNS, hat da viel mehr auf dem Kasten. RNS ist sehr vielseitig. Sie führt mehrere lebenswichtige Aufgaben aus, die allem Anschein nach auf die ältesten Lebensformen zurückgehen. Eine der zahlreichen Funktionen der RNS ist die Übersetzung und Übermittlung der DNS-Instruktionen. Sie spielt in der Genetik also eine entscheidende, doch letztlich zweitrangige Rolle. Dennoch ist sie (fast) auf demselben Vierbuchstabenalphabet aufgebaut wie DNS und könnte durchaus anstelle von DNS als Genom fungieren, was sie auch gelegentlich tut, erwiesenermaßen in manchen Viren. RNS mag zerbrechlicher sein als DNS, doch als Informationsspeicher ist sie durchaus brauchbar.

In den sechziger Jahren schlug Leslie Orgel vom Salk-Institut in Kalifornien vor, RNS könnte als Erstes da gewesen sein – nicht nur vor der DNS, sondern auch vor den Proteinen. Die Frage, was in Abwesenheit von Proteinen die Katalysatorrolle der Enzyme übernommen haben könnte, fand 1983 eine mögliche Antwort. Thomas Cech und Kollegen an der Universität von Colorado sowie Sydney Altman und seine Gruppe in Yale entdeckten, dass RNS chemisch aktiv genug ist, um selbst als Katalysator zu fungieren. Sie kann sich zwar nicht mit der katalytischen Leistungsfähigkeit der Proteine messen, doch bestimmte Enzyme, welche die Spaltung und Verbindung anderer RNS-Stränge fördern, kann sie nachahmen. Die Biochemiker erkannten schnell, dass das Leben in diesem Fall in einer Brühe von RNS-Molekülen begonnen haben könnte, in der die RNS gleichzeitig genetischer Speicher und – indem sie sich in geeignete dreidimensionale Formen faltete – Katalysator ihrer eigenen Vervielfältigung war. Hardware und Software wären durch ein und dieselbe Klasse von Molekülen repräsentiert gewesen.[1] Dies ist die Theorie, die man heute als «RNS-Welt» bezeichnet.

Anhänger der RNS-Welt nehmen an, eine Ursuppe mit RNS-Molekülen könne eine darwinische Evolution durchlaufen. Normalerweise bringt man Darwinismus mit Organismen und Zellen in Verbindung, doch im Prinzip sind Replikation, Variation und Selektion alles, was man braucht. So können sich darwinische Prozesse schon auf der Molekülebene vollziehen. Biochemiker benutzen zur Beschreibung solcher Vorgänge die Begriffe «Molekularevolution» und «Molekulardarwinismus». Diese Betrachtungsweise führt nun unmittelbar zu der Frage, ob man alles als lebend bezeichnen sollte, was sich auf darwinische Weise entwickeln kann. Wenn ja, dann wären auch RNS-Moleküle – sofern sie sich in einer geeigneten chemischen Umgebung befinden – als Lebewesen anzusehen.

Ende der sechziger Jahre kam dann das Experiment, das zeigen sollte, wie Darwinismus sich in der Welt der Moleküle auswirken könnte. Es basierte auf einem einfachen RNS-Virus namens $Q_ß$. Ein Virus ist nichts anderes als ein Stück DNS oder RNS in einem Proteinmantel. Viren enthalten genetische Information, können sich aber nicht selbständig vermehren. Dazu müssen sie zunächst in Zellen eindringen, sich deren Reproduktionsapparat aneignen und ihn darauf abrichten, mehr Viren zu produzieren. Der Umstand, dass manche Viren ihr Genom in RNS speichern, bedeutet, dass sie Überlebende einer RNS-Welt sein könnten.

Wie sich herausstellte, kann sich der $Q_ß$-Virus auch vermehren, ohne so etwas Kompliziertes wie eine Zelle zu Hilfe zu nehmen. Ihm reicht schon ein Reagenzglas mit geeigneten Chemikalien. Sol Spiegelman von der Universität von Illinois, der das Experiment durchführte, brachte die Virus-RNS in eine Umgebung, welche die Replikationsenzyme der RNS, einen Vorrat an Rohstoffen und ein paar Salze enthielt. Diese Mischung erwärmte er dann, und die nackte RNS begann brav, sich zu vermehren. Etwas der frisch zusammengesetzten RNS filterte er dann in eine weitere Nährlösung und ließ sie sich dort vermehren. Die nächste Generation setzte er wieder in einer frischen Lösung ab und so weiter.

In dieser ungehinderten Replikation siegte die RNS, die sich am schnellsten vermehrte und es zur nächsten Generation schaffte. Das «Umschütten» stellte einen erheblich beschleunigten, nur eine RNS betreffenden darwinischen Wettbewerb dar. In dieser Hinsicht waren die Verhältnisse im Experiment mit einer RNS-Welt vergleichbar.

Spiegelman kam zu spektakulären Ergebnissen. Erwartungsgemäß kamen in der Replikation Kopierfehler vor. Frei von der Notwendigkeit der Nahrungsbeschaffung beziehungsweise der Produktion von Proteinhüllen, legten die künstlich ernährten RNS-Stränge Teile des Genoms ab, die nicht mehr benötigt wurden und nur noch Ballast darstellten. Die RNS-Moleküle, die sich am schnellsten vermehrten, dominierten bald aus dem einfachen Grund, dass die Konkurrenz nicht mehr nachkam. Nach 74 Generationen war aus einer RNS, die ursprünglich 4500 Nukleotidbasen besessen hatte, ein Zwerggenom von nur 220 Basen geworden. Der abgespeckte, reinrassige Replikator, der treffend «Spiegelman-Monster» getauft wurde, vermehrte sich mit unglaublicher Geschwindigkeit.

Spiegelmans Befunde waren schon erstaunlich, doch das Jahr 1974 sollte eine noch größere Überraschung bringen. Manfred Eigen und seine Kollegen experimentierten ebenfalls mit einer chemischen Brühe aus Q_β-Replikationsenzymen und Salzen und einer energiereichen Form der vier Basen, der Bausteine jeder RNS. Schrittweise verringerten sie die Virus-RNS-Konzentration in der Anfangsmischung und beobachteten selbst bei kleinsten Konzentrationen noch eine ungehemmte, rasante Vermehrung. Schon ein einziges RNS-Molekül in der Brühe reichte aus, eine Bevölkerungsexplosion zu starten.

Und dann entdeckten sie etwas Sensationelles: Es wurden selbst dann RNS-Stücke produziert, wenn sie *kein einziges* Virus-RNS-Molekül hinzufügten! In meinem Vergleich aus dem Baugewerbe hieße das, man könnte einen Haufen Steine in einen großen Mixer werfen und es käme, wenn schon kein Haus, so doch wenigstens eine Garage heraus. Zuerst konnte Eigen die Resultate kaum glauben und prüfte nach, ob seine Suppe irgendwie verunreinigt worden sein könnte, doch bald waren die Wissenschaftler überzeugt, dass sie erstmals eine spontane Synthese von RNS-Strängen aus ihren Grundbausteinen beobachtet hatten. Weitere Analysen zeigten dann, dass die RNS, die entstanden war, Spiegelmans Monster ähnelte.

Für manche Beobachter stellte Eigens Experiment schon die Erschaffung von Leben im Reagenzglas dar. Spiegelman hatte mit einer RNS begonnen, die, wenn man so will, schon ein Lebewesen war. Dann hatte er schrittweise einen künstlichen Mutanten gezüchtet, der viel kleiner war als die ursprüngliche RNS, aber immer noch vermehrungsfähig. Eigen realisierte dagegen die molekulare Selbstmontage aus einfachen Bauteilen und traf Spiegelman auf halbem Weg, indem er ein sich vermehrendes RNS-Molekül produzierte, das Spiegelmans entartetem Abkömmling einer «lebendigen» RNS ähnlich sah. Es gab keine Grenze mehr zwischen dem Lebenden und dem Nichtlebenden. Man hatte einen nahtlosen Übergang von einer einfachen Chemikalienmischung zu einem lebensfähigen Virus gefunden.

Eigens Experimente waren sehr aufregend, doch reproduzierten sie auch die Prozesse, mit denen die Natur aus leblosen Rohstoffen Leben erschaffen hat? Bestimmt nicht; die Experimente waren in hohem Maße künstlich und Welten entfernt von den natürlichen Bedingungen auf der jungen Erde. Für seine RNS-Synthese musste Eigen eine sorgfältig ausgewogene Chemikalienmischung ansetzen, die vor allem ein maßgeschneidertes, einem lebenden Organismus entnommenes Replikationsenzym enthielt. Dieses Enzym ist schon hoch spezialisiert, ganz anders als die Moleküle, die auf einer präbiotischen Erde zu finden gewesen wären. Eigen hat damit längst nicht bewiesen, dass Nukleinsäurebasen sich in einer irgendwie zusammengesetzten Ursuppe spontan zusammenschließen und vermehren würden.

Viele Biochemiker geben dies zu, weshalb sie auch bezweifeln, dass RNS wirklich das erste Molekül war, das sich je vermehrt hat. Vermehrung durch Genreplikation könnte schließlich auch für viele andere Arten von Molekülen funktionieren, Moleküle, die in ihrer Struktur einfacher und leichter herzustellen wären. Die Methode der Vermehrung könnte, nachdem sie einmal in Gang gekommen war, durch Molekularevolution erfolgreich verfeinert worden sein. Jede Mutation, die den Replikationsprozess verbesserte, hätte sich schnell in der chemischen Brühe ausgebreitet. Irgendwann könnte diese ständige Verfeinerung RNS als den besten Replikator hervorgebracht haben. Die ersten RNS-Moleküle könnten über die heute verwendeten vier hinaus zusätzliche Basen enthalten haben. Die paarweise Komplementarität der vier überlebenden Nukleotide könnte den entscheidenden Vorteil gebracht und dafür gesorgt haben, dass der heute existierende RNS-Typ ausgewählt und die anderen verworfen wurden. In dieser Phase des präbiotischen Verdrängungswettbewerbs wäre die Vermehrung nach heutigen Maßstäben noch sehr langsam abgelaufen, da in der Urbrühe die so wichtigen Enzyme fehlten, die den Prozess in Schwung bringen.

Wenn wir dieses Szenario für den Augenblick akzeptieren, dann kommen wir zu der Frage, wie sich eine unvollkommene RNS-Welt zu dem heutigen dualen, durch einen genetischen Code verknüpften System aus Nukleinsäuren und Proteinen entwickelt hat. Manche Forscher vermuten, das ursprüngliche Gen sei ein Verläufer der modernen tRNS gewesen, wofür sie zwei Gründe angeben: Erstens hat sich die tRNS sehr wenig entwickelt und offenbar eine lange Geschichte hinter sich, was sich zum Beispiel darin zeigt, dass manche tRNS-Moleküle in Fröschen identisch sind mit menschlicher tRNS. Zweitens ist es Aufgabe der tRNS, sich mit passenden Aminosäuren zu verbinden, welche die Bausteine der Proteine sind. Dies könnte man als den ersten Schritt zur Dualität auffassen. Aminosäuren waren in jeder erdenklichen Ursuppe zweifellos reichlich verhanden. Ein RNS-Molekül, das mit Aminosäuren wechselwirken kann, ist prinzipiell in der Lage, Aminosäuren zu Proteinen aufzureihen. Der nächste Schritt wäre dann, dass die primitiven RNS-Stränge spontan beginnen, dies tatsächlich zu tun.

Darüber, wie es zu diesem Schlüsselereignis gekommen sein soll, kann man bislang nur rätseln. Es könnte einfach damit begonnen haben, dass zwei RNS-Moleküle zusammengestoßen sind und das eine seine Fracht an das andere abgegeben hat, so dass eine Doppelaminosäure entstand. Später könnte ein drittes RNS-Molekül seine Aminosäure beigesteuert haben und so weiter. Manche dieser primitiven Polypeptide hätten zweifellos einen günstigen Effekt auf die RNS-Replikation gehabt, so dass sich eine selbstverstärkende Rückkoppelungsschleife entwickeln konnte: RNS produzierte Proteine, die wiederum die Produktion von RNS und damit weiterer Proteine beschleunigten. Die Proteine, welche die RNS-Vermehrung am wirksamsten förderten, wären damit belohnt worden, dass auch von ihnen mehr Kopien angefertigt wurden. Auf diese Weise hätte sich Schritt für Schritt die innige Partnerschaft zwischen Nukleinsäuren und Proteinen entwickelt, die wir heute beobachten. So stellt man sich es jedenfalls vor.

Diese Theorie würde zumindest die Frage beantworten, wie die Natur der Fehlerkatastrophe (siehe Seite 61) entgangen sein könnte. Wir erinnern uns, dass lange RNS-Ketten für Kopierfehler anfälliger sind als kurze, wohingegen kurze Ketten nicht genug Information speichern können, um einen guten Kopierapparat zu erzeugen. Mehrere kurze RNS-Moleküle könnten jedoch zusammenarbeiten und die genetische Last miteinander teilen. Stellen Sie sich einen geschlossenen Kreislauf chemischer Reaktionen vor, in dem mehrere RNS-

Moleküle – A, B, C und D – sich gegenseitig in ihrer Replikation unterstützen: A katalysiert B, B hilft C, C assistiert D, und D fördert A. Das System bildet damit eine selbstverstärkende Reaktionsschleife, einen so genannten Hyperzyklus. Ist solch eine chemische Schleife in einer Membran eingeschlossen, wie eine primitive Zelle, dann kann sie durch Mutationen ihre Vermehrungsrate steigern. Und wenn sich die Zelle spaltet, kann diese erfolgreiche Chemikalienmischung an die Tochterzellen vererbt werden und eine primitive Evolution anlaufen, da die Zelle mit den leistungsfähigeren Hyperzyklen schneller repliziert als die anderen.

Das RNS-Welt-Szenario mag viel versprechend erscheinen, doch es hat auch viele Kritiker. Die weisen darauf hin, dass viele Experimente, die nach dieser Theorie gelingen sollten, jämmerlich versagen. Bestimmte Schlüsselreaktionen sträuben sich hartnäckig, ihren Lauf zu nehmen, wenn man nicht die richtige, fein abgestimmte Prozedur einhält und spezielle Katalysatoren einsetzt. Nukleinsäureketten sind äußerst zerbrechlich und reißen gewöhnlich, lange bevor sie die etwa 50 Basenpaare aufgebaut haben, mit denen sie als Enzyme fungieren könnten. Wasser ist für Nukleinsäurepolymere ebenso gefährlich wie für Peptide, was die Möglichkeit einer «Suppenversion» der RNS-Welt weiter in Zweifel zieht. Schon die Synthese der vier Basen stößt auf ernste Probleme.

Nach den Erfahrungen der Biochemiker ist die Herstellung leistungsfähiger RNS-Replikatoren ein langwieriger und schwieriger Prozess. Im Labor wird man vielleicht eines Tages Methoden finden, mit denen man die chemische Entwicklung Schritt für Schritt einigermaßen zuverlässig durchführen kann – doch nur unter sehr künstlichen Bedingungen, mit Hilfe besonders aufbereiteter und gereinigter Chemikalien in genau der richtigen Mischung. Und leider bedarf es sehr vieler solcher Schritte unter immer verschiedenen Bedingungen. Ob all dies sich je in «freier Wildbahn», in einer schmutzigen Suppe oder einem Schleim vollziehen würde, ist äußerst zweifelhaft.

Wir müssen also schließen, dass die Natur große Schwierigkeiten gehabt hätte, in einer wässrigen Suppe, unter Bedingungen, wie sie auf einer präbiotischen Welt geherrscht haben müssen, und ohne die hilfreiche Hand eines Chemikers RNS zu produzieren. Die RNS-Welt mag funktionieren und zu Leben führen, wenn sie uns auf einem Tablett (oder in einer Suppenschüssel) präsentiert wird. Sie aus einer einfachen Chemikalienmischung zu zaubern ist eine ganz andere Geschichte.

Ein weiteres Problem ist die Chiralität oder Händigkeit – links oder rechts –, die ich in Kapitel 3 erwähnt habe. Der Umstand, dass alles Erdenleben auf Molekülen derselben Händigkeit aufbaut, ist keine nebensächliche Kleinigkeit. In einer Umgebung, in der es sowohl rechts- als auch linkshändige Versionen der Basenmoleküle gibt, wäre die RNS-Replikation in Gefahr. Der entscheidende Kopiermechanismus, nach dem Basen ihrer geometrischen Form entsprechend mit ihren Gegenstücken gepaart werden, käme durcheinander, wenn Moleküle mit der «falschen» Chiralität in das Paarungsspiel gerieten. Die linke Hand würde zunichte machen, was die rechte aufzubauen versuchte. An eine spontane RNS-Synthese wäre nicht zu denken, es sei denn, man würde entdecken, dass die Natur Mittel und Wege kennt, eine Ursuppe einheitlicher Händigkeit zusammenzubrauen.

Die Verfechter der RNS-Welt stehen nicht nur von Chemikern unter Beschuss, sondern auch von Biologen. Wenn das Leben mit RNS-Replikation begonnen hätte, dann sollte der zugehörige Vermehrungsapparat sehr alt und deshalb allen existierenden Lebewesen gemeinsam sein. Genetische Analysen haben jedoch gezeigt, dass die Gene, in denen die RNS-Replikation verschlüsselt ist, in den drei Domänen des Lebens deutlich verschieden sind, was darauf hindeutet, dass sich die RNS-Vermehrung erst einige Zeit nach der Ära des gemeinsamen Vorfahren herausgebildet hat.

Auch aus rein theoretischen Gründen gibt es Kritik. Die RNS-Theorie kümmert sich ausschließlich um Replikation, nicht aber um Stoffwechsel. Wie ich schon betont habe, gehört jedoch mehr zum Leben als nur Reproduktion. Lebende Organismen *tun* etwas, und das müssen sie auch, wenn sie überleben und sich vermehren wollen. Aktivität kostet aber Energie. Es muss also Energie zur Verfügung stehen, welche die Organismen umsetzen können. In den Laborexperimenten wurden die RNS-Moleküle mit speziellen, energiegeladenen Chemikalien verwöhnt, doch in der Natur müssten sie sich mit dem zufrieden geben, was gerade herumliegt. Keine synthetische Ursuppe vom Miller-Urey-Typ hat je die energiereichen Chemikalien hervorgebracht, die existierendes Leben benötigt, denn die werden alle in Zellen produziert. Künstlich ernährte RNS-Moleküle mögen sich als geschickte Replikatoren erweisen, doch wo ein Energie freisetzender Stoffwechselkreislauf nicht schon existiert, haben sie kaum Überlebenschancen.

Ein Ausweg aus diesem Dilemma wäre natürlich, wenn man ein erheblich einfacheres vermehrungsfähiges Molekül fände, das alles in Gang bringen könnte. Die RNS-Welt käme demnach viel später ins Spiel. Vielleicht gibt es ein relativ kleines Molekül, das schon ein einigermaßen zuverlässiger Replikator ist und sich durch Molekularevolution weiter entwickeln kann, indem es sich Schritt für Schritt Information aneignet, bis es einen ähnlichen Grad von Komplexität erreicht wie ein kurzer RNS-Strang. Und dann könnte die RNS das System übernehmen.[2]

Hat sich die Biogenese wirklich so abgespielt? Vielleicht, doch auch diese Theorie hat ihre Probleme. Zum Beispiel ist zu bezweifeln, ob kleine Moleküle als Replikatoren präzise genug sind, die Fehlerkatastrophe zu vermeiden. Im existierenden Leben ist zuverlässige Replikation stets mit großen, komplexen Systemen verbunden. Die besten Kopierer sind die größeren Genome, die über Prozeduren verfügen, in ihren Informationsspeicher einzugreifen und eine Fehlerkorrektur vorzunehmen. Nach dieser Regel erwartet man, dass einfache Moleküle nur eine geringe Replikationsgenauigkeit zustande bringen können. Und je kleiner ein Molekül ist, desto drastischer wird sich jede Mutation auswirken, und desto größer ist die Wahrscheinlichkeit, dass das mutierte Molekül nicht mehr die Fähigkeit besitzt, sich zu vervielfältigen.

In letzter Zeit hat man im Labor kleine und einfache Replikatormoleküle synthetisiert, die man dann verschiedenen, fest definierten «Umwelteinflüssen» aussetzte, um festzustellen, ob sich unter einem gewissen Umweltdruck bessere Replikatoren entwickeln würden. Man konnte auch bescheidene Erfolge vermelden, doch von einem Beweis, dass sich Molekularevolution als natürlicher Prozess vollziehen könnte, kann keine Rede sein. Es bleibt immer noch zu zeigen, dass solche Minireplikatoren, wie sie im Labor mühevoll entworfen und konstruiert worden sind, unter realistischen präbiotischen Bedingungen spontan entstehen könnten und dass ihre Replikation dann zuverlässig genug wäre, um die Fehlerkatastrophe zu vermeiden. Im Grunde weiß man noch nicht einmal, ob natürlich vorkommende Minireplikatoren überhaupt möglich sind, geschweige denn, ob sie das Zeug hätten, sich erfolgreich weiterzuentwickeln.

RNS zuletzt

Der andere Ansatz zur Beantwortung der Huhn-oder-Ei-Frage bedeutet eine umgekehrte Reihenfolge der Ereignisse. Zuerst wären Proteine entstanden und Nukleinsäuren erst später. Doch dann steht man vor der Frage: Können sich Proteine selbständig vermehren, ohne Nukleinsäuren, welche die erforderlichen Instruktionen übermitteln? Vor kurzem hat Reza Ghadiri vom Scripps-Institut in San Diego entdeckt, dass bestimmte kurze Peptidketten tatsächlich dazu in der Lage sind. Anscheinend können sie sogar Kopierfehler korrigieren, «als hätten sie ihren eigenen Kopf». Ein anderer Hinweis ist der berüchtigte Rinderwahnsinn, BSE, der vor allem britische Viehherden dezimiert hat. BSE wird nicht durch eine Bakterie oder einen Virus verursacht, sondern durch ein Proteinfragment, das sich vermehrt und ausbreitet. Könnte es sich bei diesen Fragmenten um Überlebende einer primitiven, nur auf Proteinen basierenden Lebensform handeln?

Der angesehenste Verfechter der Proteine-zuerst-Theorie ist Freeman Dyson, ein inzwischen emeritierter Princeton-Physiker. Nach Dyson gibt es zwei Ursprünge des Lebens, einen für die Hardware und einen für die Software. Er stellt sich zwei Arten von Urorganismus vor, von denen die eine einen Proteinstoffwechsel besitzt, sich aber nicht ordentlich fortpflanzen kann, und die andere zur Replikation, nicht aber zum Stoffwechsel fähig ist. Leben, wie wir es kennen, wäre dann durch eine Fusion oder Symbiose der beiden Lebensformen entstanden. Dyson beruft sich auf Oparin und dessen Anhänger, deren Auffassung nach die ersten Schritte zum Leben die Bildung von Zellen oder Bläschen betrafen. Diese Protozellen kann man sich als natürliche, mit konzentrierter Ursuppe gefüllte Reagenzgläser vorstellen.

Da Dysons Zellen keine Genome besitzen, können sie keine darwinische Evolution durchlaufen. Eine rein chemische Entwicklung ist jedoch nicht ausgeschlossen. Dyson formulierte ein mathematisches Modell, das die zeitliche Veränderung von Chemikalienmischungen beschreibt, während die Chemikalien auf komplizierte Weise miteinander reagieren. Er beginnt mit der grundsätzlichen Annahme, dass Moleküle die Produktion und Mutation anderer Moleküle fördern können, und am Ende sagt die Mathematik spontane Übergänge von Unordnung zu Ordnung voraus. «Unordnung» bedeutet hier eine chaotische Ansammlung von Molekülen, während «Ordnung» für die Bevorzugung bestimmter chemischer Zyklen steht, die an Stoffwechsel erinnern. Dysons chemische Blasen sind jedoch keine Replikatoren; ihre Ordnung entsteht spontan, nicht durch genetische Vorschrift. Die Molekülproduktion innerhalb seiner Zellen ist deshalb nicht sehr präzise.

Darwinische Evolution erfordert einen irgendwie gearteten, vererbbaren Replikationsapparat und natürliche Selektion. Man kann sich jedoch auch andere, schwächere Formen der Auslese vorstellen, die eine einfachere Evolution ins Rollen bringen könnten. Existiert erst einmal eine wachsende Gruppe unterscheidbarer Zellen, selbst wenn es sich nur um Chemikalientropfen handelt, die anschwellen und sich teilen, dann muss es auch zu irgendeiner Art von Wettbewerb kommen. Aufgrund einer «besseren» inneren Chemie werden manche Zellen schneller wachsen und sich spalten als andere und bald in der Überzahl sein. Wenn diese Zellen wenigstens einen Teil ihrer chemischen Eigenschaften vererben können, werden sich, in einer Welt begrenzter Ressourcen, die chemisch «erfolgreichsten» Zellen am Ende durchsetzen.

Es bliebe nur noch zu erklären, wie aus dieser recht blinden Selektion die präzisere, genorientierte natürliche Auslese des konventionellen Darwinismus geworden ist. Eine Möglichkeit wäre Parasitismus. Nach Dysons Vorstellung sind primitive Nukleinsäurereplikatoren in die genlosen Zellen eingedrungen und mit ihnen verschmolzen. Die Nukleinsäureparasiten «merkten», dass die Proteinblasen ihrem

Replikationsprozess zugute kamen, was wiederum zu einer verstärkten Produktion von Proteinen führte. So wäre eine Zellstruktur entstanden, die natürliche Auslese hätte eingesetzt und das Tempo des evolutionären Fortschritts sich rapide erhöht. Die Auslese hätte solche Replikatoren stark begünstigt, die einige oder alle Bestandteile der Proteinzellen selbst erzeugen konnten, und bald hätte sich eine vollwertige Symbiose eingestellt, die zur heutigen Form des Lebens führte.

Und wo könnte sich all dies abgespielt haben? Oparin stellte sich seine Zellhaufen in einem Teich oder See vor. Nach neueren Erkenntnissen könnte das Leben jedoch auf oder unter dem Meeresboden begonnen haben und nicht in einem öligen Tümpel. Das poröse Basaltgestein unter den Meeren stellt ein natürliches Netzwerk winziger Tunnel und Höhlen dar, in denen sich große organische Moleküle festsetzen können. Die mineralischen Oberflächen dieser Hohlräume könnten zudem als Katalysatoren gedient und die organischen Stoffe in sich konzentriert haben. Leider können sich Gesteinshohlräume nicht durch Spaltung vermehren, doch nach einer Idee von Euan Nisbet von der Universität London könnten sich innerhalb solcher Gänge Membranzellen gebildet haben, die dort eingeschlossen blieben, bis sie durch ein geologisches Ereignis freigesetzt wurden.

Ein anderer Einfall bezüglich primitiver Zellen stammt von Mike Russell von der Universität Glasgow. Seiner Theorie zufolge hat sich alles in der Nähe von Vulkanschloten am Meeresboden ereignet, wo das Wasser bis zu mehreren Kilometern tief in die Erdkruste sickert. Dort reichert es sich mit gelösten Mineralien an, bevor es wieder an die Oberfläche kommt. Das austretende Wasser ist alkalisch und sehr heiß, unter dem in der Tiefe herrschenden hohen Druck bis zu 200 Grad. Der Urozean darüber wäre dagegen voller Kohlendioxid, also sauer, und viel kälter gewesen. Russell hat entdeckt, dass der Zusammenstoß der beiden Flüssigkeiten zur Entstehung einer feinen Membran aus Eisensulfid führt. Eisen und Schwefel spielen eine große Rolle im frühen Leben. Die Membran ist sogar halb durchlässig, genau wie eine richtige Zellwand: Manche Chemikalien lässt sie durch und andere nicht. In seinem Labor ist es Russell so gelungen, große, zellartige Blasen zu züchten, und in Gesteinsproben aus Irland hat er

Hinweise auf ähnliche Strukturen in der Natur gefunden. Russells Auffassung nach würden eindringende Chemikalien die Blasen aufblähen und eine Art Zellteilung herbeiführen.

Ein Vorteil dieser Anschauung ist, dass Säure, Membran und Wasser auch eine elektrische Batterie darstellen, aus der die Antriebsenergie für die ersten Stoffwechselzyklen gekommen sein könnte. In heutigen Zellen herrscht ebenfalls eine kleine elektrische Spannung zwischen Innen- und Außenseite der Zellwand. Sollte Elektrizität vielleicht doch die ursprüngliche Lebenskraft gewesen sein?

Eine vollkommen andere Theorie hat der britische Biochemiker Graham Cairns-Smith, ebenfalls von der Universität Glasgow, erdacht. Er gehört zu den Wissenschaftlern, deren Ansicht nach Nukleinsäuren erst relativ spät auf der Bildfläche erschienen sind. Was die Huhn-oder-Ei-Frage (Nukleinsäuren oder Proteine) angeht, glaubt er jedoch, dass weder das eine noch das andere den Anfang gemacht hat. Cairns-Smith erinnert uns zunächst daran, dass Nukleinsäuren hauptsächlich als Software operieren – als Speicherelemente für genetische Information. Ihre jeweilige chemische Form ist dabei unwesentlich. So wie wir digitale Informationen auf Magnetband, auf Disketten oder auf irgendeinem anderen Medium speichern können, so kann genetische Information in allen möglichen Strukturen enthalten sein, nicht nur in RNS oder DNS. Vielleicht hat das Leben mit ganz anders verschlüsselter Information begonnen und seine Genetik erst in einem relativ späten Stadium den Nukleinsäuren anvertraut.

Welcher Art könnten nun die ursprünglichen genetischen Datenspeicher gewesen sein? Cairns-Smith denkt besonders an Lehmkristalle. Kristalle sind weniger zerbrechlich als Nukleinsäuren und dennoch in der Lage, sich zu vervielfältigen. Erdkörnchen können sich auf unregelmäßige Weise mit Metallionen aufladen, und in den Mustern dieser Aufladung könnte sich im Prinzip Information verschlüsseln, die erhalten bleibt, wenn der Kristall Schicht für Schicht wächst. Lehmkristalle mögen dem Leser nicht sehr lebendig vorkommen, doch die für eine Evolution notwendigen Eigenschaften – Replikation, Variation und Selektion – sind alle vorhanden.

Mit der Kristallevolution einmal im Gange wäre alles bereit für den nächsten Schritt: den Übergang zu organischen Molekülen. Diese könnten von den Lehmkristallen zunächst aus eigennützigen Gründen produziert worden sein, zum Beispiel um die Replikation zu beschleunigen, um Kristalloberflächen zu verkleben oder für irgendwelche anderen Hilfsaufgaben. Was immer ihre Funktion gewesen sein mag, sie müssen einen Auslesevorteil gebracht haben, sonst hätten sie sich nicht weiterentwickelt. Kristalle, die gelernt hätten, wie man selbstreplizierende Nukleinsäuren herstellt, wären die großen Gewinner, denn sie hätten nie mehr Nachschubprobleme mit diesen so nützlichen Substanzen. Im Überschreiten dieser Schwelle hätte sich das Kristallleben allerdings auch das eigene Grab geschaufelt. Die Nukleinsäuren hätten ihre kristallinen Schöpfer im Vermehrungswettkampf bald geschlagen und wären zur vorherrschenden Lebensform geworden.

An experimentellen Beweisen für Cairns-Smith' Lehmtheorie mangelt es zwar sehr, und über die Plausibilität von Lehm als primärem Lebensträger kann man streiten, doch im Prinzip ist eine genetische Übernahme durchaus plausibel. Das existierende System der Nukleinsäuren und Proteine ist nach einstimmiger Meinung der Fachleute zu komplex, als dass es vollständig in einem einzigen Durchgang entstanden sein könnte. Nur weil alles Leben heute auf Nukleinsäuren und Proteinen basiert, muss es nicht so begonnen haben. Wenn es einen einfachen Weg von toter Materie zu Leben gibt, dann könnte sich die gegenwärtige Biochemie von einem Lowtech-Vorgängersystem ableiten.

Cairns-Smith vergleicht das Leben mit einem Steinbogen, um den Übergang von «Lowtech» zu «Highertech» zu verdeutlichen. Ein Bogen ist auf den ersten Blick ein verblüffendes Gebilde. Die komplette Struktur ist selbsttragend, doch in halb fertigem Zustand würde sie zusammenstürzen. Wie konnte der Bogen dann entstehen? Die Antwort ist: Man hat ein Gerüst benutzt. Wir müssen also nach molekularen Gerüsten suchen, die zum Aufbau der Nukleinsäuren eingesetzt worden sein könnten. Vielleicht waren es Lehmkristalle; vielleicht war es ein ganz anderes System, auf das wir noch nicht gekommen sind. Wie auch immer, sobald das RNS-Leben einmal in Gang war, wurde das Gerüst überflüssig und ist seitdem längst verschüttet.

Die verschiedenen Hypothesen über den Ursprung des Lebens, die ich hier vorgestellt habe, basieren alle auf derselben Annahme. Nachdem sich das Leben in irgendeiner Form etabliert hatte, ging es reibungslos voran, denn in jenem Moment konnte darwinische Evolution einsetzen. Es ist daher nur natürlich, dass Wissenschaftler den Darwinismus zum frühestmöglichen Zeitpunkt in der Geschichte des Lebens am Werk sehen wollen. Ist diese Stufe erst erreicht, dann sorgen Zufall und natürliche Auslese für dramatische Fortschritte. Leider ist jedoch, bevor die Evolution beginnen kann, ein bestimmtes Minimum an Komplexität erforderlich, und auch die muss irgendwie zustande gekommen sein. Aber wie? Die meisten Forscher ringen darauf die Hände und beschwören den «Zufall» als letzte Erklärung. Doch war das erste selbstreplizierende Molekül wirklich ein Zufallsprodukt, oder könnte etwas mehr dabei im Spiel gewesen sein?

Selbstorganisation – Ordnung aus dem Nichts?

Das Leben ist nur ein Beispiel für Komplexität in der Natur. Die Welt um uns birgt noch viele andere komplexe Systeme: glitzernde Eisblumen, verschlungene Küstenwindungen, die Muster auf der Jupiteroberfläche oder die Wirbel eines Wildwassers und vieles mehr. Die Komplexität des Lebens ist jedoch nicht planlos, sondern organisiert. Komplexität ohne Organisation begegnet uns überall, vom Regenschauer bis zum Kaffeesatz. Organisierte Komplexität ist zwar viel seltener, doch durchaus nicht auf die Biologie beschränkt. Eine Spiralgalaxie, ein Regenbogen oder das Brechungsmuster eines Laserstrahls sind sowohl komplex als auch organisiert. Und sie sind ohne Gene entstanden, die ihre Bauanleitung enthalten, und ohne darwinische Evolution, die sie zu dem gemacht hätte, was sie heute sind. Wenn solche Systeme spontan organisierte Komplexität hervorbringen können, indem sie einfach den Gesetzen der Physik folgen, warum soll dann nicht auch das Leben, zumindest am Anfang, sich auf diese Weise entwickelt haben?

Manche Wissenschaftler denken, so könnte es gewesen sein. Der belgische Chemiker Ilya Prigogine hat Beispiele für Chemikalienmixturen vorgeführt, die sich wie lebende Systeme verhalten, indem sie kunstvolle Spiralen bilden oder rhythmisch pulsieren. Bezeichnend für diese Reaktionen ist, dass sie sich weitab vom thermodynamischen Gleichgewicht abspielen und eines kontinuierlichen Materie- und Energieflusses bedürfen – genau wie das Leben. Der spontane Ordnungszuwachs widerspricht nicht dem zweiten Hauptsatz der Thermodynamik, weil es sich um offene Systeme handelt. Der Zuwachs an Ordnung wird damit bezahlt, dass die Systeme Entropie in die Umgebung exportieren. Ein weiteres Charakteristikum solcher selbstorganisierender Systeme ist ihre Tendenz, einen Gabelpunkt zu erreichen, wo ihr Verhalten unberechenbar wird. Dahinter können sie abrupt in einen neuen Zustand größerer Komplexität übergehen und sich stabilisieren oder im Chaos versinken. Prigogine und seine vielen Anhänger stellen sich eine Abfolge selbstorganisierender Übergänge vor, in denen Materie, angetrieben von einem Energiefluss, zu immer höheren Niveaus organisierter Komplexität springt, bis zu einer Stufe, wo sie als lebend zu bezeichnen ist.

Ein einfaches und anschauliches Beispiel für Selbstorganisation ist die Bildung von Konvektionszellen. Erhitzt man einen Topf voll Wasser auf einem Herd, dann wird die Flüssigkeit in der Nähe des Topfbodens heißer als die an der Oberfläche. Bei langsamer Wärmezufuhr passiert nichts Besonderes; die Hitze fließt langsam von unten nach oben. Bei hoher Flamme jedoch gerät das Wasser in Bewegung: Die heiße Schicht am Topfboden drängt nach oben, wird aber durch das größere Gewicht der kälteren Schichten zurückgehalten. Schließlich bilden sich heiße Blasen, die an die Oberfläche steigen, und es kommt zu Konvektionsbewegung. Erhitzt man den Topf weiter, dann stellt sich ein geordnetes Konvektionsmuster in Form einer Wabenstruktur aus sechseckigen Zellen ein. In dieser stabilen Ordnung wirken unzählige Wassermoleküle zusammen.

Der plötzliche Übergang zu Konvektion stellt sich ein, wenn sich das System weit außerhalb des thermodynamischen Gleichgewichts befindet. Der Preis für die Ordnung, die dabei entsteht, ist ein Entropiezuwachs in der Umgebung des Topfes. Ohne die Gasflamme als Quelle freier Energie, die das thermodynamische Ungleichgewicht zwischen unteren und oberen Wasserschichten aufrechterhält, würden die Konvektionszellen verschwinden und das Wasser bald wieder in einen strukturlosen Gleichgewichtszustand zurückfallen.

Stuart Kauffman, ein Biophysiker am Institut für Komplexitätsforschung in Santa Fe, hat versucht, die Einzelheiten der Selbstorganisationsprozesse, die zum Leben führen könnten, zu ergründen, wobei er sich im Wesentlichen an ein bestimmtes chemisches Phänomen gehalten hat, die sogenannte Autokatalyse. Ein Katalysator ist, wie wir uns erinnern, ein Molekül, das nicht nur selbst chemische Reaktionen eingehen, sondern auch anderen Reaktionen als unbeteiligter Helfer zur Seite stehen kann. Nun stelle man sich eine Ursuppe vor, in der viele verschiedene Reaktionen zugleich stattfinden. Komplexe organische Moleküle werden produziert und zerstört, verbinden sich mit anderen Molekülen und spalten sich in Bruchsücke auf. Wir haben ein ausgedehntes, verschlungenes Netzwerk von Reaktionen vor uns, ein chemisches Ökosystem, wenn man so will.

In einer solchen Situation können nun manche Moleküle eine Doppelrolle spielen: Sie gehen selbst bestimmte Reaktionen ein oder aus solchen hervor und dienen zugleich als Katalysatoren für andere Reaktionen. Ein Molekül M kann dann auch genau die Reaktion katalysieren, die M erzeugt. Die Existenz von M in einem chemischen System beschleunigt also die Produktion weiterer M-Moleküle: daher die Bezeichnung «Autokatalyse» (Selbstkatalyse) für einen chemischen Rückkoppelungszyklus, der sich zu einem selbstverstärkenden Netz von Reaktionen aufschaukelt.

Sind die Moleküle in diesem Netzwerk vielfältig genug, dann überschreitet das System eine kritische Schwelle. Kauffmans Ansicht nach vollzieht sich ein plötzlicher Sprung von Autokatalyse zu Selbstorganisation, ähnlich wie der abrupte Übergang vom strukturlosen heißen Wasser zum System der Konvektionszelle. Dieser höhere und bei weitem komplexere Zyklus wäre eine primitive Form von Stoffwechsel nach Art der organisierten chemischen Prozesse, die sich nach Oparins und Dysons Theorien in ihren chemischen Blasen abspielen. Man benötigt weder irgendwelche speziellen Moleküle wie etwa RNS noch einen Vererbungsapparat; all das kommt erst später dazu.

Autokatalytische Zyklen mögen kompliziert und an den Haaren herbeigezogen erscheinen, doch in Wirklichkeit stellen sie ein sehr weit verbreitetes Phänomen dar. Wie Computersimulationen zeigen, neigt jedes Netzwerk mit hinreichend vielen Elementen dazu, spontan in einen Zustand organisierter Komplexität überzugehen. In der Physik kennt man dieses Phänomen von magnetischen Materialien. Wirtschaftswissenschaftler beobachten es in den Finanzmärkten. Und wenn Kauffman Recht hat, könnte sich das Leben nicht als Produkt einer speziellen organischen Chemie, sondern als Konsequenz mathematischer Gesetzmäßigkeiten herausstellen, die das Verhalten komplexer Systeme allgemein beherrschen, unabhängig davon, woraus diese bestehen.

Selbstorganisation hat ihren Reiz, doch was den Ursprung des Lebens anbetrifft, ist auch sie nicht ohne Mängel. Das erste Problem ist die fast vollständige Abwesenheit überzeugender experimenteller Belege. Die bisherigen «Experimente» waren meist nur Computersimulationen, weshalb Biologen das ganze Gebiet der Komplexitätstheorie mit Misstrauen betrachten. In seiner inzwischen berühmten Kritik an Kauffmans Ideen hat John Maynard Smith sie einmal als «faktfreie Wissenschaft» bezeichnet.

Es gibt jedoch auch ein tieferes, begriffliches Problem mit Selbstorganisation und Leben. Leben ist nämlich *kein* Beispiel für *Selbst*organisation. Leben ist genetisch festgelegte Organisation. Lebewesen sind durch die Befehle der genetischen Software organisiert, die in ihrer DNS verschlüsselt sind. Konvektionszellen bilden sich dagegen spontan in Selbstorganisation. Es gibt kein Gen für eine Konvektionszelle. Wärme- und Entropiefluss durch die Begrenzungsflächen des Systems leiten die Selbstorganisation ein, und Form, Größe sowie Beschaffenheit dieser Grenzen bestimmen das Muster der Zellen. Ihre Ordnung wird den Konvektionszellen also von außen, aus der Umgebung des Systems, aufgezwungen. Die Ordnung einer lebenden Zelle ist dagegen *intern* definiert, durch ihre Gene, die einem mikroskopisch kleinen Molekül tief im Inneren des Systems aufgeprägt sind und die ihre Instruktionen auf chemischem Wege in der Zelle verbreiten. Natürlich wird auch die Umgebung der Zellmembran zu einem gewissen Grad beeinflussen, was im Zellinneren geschieht, doch die wesentlichen Eigenschaften eines Organismus sind durch seine Gene festgelegt.

Die Theorie der Selbstorganisation sagt nichts darüber aus, wie sich der Übergang zwischen spontaner oder selbstinduzierter Organisation – wo auch die kompliziertesten nicht biologischen Beispiele nur relativ einfache Strukturen sind – und der hoch komplexen, auf Information beruhenden genetischen Organisation im lebenden Organismus vollziehen könnte. Eine Erklärung des Übergangs zur Genetik muss über den Ursprung der Nukleinsäuren und ihr konsequenzenreiches Zusammenspiel mit Proteinen hinausgehen; es reicht nicht, zu wissen, wie diese Riesenmoleküle entstehen und miteinander wechselwirken können. Wir müssen auch herausfinden, wie die Natur überhaupt darauf gekommen ist, Systemsoftware zu verwenden. Um auf den Vergleich in Kapitel 4 zurückzukommen: Wir brauchen eine Erklärung, wie aus einem Drachen ein ferngesteuertes Flugzeug werden kann oder wie sich ein Dampfmaschinenregler zu einem softwaregesteuerten elektronischen Schaltkreis entwickeln kann. Es geht hier nicht einfach um eine weitere Komplexitätsschicht, sondern um einen fundamentalen Wandel in der Natur des Systems.

Daran anschließend ist darauf hinzuweisen, wie vorsichtig man mit den Begriffen «Ordnung» und «Organisation» sein muss. Bisher habe ich beide als austauschbar behandelt, doch oft sind sie in ihrer Bedeutung ganz entgegengesetzt. Genau genommen meint man mit «Ordnung» in der Regel nur einfache Muster. Eine periodische Reihe von Einsen und Nullen, wie zum Beispiel in Abbildung 4.4, ist geordnet, genau wie ein Kristall. Beide sind in hohem Maße nicht zufallsbedingt, weshalb sie, wie ich im letzten Kapitel erklärt habe, nicht die komplexe Organisation und den Informationsgehalt eines Genoms besitzen können. Versuche, auf dem Wege der Selbstorganisation zum Leben zu gelangen, laufen oft in die Falle, «Organisation» und «Ordnung» zu verwechseln. Man findet oft Beispiele für Selbstorganisation zitiert, die lediglich spontane Selbst*ordnung* darstellen. So werden zuweilen chemische Reaktionen, die rhythmische Zyklen aufweisen, in Zusammenhang mit Selbstorganisation genannt, obwohl periodisches Verhalten eine eindeutig *nicht* zufällige Form von Ordnung ist. Die sechseckigen Konvektionszellen, die ich oben beschrieben habe, erinnern eher an eine Kristallordnung als an die organisierte Komplexität biologischer Organismen. In Abwesenheit eines neuen Prinzips, nach dem Selbstorganisation zum Entstehen algorithmischer Komplexität führt, fehlt hier ein wesentlicher Teil in der Geschichte der Biogenese.

So viel zu den Versuchen, den Ursprung des Lebens von ersten Prinzipien aus – von unten nach oben – zu erforschen. Sie liefern einige nützliche Anhaltspunkte, doch viele der schwierigsten Fragen lassen sie offen. Zum Glück ist dies nicht unser einziger Zugang zum Ursprung des Lebens. Wir können das Problem auch von oben nach unten angehen, indem wir beim existierenden Leben beginnen und es durch die Zeitalter zurückverfolgen. So hoffen wir, zu erkennen, wie die frühesten Organismen gelebt haben, und dieses Wissen könnte uns dann Aufschluss darüber geben, wie diese Organismen entstanden sind. Wie sich herausstellt, müssen wir zunächst in den Weltraum schauen, wenn wir den ersten irdischen Lebensformen auf die Spur kommen wollen.

6

Leben und Kosmos

Etwa 200 Kilometer westlich von Port Augusta in Südaustralien, in der rauhen Wildnis am Rand der Nullarbor-Ebene, liegt ein großer, ausgetrockneter See, Lake Acraman. Er misst von Ufer zu Ufer 30 Kilometer und sieht nicht anders aus als viele andere Salzseen in diesem Teil Australiens. Doch Lake Acraman ist keine gewöhnliche Salzfläche. Vor ungefähr 600 Millionen Jahren fiel dort ein riesiger Meteorit vom Himmel und schlug ein enormes Loch in die heutige Eyre-Halbinsel. Der Krater war ursprünglich mindestens 90 Kilometer breit und mehrere Kilometer tief. Heute ist von dieser gewaltigen Narbe nur noch Lake Acraman übrig, als stummer Zeuge einer erdgeschichtlichen Katastrophe erschreckenden Ausmasses.

Der Schaden, den ein großer kosmischer Einschlag verursacht, ist fast unvorstellbar. Der aufprallende Himmelskörper, gewöhnlich von einigen Kilometern Durchmesser, kann 100 Milliarden Tonnen wiegen. Er ist mit einer Geschwindigkeit von vielleicht 20 oder 30 Kilometern *pro Sekunde* unterwegs und versetzt der Erde einen Schlag entsprechend der Explosion von wenigstens 100 Millionen Megatonnen TNT, weit mehr als die Sprengkraft sämtlicher Kernwaffen, die auf der Welt existieren. Beim Eintritt in die Atmosphäre verdrängt das Objekt eine gigantische Luftmasse und jagt eine mächtige Schockwelle um den Globus. Beim Aufprall verdampfen der Meteorit und ein großer Teil der Materialien am Aufschlagspunkt augenblicklich. Riesige Mengen Gestein aus dieser Region werden in die Atmosphäre geschleudert, einiges davon bis in den Weltraum, und es bleibt ein gigantischer Krater zurück.

Kurz darauf regnen große, glühende Felsbrocken auf die Erde

zurück, Hunderte oder gar Tausende Kilometer vom Einschlagsort entfernt, und setzen die Vegetation in Brand. Die Erschütterung durch den primären Einschlag ist stärker als das schlimmste Erdbeben und richtet weiteres Unheil an. Landet der Meteorit im Meer, so verwüsten kilometerhohe Tsunamis die Ozeanküsten und überschwemmen enorme Landmassen. Der Staub, den der Aufprall hochwirbelt, umhüllt den ganzen Planeten, verdunkelt die Sonne für Monate und vergiftet Ozeane und Kontinente mit saurem Regen. Für viele Tier- und Pflanzenarten erweisen sich die Folgen des Einschlags als zu viel, und sie sterben aus.

Der kosmische Zusammenstoß, durch den Lake Acraman entstanden ist, war keineswegs ein Einzelfall. In Abständen von wenigen Millionen Jahren trifft ein Komet oder Asteroid die Erde mit einer Gewalt, die zu weltweiter Verwüstung führt. Früher waren solche Begegnungen häufiger, und immer mehr spricht dafür, dass solche Einschläge, indem sie Massensterben verursachten, die Entwicklung des Lebens erheblich beeinflusst haben. Weiter stellt sich heraus, dass kosmische Zusammenstöße nicht nur den Gang der Evolution geändert, sondern auch bei der Entstehung des Lebens eine entscheidende Rolle gespielt haben. Bis vor kurzem beriefen sich Wissenschaftler in ihren Versuchen, die Biogenese zu erklären, hauptsächlich auf Chemie und Geologie. Die Erde wurde als ein isoliertes System betrachtet. Erst im letzten Jahrzehnt hat man begonnen, die astronomische Dimension des Lebens zu begreifen und einzubeziehen. Wenn wir verstehen wollen, wie Leben begonnen hat, müssen wir zunächst in den Sternen nach Antworten suchen.

Sternkinder

Nun ist auf keinerlei Weise der Wahrheit es ähnlich zu achten,
da nach jeglicher Richtung der Raum unendlich erstreckt sich,
zahllos an Zahl dazu die Samen im grundlosen Ganzen
schwirren, in vielerlei Art erregt in steter Bewegung,
dass als einziger hier der Erdkreis und Himmel geschaffen
wäre, doch nichts da draußen betrieben so viele Atome,

da doch zumal von Natur er wurde geschaffen und selber
ganz von sich zufällig im Anstoß die Samen der Dinge,
planlos in vielerlei Art vergebens und ziellos vereinigt,
endlich wuchsen in eins, und zwar solche, die, plötzlich verschmolzen,
immer wurden damit der Beginn gewaltiger Dinge,
Anfang von Himmel und Erde, von Meer, dem Geschlecht der Belebten.

Mit diesen Worten versuchte der römische Dichter und Philosoph Lukrez die Welt zu überzeugen, dass wir nicht allein sind. Lukrez argumentierte, dass in einem Universum, in dem die Atome überall gleich sind und allgemein gültigen Naturgesetzen unterliegen, dieselben Prozesse, die auf der Erde Leben hervorgebracht haben, auch auf anderen Welten zu Leben geführt haben müssen. Sein Argument, das ursprünglich der griechische Atomist Epikur vorgebracht hat, erscheint zwingend. Doch stimmt es auch?

Spektroskopische Messungen haben bestätigt, dass im gesamten Kosmos tatsächlich dieselben Atome vorkommen. Zum Beispiel ist ein Kohlenstoffatom in der Andromedagalaxie identisch mit einem hier auf der Erde. Die irdische Biologie basiert im Wesentlichen auf fünf chemischen Elementen: Kohlenstoff, Sauerstoff, Wasserstoff, Stickstoff und Phosphor. Diese Elemente scheinen zugleich zu den häufigsten im Universum zu gehören.

Das wahrhaft lebenswichtige Element ist Kohlenstoff. Diesen Ehrenplatz verdient es wegen seiner einzigartigen chemischen Eigenschaften. Kohlenstoffatome können sich zu ausgedehnten Kettenmolekülen – zu so genannten Polymeren – grenzenloser Vielfalt und Komplexität zusammenschließen. Beispiele solcher Kohlenstoffketten sind Proteine und DNS. Ohne Kohlenstoff wäre Leben, wie wir es kennen, unmöglich. Wahrscheinlich wäre auch jede andere Art von Leben ausgeschlossen.

Kurz nach der Geburt des Universums gab es noch keinen Kohlenstoff. Die intensive Hitze des Urknalls ließ die Entstehung zusammengesetzter Atomkerne nicht zu. Stattdessen war das kosmische Materiallager eine Mischung einzelner Elementarteilchen wie Protonen und Neutronen. Die meisten Protonen blieben ohne Partner und wurden zu Kernen von Wasserstoffatomen. Erst als sich das Universum in den ersten Minuten seiner Existenz ausdehnte und abkühlte, verschmolzen manche der Wasserstoffkerne zu Heliumkernen, wobei auch schon eine Hand voll Kohlenstoffkerne entstanden.

Der größte Teil des Kohlenstoffs im Universum stammt jedoch nicht vom Urknall, sondern aus Sternen. Sterne sind Fusionsreaktoren, die hauptsächlich Wasserstoff zu Helium verbrennen. In großen Sternen vollzieht sich als nächster Schritt die Umwandlung von Helium in Kohlenstoff, bevor andere vertraute Elemente – Sauerstoff, Stickstoff und so weiter – produziert werden. Die meisten dieser schwereren Elemente bleiben in den Sternen eingeschlossen, doch zuweilen, wenn ein Stern explodiert, werden sie ins Weltall geschleudert. In unserem Sonnensystem bringt zudem der Sonnenwind einen ständigen Strom von Materieteilchen, und Ähnliches wird auch in anderen Sternsystemen der Fall sein. Die von explodierenden Sternen ausgestoßenen Substanzen mischen sich in die Materiewolken, die hauptsächlich aus Wasserstoff bestehen und durch den interstellaren Raum treiben. Zieht sich eine solche Wolke dann zusammen und gebiert sie neue Sterne und Planeten, dann werden auch diese Kohlenstoff und andere Elemente aus vergangenen Sternen enthalten.

So hat sich unser eigenes Sonnensystem vor viereinhalb Milliarden Jahren gebildet: Eine riesige Wasserstoffwolke, gespickt mit schweren Elementen, schrumpft allmählich zusammen. Hier und da zieht die Gravitation das Gas zu dichten, rotierenden Klumpen zusammen. Diese Materieknoten sind die Samen neuer Sterne, von denen einer unsere Sonne ist. Um sie herum wirbeln Gas und Staub und formen eine komplexe Nebelscheibe. Die leichten Stoffe treiben zum Rand und kondensieren schließlich zu Gasriesen wie dem Planeten Saturn. Die schwereren Elemente konzentrieren sich in den inneren Regionen der Scheibe, wo sie von der Erde und ihren Nachbarplaneten einverleibt werden. Unser Planet besteht also nicht aus kosmischer Urmaterie, sondern aus der Asche von Sternen, die explodiert sind, lange bevor es das Sonnensystem gab.

Seit Entstehung der Erde ist ihre Zusammensetzung jedoch nicht die gleiche geblieben. In geologischen und biologischen Prozessen in

Atmosphäre und Kruste der Erde werden Kohlenstoff, Wasserstoff, Stickstoff und Sauerstoff ständig rezykliert. Sobald ein Organismus stirbt und zerfällt, fließen seine Atome in die Umwelt zurück und gehen zum Teil in anderen Organismen auf. Nach einer einfachen Statistik enthält ein menschlicher Körper etwa ein Kohlenstoffatom von jedem Milligramm toten organischen Materials, das über tausend Jahre alt ist. Diese Tatsache hat verblüffende Folgen. So beherbergt jeder von uns um die eine Milliarde Atome, die einmal in Jesus Christus waren oder in Julius Cäsar oder in Buddha – oder in dem Baum, unter dem Buddha einst gesessen hat.

Das nächste Mal, wenn Sie Ihren Körper betrachten, denken Sie an die lange und ereignisreiche Geschichte seiner Atome, und erinnern Sie sich, dass das Fleisch, das Sie sehen, und die Augen, mit denen Sie es sehen, aus dem Staub vergangener Sterne bestehen.

Kosmochemie

Ich bin in dem Glauben aufgewachsen, Chemie habe sich in Reagenzgläsern abzuspielen. Es war deshalb eine ziemliche Überraschung für mich, als ich 1969 davon hörte, man hätte Ammoniak- und Wassermoleküle im Weltraum gefunden. Wie konnten sie dahin gekommen sein, fragte ich mich. Astronomen wissen natürlich schon lange, dass das Weltall nicht vollkommen leer ist. Zwischen den Sternen treiben Gase und Staubwolken. Doch selbst die dichteste interstellare Wolke bringt es nur auf eine Million Atome pro Kubikzentimeter, was man im Labor als ein Hochvakuum betrachten würde. Ein so dünnes Medium und die extrem tiefen Temperaturen im All lassen chemische Reaktionen dort höchst unwahrscheinlich erscheinen. Doch weit gefehlt.

Der erste Hinweis, dass es dort draußen Moleküle geben könnte, kam in den frühen zwanziger Jahren, als ein Astronom namens H. L. Heger in den Spektren von Sternen seltsame Muster, so genannte «diffuse interstellare Bänder», entdeckte. Am Ende wurden diese auf unbekannte Moleküle zurückgeführt, die im Raum zwischen den Sternen und der Erde schweben und einen Teil des Sternlichts absorbieren. Damit ließ man die Sache zunächst einmal auf sich beruhen. Erst Jahrzehnte später, nach der unerwarteten Entdeckung von interstellarem Ammoniak und Wasser, wuchs die Liste der bekannten Moleküle im Weltraum sprunghaft an, und bis heute hat man über hundert Chemikalien identifiziert, meist mit Hilfe von Radio- oder Infrarotteleskopen.

Viele der interstellaren Moleküle sind organisch. Am häufigsten ist Kohlenmonoxid, doch auch Acetylen, Formaldehyd und Alkohol sind reichlich vertreten. Komplexere organische Stoffe wie Aminosäuren und Polyzyklische Aromaten (mehr davon später) konnten ebenfalls nachgewiesen werden. Es steht heute fest, dass nicht nur die chemischen Elemente, die zum Leben gehören, im Universum häufig sind, sondern auch die organischen Moleküle, die das Leben unmittelbar benutzt. In den Jahrmilliarden, welche die kosmische Chemie Zeit hatte, diese Substanzen zu erzeugen, konnten sie sich auch zu Riesenmolekülwolken zusammenschließen, in denen Sterne und Planetensysteme geboren worden sind und weiterhin geboren werden.

Astronomen, die sich mit der Chemie interstellarer Gaswolken befassen, sind überzeugt, dass Staubpartikel eine wichtige Rolle spielen. Chemikalien hängen sich an die Oberfläche der Staubkörnchen und gehen komplizierte Reaktionen ein. Staub im interstellaren Raum ist leicht auszumachen. Betrachtet man den Nachthimmel rund um das Kreuz des Südens, dann erkennt man ausgedehnte schwarze Flecken in der Milchstraße. Diese dunklen Gebiete sind große Staubwolken, die kein Licht durchlassen. Verantwortlich sind winzige Körner, von tausendstel Millimetern Durchmesser bis hinunter zur Größe von Molekülen. Ihre Zusammensetzung ist das Ergebnis zahlreicher physikalischer und chemischer Einflüsse: ultraviolette Strahlung, Sternwinde, Schockwellen und kosmische Strahlung. Sie enthalten Silikate, Eisen, Formen von Kohlenstoff, zum Beispiel Graphit, und viele organische Moleküle. Interstellare Wolken können Lichtjahre groß sein; die Gesamtmasse an Staub ist enorm. Die winzigen, willenlosen Körnchen darin könnten als die Chemiker fungiert haben, die das erste Leben hervorbrachten.

Selbst in unserer näheren Nachbarschaft macht sich kosmischer Staub noch deutlich bemerkbar. Raumsonden haben gezeigt, dass das innere Sonnensystem ein überraschend staubiger Ort ist. Das berühmte Zodiakallicht nach einem Sonnenuntergang in tropischen Breitengraden ist nichts anderes als von winzigen Teilchen im Weltraum gestreutes Sonnenlicht. Viel von diesem Staub stammt von der Erde, doch ein Teil kommt aus dem interstellaren Raum. Staubteilchen, die von den Sternen stammen, sind an ihrer Geschwindigkeit zu erkennen. Duncan Steel, vormals an der Universität Adelaide, und seine Kollegen haben die interstellaren Körnchen, die auf der Erde ankommen, mit einem Radarsystem auf Neuseeland studiert. Analysen der Ionisationsspuren, die entstehen, wenn Mikrometeoriten in die Atmosphäre stürzen, haben gezeigt, dass sie Geschwindigkeiten von über 70 Kilometern pro Sekunde erreichen – eindeutig zu schnell, als dass sie von innerhalb unseres Sonnensystems stammen könnten.

Genesis im All

Pioneer ist seit dem 2. März 1972 unterwegs und lieferte Daten bis zum 1. April 1997, als die Raumsonde 10 Milliarden Kilometer von der Sonne entfernt war. Seitdem herrscht Funkstille. Pioneer 10 ist das fernste Objekt, das je von Menschen erschaffen wurde.

Stellen Sie sich vor, Sie säßen in der Sonde und wären auf einer Reise durch das Sonnensystem und darüber hinaus. Nach sechs Monaten hätten Sie die Bahn des Mars hinter sich gelassen und wären auf dem Weg durch den Asteroidengürtel. Gegen Ende 1973 wären Sie dicht an Jupiter vorbeigeflogen. Zehn Jahre später hätten Sie die Neptunbahn gekreuzt und den interplanetaren Raum für immer verlassen. Sie wären auf dem Weg zu den Sternen. Die Sonne wäre für Sie nur noch ein Dreißigstel so groß wie von der Erde aus gesehen und würde immer weiter schrumpfen. Vor Ihnen läge ein leerer Abgrund, nichts als Kälte und Dunkelheit. Der nächste Stern ist 4,3 Lichtjahre entfernt – 40 Billionen Kilometer. Selbst wenn dieser Nachbarstern Ihr Ziel wäre, würde es 10 000 Jahre dauern, bis Sie dort ankämen. Machen Sie sich also auf einiges Warten gefasst. Es wird lange Zeit nicht viel zu sehen geben.

Nach mehrtausendjähriger Reise erscheint Ihnen die Sonne gerade noch so hell wie ein sehr lichtstarker Stern, doch in der Nähe herrscht fieberhafte Aktivität: Da *ist* etwas in der Finsternis des interstellaren Raums! Ein dunkler Materieklumpen erscheint plötzlich vor Ihnen und gleitet vorüber. Er ist fast kugelrund und hat einen Durchmesser von zehn Kilometern. Bei näherer Betrachtung entpuppt er sich als ein schmutziger Ball aus Stein, Eis und Teer: ein Komet.

Sie reisen weiter und begegnen immer mehr Kometen, die lautlos wieder in der Finsternis verschwinden. Sie treiben durch eine ganze Wolke der geheimnisvollen Himmelskörper, eine Billion schmutziger Schneebälle in einem Schwarm um die Sonne und ihre Planeten, die wahre Grenze des Sonnensystems, ein volles Lichtjahr vom Zentrum entfernt. Die Kometen mögen in großer Ferne sein, doch der schwache Sog der Sonnenschwerkraft hält sie immer noch in ihrem Bann.

Niemand hat die Kometenwolke um unser Sonnensystem je wirklich gesehen, doch ihre Existenz ist von den Astronomen längst anerkannt, nachdem Jan Oort sie 1950 postuliert hat. Die trägen Materiehaufen in der Oortschen Wolke haben kaum Ähnlichkeit mit den strahlenden Schweifsternen der Legende, doch hier ist ihre wahre Heimat; hier gibt es sie in fast unerschöpflicher Fülle.

Kometen sind immer noch ein kleines Rätsel, obwohl man sie seit Jahrhunderten eingehend studiert. Bis vor kurzem haben die meisten Astronomen sie als spektakuläre Kleindarsteller im himmlischen Drama abgetan, obgleich sie in vergangenen Kulturen die Rolle des Unheilsboten zu spielen hatten. Doch heute sind Kometen wieder ein heißes Thema, allein schon wegen ihres Alters: Sie sind echte Überbleibsel von der Geburt des Sonnensystems, Kostproben des solaren Nebels und bergen vielleicht sogar Spuren noch älterer interstellarer Materie. So hält man den Staub, den der Halleysche Komet ausstößt, für die ursprünglichste Substanz, die je von Wissenschaftlern analysiert worden ist. Tiefgefroren in der Finsternis des Raums, haben sich ihre Bestandteile seit viereinhalb Milliarden Jahren kaum verändert.

Besonders interessant ist hier, dass Kometen auch in Zusammenhang mit Ursprung und Entwicklung des Lebens eine Rolle gespielt zu haben scheinen. Will man ihre Bedeutung verstehen, so muss man zu den Anfängen des Sonnensystems zurückkehren. Die Planeten sind auf recht komplizierte Weise entstanden. Es begann damit, dass sich im Durcheinander des solaren Nebels winzige Körner aufbauten, die dann zusammenstießen und verschmolzen und allmählich immer größere Klumpen bildeten. Im inneren Sonnensystem bestanden die Körner hauptsächlich aus hitzebeständigen Silikaten. Weiter außen kondensierten flüchtigere Substanzen, darunter auch organische Stoffe.

Die Größen- und Massenzunahme ging mit wachsenden Gravitationskräften einher, so dass die Kollisionen zwischen den Körnern immer heftiger wurden. Nach vielleicht 10 000 Jahren hatten sie sich zu so genannten Planetesimalen von mehreren hundert Kilometern Durchmesser zusammengeschlossen, und nach einer Million Jahren wimmelte es von Planeten von der Größe des Mars auf Umlaufbahnen um die Sonne. Kollisionen gewaltigen Ausmaßes wurden unvermeidlich. Irgendwann wurde die knospende Erde in spitzem Winkel getroffen, und zwar mit weit reichenden Folgen. Das Riesengeschoss bohrte sich ins Herz des Planeten und ließ dort den Eisenkern entstehen. Der leichtere Mantel wurde durch die Gewalt des Aufpralls abgesprengt und bildete eine neue, kleinere Trümmerscheibe, aus der einmal der Mond werden sollte. Davor hatte die enorme Energie des Einschlags dafür gesorgt, dass alle flüchtigen Stoffe von der Erde abgedampft wurden.

Weiter draußen im Sonnensystem ging es geruhsamer zu. Die Materie war dort wesentlich dünner verteilt, und es war kalt genug, dass sich Stoffe wie Wasser und Schwefel verfestigen konnten. Vor allem konnten dort auch die zerbrechlichen Kohlenwasserstoffe der ursprünglichen Gaswolke die Gluthitze der Ursonne überleben. Winzige Staubkörner umgaben sich mit Eiskristallen und wurden zu Schneeflocken, die kollidieren und zusammenkleben konnten. Wegen der größeren Zwischenräume wuchsen diese Eispartikel nicht sofort zu Planeten an, sondern wurden zu einem Schwarm kleinerer Eiskörper, von Kometen mehrerer Kilometer Durchmesser bis zu hundertmal größeren eisigen Planetesimalen.

Nach etwa zehn Millionen Jahren kamen genug von diesen Eiskörpern zusammen, um den Kern des Riesenplaneten Jupiter zu bilden. Sobald eine kritische Schwelle von vielleicht zehn Erdmassen erreicht war, wuchs Jupiter rapide, indem er sich immer mehr Materie aneignete. Sein mächtiges Gravitationsfeld zog Trümmer aus einem weiten Band des Sonnennebels entweder auf die Planetenoberfläche oder schleuderte sie aus dem Sonnensystem. Im Asteroidengürtel blieb deshalb nicht genug Material für einen weiteren Planeten übrig, und Mars wurde zu einem Zwergendasein verurteilt. Auf dieselbe Weise wuchsen Saturn, Uranus und Neptun, wenn auch – wegen der geringeren Dichte des Nebels in den Außenbezirken des Sonnensystems – nicht ganz so schnell wie Jupiter. Jenseits der Neptunbahn waren die Planetesimale so dünn verteilt, dass sie keine echten Planeten zusammenbringen konnten, sondern nur ein Zwischending namens Pluto. Viele der eisigen Kleinplaneten halten sich immer noch blass und unauffällig am Rand des Sonnensystems auf und umkreisen die Sonne im so genannten Kuiper-Gürtel.

Im Laufe der Jahrmilliarden haben die Gravitationsfelder der Riesenplaneten zahllose kleine Eiskörper in die Tiefen des interstellaren Raums befördert. Die meisten werden nie mehr zurückkehren, doch andere kamen nur bis in die Region, die schließlich zur Oortschen Wolke wurde. Die Gravitationsstreuung war vollkommen planlos, weshalb auch Millionen von Eisklumpen ins innere Sonnensystem geschleudert wurden, von denen manche auf die Planeten dort stürzten. Die Erde ist wiederholt getroffen worden, zuerst von Asteroiden aus der Gegend zwischen Mars und Jupiter und dann von Kometen aus der Nähe der Jupiterbahn. Über längere Zeit krachten auch Eiskörper von weiter draußen, die zuvor von Saturn, Uranus und Neptun dorthin befördert worden waren, in die inneren Planeten.

Diesen Objekten aus dem äußeren Sonnensystem verdankt die Erde ihre Schicht leichteren Gesteins an der Oberfläche. Wichtiger ist aber, dass sie riesige Mengen Wasser mitbrachten, ein Vielfaches der Wassermassen, die heute die Ozeane füllen. Und mit dem Wasser kamen andere flüchtige Substanzen, die der neugeborenen Erde noch fehlten, besonders die lebenswichtigen organischen Stoffe. Wasserstoff, Helium und andere Gase aus dem ursprünglichen Sonnennebel waren vom damals heftigen Sonnenwind weggeblasen worden. Manches davon sammelte sich in der Jupiteratmosphäre, doch das meiste verschwand im interstellaren Raum. Von der Geburtsatmosphäre der

Erde war in dieser Phase vermutlich kaum etwas oder nichts mehr übrig. Doch mit dem Kometenmaterial konnte sie sich wieder in eine dichte Gasdecke hüllen, zu der auch vulkanische Dämpfe aus dem geschmolzenen Erdinneren beitrugen.

Nach 100 Millionen Jahren war die Erde mehr oder weniger «fertig», wenngleich sie für die nächste halbe Jahrmilliarde oder länger wenig Ähnlichkeit mit dem lichten blauen Planeten hatte, wie wir ihn heute kennen. Die Oberfläche war heiß, die Ozeane viel tiefer und die Atmosphäre von erdrückender Schwere. Überall waren Vulkane aktiv, der Mond war näher, die Gezeiten weitaus extremer. Der Planet drehte sich erheblich schneller als heute; Tage und Nächte waren nur wenige Stunden lang. Doch der größte Unterschied war die fortgesetzte Bedrohung aus dem Weltraum. Die Asteroiden und Kometen, die zur Gestaltung der Oberfläche des jungen Planeten beigetragen hatten, hörten nicht einfach auf einzuschlagen. Sie brachten, Zeitalter auf Zeitalter, ihre Ladungen Eis und organische Stoffe – und werden es weiter tun. Ihr Beitrag zur Geschichte des Lebens hatte gerade erst begonnen.

Impulse von außen

Kometen haben es gegeben, Kometen werden es nehmen.

Carl Sagan

Einer der Gründe, weshalb die Bibel ein so viel gelesenes Buch ist, muss die Fülle von Drama und Sensation sein, die sie bietet: Feuer und Schwefel, Zeichen des Himmels, Überschwemmungen, sich teilende Fluten, Plagen und Seuchen. Wenn die Welt wirklich vor 6000 Jahren erschaffen worden wäre, wie viele Christen einmal geglaubt haben (und manche noch heute zu glauben scheinen), dann hätte Gott alle Hände voll zu tun gehabt, unserem Planeten seine heutige Gestalt zu geben, seine Berge und Ozeane zu formen, seine Täler auszuschürfen und seine Gletscher zu bewegen.

Als man im achtzehnten Jahrhundert daranging, Berge und Flusstäler, salzige Ozeane, Gletscherbildung, Felsschichten und Fossilien im Rahmen physikalischer Gesetze, also ohne jede göttliche Einmischung, zu beschreiben, erkannte man, dass 6000 Jahre bei weitem nicht ausreichten, eine solche Geologie hervorzubringen. 1785 sagte James Hutton – der Schotte, dessen Grabinschrift ihn als den Begründer der modernen Geologie ausweist – von der geologischen Geschichte der Erde, in ihr wäre «keine Spur eines Beginns, keine Aussicht auf ein Ende» zu finden. Hutton war überzeugt, dass die Oberflächengestalt der Erde sich allmählich durch schrittweise Veränderung über enorme Zeiträume hinweg herausgebildet hat. Er erkannte, dass die Ablagerung von Gesteinsschichten und das Auftürmen und Verwittern von Bergen Millionen von Jahren in Anspruch genommen haben musste.

Huttons Anschauungen hat man als Aktualismus bezeichnet, im Gegensatz zum Katastrophismus der eher biblisch gesinnten Gelehrten, die die Gestalt der Erde auf die Sintflut, vulkanische Fegefeuer und himmlische Donnerstrahlen zurückzuführen versuchten. Charles Lyell unterstützte Huttons These mit ganzem Herzen und brachte die Botschaft des Aktualismus in seinem 1830 veröffentlichten Buch *Principles of Geology* unter die Leute. Zu jener Zeit dämmerte es den Wissenschaftlern, dass geologische Veränderungen wahrscheinlich nicht nur Millionen, sondern Milliarden von Jahren erforderten. Dieser Schluss kam natürlich Charles Darwin sehr gelegen, der sich die biologische Evolution als eine allmähliche Akkumulation unzähliger Anpassungsschritte vorstellte, was ebenfalls gigantische Zeiträume beanspruchen würde.

Im Rückblick erkennen wir, dass der Aktualismus ideologisch motiviert war, als Reaktion auf religiöse Interpretationen der Natur. In der Folge hat er sich als eine bemerkenswert hartnäckige Lehre erwiesen. Beweise für plötzliche geologische und biologische Umwälzungen lagen lange Zeit offen herum, wurden jedoch weitgehend ignoriert. Wer auf sie hinwies, wurde als Spinner abgetan. Als der angesehene Astronom Edmond Halley 1694 mutmaßte, von Zeit zu Zeit könnte ein Komet auf einen Planeten stürzen, zuckte man nur die Achseln. 1873 wagte der britische Astronom H.A. Proctor die These, die Mondkrater könnten auf Meteoriteneinschläge zurückgehen. Doch bald darauf zog er seine Behauptung zurück, mit der Begründung, dass solche Krater dann auch auf der Erde zu finden sein müssten, was nicht der Fall sei. Noch 1960 waren manche Astronomen überzeugt, die Mondkrater wären meist vulkanischen Ursprungs. Erst die Apollo-Landungen wiesen nach, dass die Mondkrater tatsächlich auf ein ausgedehntes kosmisches Bombardement zurückzuführen waren.

Fotos von anderen Planeten und Monden zeigen ähnlich schwere Verkraterungen. Merkur und Mars sind ausgezeichnete Beispiele. Beide haben die Spuren der Einschläge bewahrt, weil sie keine dichten Atmosphären und kaum geologische Aktivität aufweisen. Die meisten Einschlagskrater der Erde sind dagegen durch Verwitterung unsichtbar geworden – doch nicht alle. Allein in Australien konnte man mindestens 25 davon eindeutig identifizieren. Die Vereinigten Staaten haben einen der berühmtesten Krater in der Nähe von Winslow in Arizona, den Meteoritenkrater oder Barringerkrater mit einem Durchmesser von 1200 Metern. Er ist 100 Meter tief und 30 000 Jahre alt. Zu den erheblich älteren und größeren Einschlagskratern gehört der schon erwähnte Lake Acraman.

Will man die Geschichte der Einschläge auf der Erde rekonstruieren, dann schaut man sich am besten den Mond an. Im astronomischen Maßstab ist er so nah, dass wir sicher sein können, dass die Erde denselben Prügeln ausgesetzt war wie unser kleiner Nachbar, und die waren erheblich. Einige der größeren Mondkrater kann man schon mit einem Fernglas erkennen. Die ältesten Krater sind vor über vier Milliarden Jahren geschlagen worden. Viele der kleineren Krater sind nicht so alt und überlagern oft frühere Narben. Da große Einschläge gewöhnlich frühere Spuren ausradieren, ist man bezüglich der ersten 500 Millionen Jahre weitgehend auf Vermutungen angewiesen. Nach dem, was noch zu erkennen ist, und nach mathematischen Modellen nimmt man an, dass das innere Sonnensystem sowohl durch Einschläge benachbarter Trümmer und Asteroiden als auch von Riesenkometen aus dem äußeren Sonnensystem gebeutelt worden ist.

Im Laufe einiger hundert Millionen Jahre wurde der Beschuss allmählich schwächer, doch in der Periode vor 4 bis 3,8 Milliarden Jahren setzte er in voller Stärke von neuem ein. In dieser späteren Phase intensiven Bombardements entstanden die bekannten «Meere» des Mondes, die dunklen, flachen Becken, die sich in der ruhigeren Periode danach mit Lava auffüllten und daher relativ glatt erscheinen. Über die Ursachen des zweiten Geschosshagels gibt es verschiedene Meinungen. Manche Astronomen glauben, er sei auf die Umgebung der Erde beschränkt gewesen; andere meinen, er habe das gesamte Sonnensystem betroffen. Möglicherweise hat es sich bei den Geschossen um Trümmer eines zerbrochenen Mondes oder eines Riesenkometen gehandelt.

Für das Leben war dieser intensive Beschuss insofern von Bedeutung, als er organische Substanzen lieferte. Während ihres Vorbeiflugs am Halleyschen Kometen im Jahre 1986 enthüllte die Sonde Giotto sein pechschwarzes Herz: Kohlenstoff, Wasserstoff, Stickstoff und Schwefel. Die Analyse der Staubkörner, die dem Kopf des Kometen entströmten, zeigte, dass ein Drittel der Stoffe darin organisch war. Man stellte häufige Substanzen wie Benzol, Methanol und Essigsäure fest, aber auch manche der Bausteine von Nukleinsäuren. Wenn Halley keine Ausnahme ist, dann könnten Kometen genug Kohlenstoff für die gesamte Biosphäre der Erde herbeigeschafft haben. Ein ähnliches Bild ergibt sich für die viel größeren vereisten Himmelskörper am Rand des Sonnensystems. Astronomen haben kürzlich mehrere eigenartige Objekte gesichtet, so genannte Zentauren, die aus dem Kuiper-Gürtel stammen. Diese dunkelroten Planetoiden scheinen mit einem Urschleim bedeckt zu sein, der reich an Kohlenwasserstoffen ist.

Man ist versucht, den Schluss zu ziehen, Kometen, Asteroiden und Planetoiden hätten die anfangs nackte Erde mit einer Schicht organischer Stoffe und Wasser umhüllt und damit die Ursuppe geschaffen, aus der schließlich Leben entsprang. Es gibt jedoch einen Haken: Ein Kometeneinschlag ist ein ausgesprochen gewaltsames Ereignis, das eher dazu angetan ist, organisches Material zu vernichten, als solches zu spenden. Kleine Objekte, die mit hoher Geschwindigkeit in die Erdatmosphäre eintauchen, verbrennen gewöhnlich vollkommen, doch größere Projektile schlagen mit solcher Gewalt auf den Erdboden auf, dass sie explosionsartig zerstäuben. Organische Stoffe können nur unter ganz bestimmten Bedingungen überleben.

Wie wir in Kapitel 9 sehen werden, kann organische Materie den Erdboden unbeschadet erreichen, wenn die Geschossmasse und der Einfallswinkel stimmen, doch das ist nicht der Normalfall. Manche Forscher halten Staubkörner als Vehikel organischer Substanzen für wahrscheinlicher als große Klumpen. Die meisten organischen Stoffe, die auf der Erde zu finden sind, wären demnach in kleinen Portionen, wie Manna, vom Himmel gefallen. Andere sind der Ansicht, die Schockwelle, die ein Komet vor sich herschiebt, könne organische Moleküle produzieren, welche die Zerstörungen des Aufpralls wettmachen würden.

Im Extremfall trifft ein sehr großes Objekt die Erde mit solcher Gewalt, dass mehr Material verloren geht, als es anliefern kann. Ein solches Ereignis wird – leicht untertrieben – als Einschlagserosion bezeichnet. Die größeren Zusammenstöße in der Ära massierten Bombardements schienen gewaltig genug, die Erde eines großen Teils ihrer Atmosphäre und ihrer Ozeane zu berauben. Kometenbeschuss ist also ein zweischneidiges Schwert, was Wasser und organische Substanzen angeht. Ob ein Planet als Gewinner oder Verlierer daraus hervorgeht, hängt weitgehend von den Umständen ab. Kleinere Himmelskörper wie Mars, Merkur oder Mond scheinen die Verlierer zu sein, wohingegen Erde und Venus in der Summe wahrscheinlich Material hinzugewonnen haben.

Dieses Damoklesschwert hängt noch heute über unserem Planeten. Kometen, Asteroiden und Meteoriten werden die Erde weiterhin bedrohen. Die Ursache dafür liegt weit außerhalb des Sonnensystems. Obwohl die Sterne in den Augen des Menschen am Himmel stillzustehen scheinen, kreisen sie, wie unsere Sonne, um das Zentrum der Milchstraße. Ein Umlauf währt etwa 250 Millionen Jahre. Im Laufe dieser gemächlichen Reise wird es von Zeit zu Zeit vorkommen, dass sich ein anderer Stern oder eine große Gaswolke dem Sonnensystem nähert und mit seinem Gravitationsfeld die Oortsche Wolke beeinflusst. Manche der Kometen darin werden dann aus dem Sonnensystem entfernt, doch andere werden in Richtung der inneren Planeten gestoßen.

Ein Komet, der neu entdeckt wird, besucht uns höchstwahrscheinlich nur einmal auf seiner viele Millionen Jahre währenden Reise.

Manchmal gerät ein Komet jedoch unter den Einfluss des Jupiter oder eines Planeten im inneren Sonnensystem, und seine Bahn wird dergestalt verändert, dass er in bestimmten Zeitabständen zurückkehrt. Wir kennen inzwischen eine Reihe solcher Kometen auf kurzperiodigen Bahnen, von denen der Halleysche der berühmteste ist. Sobald ein Komet sich der Sonne nähert, beginnen seine flüchtigen Bestandteile abzudampfen, und er verliert Gas- und Staubwolken, die der Sonnenwind zu dem charakteristischen Schweif auszieht. Am Ende stürzt er entweder in die Sonne, schlägt auf einem Planeten ein oder wird wieder aus dem Sonnensystem geschleudert. Ein weiteres mögliches Schicksal ist, dass der Komet «stirbt», das heißt, er verliert alle seine flüchtigen Stoffe, hört auf zu glühen und zerfällt, bevor er in der Sonne, auf einem Planeten oder im interstellaren Raum enden kann.

Wenn man Berechnungen glaubt, sollten die meisten Kometen der Oortschen Wolke nach einigen hundert Millionen Jahren verschwunden sein. Da aber immer noch Kometen auftauchen, muss die Wolke sich irgendwie aufgefüllt haben. Astronomen vermuten eine innere Wolke, einen «Nachschubgürtel» von etwa der doppelten Masse der Erde jenseits von Neptun. In den letzten Jahren hat man mehrere große Brocken direkt jenseits der fernsten Planetenbahnen, im Kuiper-Gürtel, entdeckt. Die meisten kurzperiodigen Kometen stammen wahrscheinlich von dort und nicht aus der ferneren Oortschen Wolke.

Noch heute könnte die Erde von einem Kometen oder Asteroiden so schwer getroffen werden, dass das meiste Leben vernichtet würde. Wahrscheinlich haben gewaltige Einschläge im Laufe der Erdgeschichte mehrere Aussterbewellen verursacht. Das am häufigsten erwähnte Massensterben geschah vor 65 Millionen Jahren – also nicht lange her im geologischen Maßstab –, als die Dinosaurier plötzlich ausstarben und mit ihnen eine Unmenge anderer Arten. Der Verdacht, dass ein gigantischer Einschlag für den Artentod verantwortlich war, wurde bestärkt, als man eine weltumspannende Schicht des seltenen Elements Iridium entdeckte. Die Iridiumschicht wird auf die Zeit des großen Dinosauriersterbens datiert und stammt fast mit Sicherheit von einem kosmischen Geschoss, das die Erde damals getroffen haben muss. Eine dramatische Bestätigung erfuhr die Theorie, als man

1990 einen riesigen, unter einer Kalksteinschicht in Mexiko verborgenen Krater entsprechenden Alters fand. Der Kraterdurchmesser beträgt mindestens 180 Kilometer, was auf einen Geschossdurchmesser von etwa 20 Kilometern schließen lässt.

Einschläge dieser Art sind für Biologen «zufällige Ereignisse», die sich nicht um die irdische Biologie kümmern. Sie kommen einfach aus heiterem Himmel, ohne jede kausale Verknüpfung mit der Evolution des Lebens auf unserem Planeten. Sie sind zugleich schöpferisch und zerstörerisch. Einerseits wäre der Ursprung des Lebens auf der Erde – und vielleicht auch auf anderen Planeten – ohne die flüchtigen Stoffe, welche die kosmischen Eindringlinge mitbrachten, vielleicht nicht möglich gewesen. Andererseits schuf der Tod der Dinosaurier Raum für den Aufstieg der Säugetiere und schließlich der Menschheit. Es sieht demnach so aus, als verdankten wir unsere Existenz einer zufälligen astronomischen Katastrophe. Ob die Menschheit eines Tages das Schicksal der Dinosaurier erleiden wird, bleibt abzuwarten.

Der Sisyphuseffekt

Die Entdeckung, dass Erde und Mond bis vor 3,8 Milliarden Jahren einem verheerenden kosmischen Beschuss ausgesetzt waren, stellt uns vor ein weiteres Rätsel. Geht man nach der Fossilüberlieferung, dann stand das Leben vor 3,5 Milliarden Jahren und möglicherweise schon vor 3,85 Milliarden Jahren in voller Blüte. Doch wie soll es das zweite große Bombardement überstanden haben, wenn man an die wüsten Folgen eines Kometen- oder Asteroideneinschlags denkt? Leider enden die Spuren gerade dort, wo es in diesem Zusammenhang interessant wird. Geologen haben vereinzelt 4,2 Milliarden Jahre alte Zirkoniumkristalle gefunden und daraus geschlossen, dass die Erde da schon eine feste Kruste gehabt haben muss, wohingegen die ältesten intakten Gesteinsfunde nur 4,03 Milliarden Jahre zurückgehen. Fast alle Indizien, wie unser Planet vor über 3,8 Milliarden Jahren ausgesehen haben könnte, sind durch geologische Prozesse verschüttet worden.

Die Erde sträubt sich also, die Geheimnisse ihrer Jugend preiszugeben. Doch vielleicht haben wir indirekte Hinweise auf die Bedingungen vor über 3,8 Milliarden Jahren direkt vor der (oder gar in der) Nase. Unsere DNS ist ein Protokoll der Vergangenheit: Schließlich waren es Umweltbedingungen, die unsere Gene geformt haben. Die Unbilden der Zeit mögen auch die Spuren der genetischen Geschichte verwischt haben, doch ganz ausradiert sind sie nicht. Aus Informationen, die sie den Genen entreißen, lernen Mikrobiologen einiges über den universalen Vorfahren, der vor zirka vier Milliarden Jahren gelebt haben könnte, und daraus kann man wiederum Schlüsse auf die Bedingungen ziehen, die damals geherrscht haben. Die Ergebnisse sind sehr überraschend.

Man führe sich vor Augen, wie die Epoche schwersten kosmischen Beschusses ausgesehen haben könnte. Jeder große Einschlag sorgte für weltweite Umwälzungen. Das Chaos war noch viel schlimmer als nach dem Einschlag, der die Dinosaurier vernichtet hat. Noch vor 3,8 Milliarden Jahren hat ein 90 Kilometer großes Objekt den Mond getroffen und ein Kraterbecken von der Größe der Britischen Inseln ausgehoben. Mehrere ähnliche Katastrophen haben als Zeichen der Zerstörung Gebirgsringe hinterlassen. Als ein viel größeres Ziel muss die Erde Dutzende solcher oder noch gewaltigerer Kollisionen erlitten haben. Und die Verantwortlichen für diese Megaeinschläge sind nicht schwer zu finden. Noch heute lauern viele große Trümmer im Sonnensystem. Chiron, ein kürzlich entdeckter Planetoid, befindet sich auf einer instabilen Bahn in der Nähe des Saturn und hat einen Durchmesser von 180 Kilometern. Die Folgen eines Zusammenstoßes mit der Erde wären zu schrecklich, als dass man sie sich vorstellen wollte. Und Chiron ist keineswegs der größte der bekannten Kleinplaneten. Vor vier Milliarden Jahren muss es viel mehr solche Objekte gegeben haben als heute.

Die dramatischen Auswirkungen massiver Zusammenstöße sind von Norman Sleep und seinen Kollegen an der Stanford-Universität analysiert worden. Ein Geschoss von 500 Kilometern Durchmesser produziert ein Loch von 1500 Kilometern Größe mit einer Tiefe von 50 Kilometern. In einem gigantischen Feuerball steigen riesige Gesteinsmengen auf und breiten sich schnell um die ganze Erde aus. Die Atmosphäre wird verdrängt; die Erde ist ein einziger Schmelzofen.

Die Oberflächentemperatur steigt auf 300 Grad, so dass alle Weltmeere verdampfen und die Erdkruste bis zu einer Tiefe von fast einem Kilometer schmilzt. Nach einigen Monaten regnet es aus der erdrückend dichten Atmosphäre aus Gesteinsschwaden und überhitztem Wasserdampf geschmolzene Felströpfchen. Ein ganzes Jahrtausend vergeht, bevor normaler Regen einsetzen kann, der dann 2000 Jahre lang anhält und die Ozeanbecken auffüllt. Erst dann findet der Planet wieder zu einer gewissen Normalität zurück.

Vielleicht hat es nur wenige Katastrophen solchen Ausmaßes gegeben, doch Ereignisse wie das, welches das Mare Continentale auf dem Mond hinterlassen hat, müssen nach Sleeps Schätzung zu Hunderten vorgekommen sein. Derartige Einschläge würden geschmolzenes Gestein in den Weltraum schleudern und die Erde oberhalb der normalen Atmosphäre vorübergehend in eine Decke aus Gesteinsdämpfen hüllen. Die Hitze, die von dieser Schicht aus zur Erde strahlen würde, wäre ausreichend, die oberen 40 Meter der Ozeane abzukochen und Jahrzehnte siedend heißen Regens auszulösen.

Große Einschläge würden die Erdoberfläche also gründlich sterilisieren. Der sengende Hitzepuls der Gesteinsdämpfe würde jeden Organismus, der ihm ausgesetzt wäre, augenblicklich abtöten. Wenn die Erde wirklich ein so schweres Bombardement erlitten hatte, wie die Astronomen annehmen, und wenn es vor 3,8 Milliarden Jahren schon fest eingesessene Oberflächenorganismen gab, dann muss das Leben sofort da gewesen sein, als die Folgen des letzten sterilisierenden Einschlags vorüber waren. Demnach müsste es entweder aus dem Weltraum gekommen sein, oder es hat sich rasant entwickelt, sobald die Bedingungen auch nur halbwegs erträglich waren.

Von der einen Entstehung des Lebens, die mit Sicherheit stattgefunden hat, kann man natürlich kaum allgemeine Schlüsse ziehen. Dennoch muss man die Möglichkeit in Betracht ziehen, dass das Leben mehr als einmal in Gang gekommen ist. Dem zweiten schweren Bombardement könnte eine relativ ruhige Phase vorangegangen sein. Das Bombardement selbst muss gegen Ende abgeflaut haben, als der Geschossvorrat allmählich zur Neige ging, so dass sich zwischen aufeinander folgenden Sterilisationen Lücken unterschiedlicher Länge auftaten. Auch in diesen Perioden könnte Leben entstanden sein.

Vor wenigen Jahren haben Kevin Maher und David Stevenson vom Caltech, dem California Institute of Technology, versucht, neu zu definieren, was ein «Ursprung des Lebens» im Lichte des soeben dargestellten Szenarios bedeuten könnte. Ihrer Auffassung nach ist ein Beginn von Leben möglich, wenn die Zeit, welche die Entstehung selbstreplizierender Organismen benötigt, kürzer ist als die Zeit zwischen zwei sterilisierenden Einschlägen. Setzt man zum Beispiel zehn Millionen Jahre als die erforderliche Zeit an, damit in einer Ursuppe Leben entstehen kann, dann müsste das Bombardement Zeitfenster von mindestens zehn Millionen Jahren offen lassen, um die Entstehung von Leben zu erlauben.

Dann stellten sich Maher und Stevenson die Frage, wie weit man im Zeitalter des Bombardements zurückgehen darf, bevor solche Fenster nicht mehr zu erwarten sind. Ihre Antwort war: 200 Millionen Jahre. Das Leben könnte also jederzeit während der letzten vier Milliarden Jahre einen Beginn gemacht haben. In ruhigen Perioden wäre es aufgeblüht und im nächsten sterilisierenden Einschlag wieder ausgelöscht worden. Wie Sisyphus – der Sage nach dazu verdammt, in alle Ewigkeit einen Stein bergauf zu rollen, nur um ihn kurz vor dem Gipfel wieder hinabrollen zu sehen – könnte das Leben viele vergebliche Anläufe hinter sich haben, die von katastrophalen Einschlägen wiederholt vereitelt wurden.

Ein eigenartiger Gedanke: Wenn Leben mehrmals entstanden ist, dann wäre der Mensch kein Nachkomme des ersten Lebewesens, sondern der ersten Lebensform, die mit Mühe und Not den letzten sterilisierenden Einschlag überlebt hat! Die Spuren im 3,85 Milliarden Jahren alten Fels von Isua könnten auf Leben zurückgehen, das vor diesem Einschlag existiert hat. Die Organismen, von denen die Spuren stammen, wären vielleicht überhaupt nicht mit uns verwandt. Sie könnten zu einer früheren, alternativen Biologie gehört haben, die im kosmischen Bombardement vollkommen ausgelöscht wurde. In diesem Fall enthielten die Felsen von Grönland Spuren einer fremden Lebensform.

Nach dem, was wir über die Frühgeschichte des Sonnensystems wissen, war die Erdoberfläche mindestens mehrere hundert Millionen Jahre lang ein gefährlicher Ort für Organismen. Selbst auf dem Grund des tiefsten Ozeans hätten sie wenig Schutz vor der Gewalt der mächtigsten Einschläge gefunden. Die Hitzewellen wären noch bis zu Dutzenden oder Hunderten von Metern Tiefe unter der Erdoberfläche tödlich gewesen; die Erde war nicht gerade ein Garten Eden. Wo werden dann wohl die ältesten Lebensformen gehaust haben? Wo wäre ein frühes Ökosystem sicher gewesen vor der Totalvernichtung in glühenden Gesteinsdämpfen?

Irgendwo in der Tiefe, scheint die Antwort zu sein. Irgendwo im Untergrund.

Doch was in aller Welt kann dort leben?

7

Supermikroben

In den späten zwanziger Jahren wurde Kairo von ständigen Zusammenbrüchen des Abwassersystems geplagt. Man untersuchte die Schäden und stellte fest, dass die Betonwandungen der Hauptrohre schlicht zerfallen waren, kaum zwei Jahre nach ihrer Installation. Die Fachleute stellten dann eine Reihe von Experimenten an, um die Ursache dafür herauszufinden. Um die gleiche Zeit gab es auch anderswo Probleme mit zerbröselnden Abflussrohren. Im kalifornischen Orange County war das 40 Kilometer lange Hauptrohr schwer betroffen und musste chloriert werden, um den Verfall aufzuhalten. Der 90 Kilometer lange Nordabfluss in Los Angeles wurde nur durch den Einsatz von Belüftungsgebläsen vor dem Zusammenbruch bewahrt. Auch in Kapstadt waren die Ingenieure verblüfft über die Korrosion ihrer Betonrohre, von denen manche in einem Jahr über einen halben Zentimeter an Dicke eingebüßt hatten. Kein Zweifel: Unter der Erde ging etwas Seltsames vor.

Als auch die Rohre in mehreren australischen Städten zu bröckeln begannen, wurden die Stadtwerke von Melbourne zu Hilfe gerufen. Dr. C. D. Parker stellte ein Forschungsprojekt auf die Beine und sammelte Materialproben betroffener Abwasserrohre aus dem ganzen Land. Inzwischen hatten die Ingenieure den Verdacht, das Problem hätte irgendwie mit Schwefelwasserstoff zu tun, dem Gas, das nach faulen Eiern stinkt, doch Tempo und Ausmaß der Korrosion blieben ein Rätsel.

Bald entdeckte Parker, was vor sich ging. Frühere Theorien hatten auf eine chemische Umformung des Betons getippt, doch Parker erkannte, dass der Zerfall in Wirklichkeit auf eine biologische Attacke zurückzuführen war. Und bald konnte er den Übeltäter vorführen: eine schlanke, stabförmige Bakterie von etwa zwei Tausendstel Millimetern Länge. Der absonderliche Mikroorganismus frisst sich in massiven Beton und verwandelt ihn innerhalb weniger Wochen in eine Art Knetmasse. Im Gegensatz zu gewöhnlichen Mikroorganismen, die für ihr Wachstum organische Nahrung benötigen, schienen sich Parkers Mikroben von Schwefel zu ernähren, den sie dem Schwefelwasserstoffgas entzogen, das aus den Abwässern aufstieg.

Parker konnte die Bakterie im Labor isolieren und taufte sie provisorisch auf den Namen *Thiobacillus concretivorus*, was so viel heißt wie «Beton fressendes Schwefelstäbchen». Weitere Labortests zeigten, dass *Thiobacillus concretivorus* Schwefelsäure produzierte, die am Ende für den Zerfall der Abwasserrohre verantwortlich war. Tatsächlich wuchsen die Bakterien nur, wenn man sie in Schwefelsäure schwimmen ließ. Die Säure, in der sie gediehen, war so hoch konzentriert, dass sie sich durch Bandeisen fraß; alle anderen Lebewesen gingen in ihr zugrunde.

Wie sich herausstellte, waren Parkers Säure liebende Mikroben keine Unbekannten. Sie waren längst entdeckt und unter dem Namen *Thiobacillus Ahiooxidans* bekannt. Sie gehören zu der als Acidophile bekannten Gruppe von Mikroorganismen, die sich in Säure nicht nur wohl fühlen, sondern ohne sie nicht leben können. Gewöhnlich hausen sie unter Kohle- und Eisenerzhalden. Manche von ihnen halten Säuren des pH-Wertes 2 aus, die einigen Schmerz verursachen, wenn man damit in Berührung kommt.

Nicht weniger bemerkenswert als *Thiobacillus thiooxidans* ist eine robuste kleine Mikrobe namens *Halobacterium halobium*, die man findet, wo es eigentlich kein Leben geben sollte: im Toten Meer. Das Wasser des Toten Meeres ist so salzig, dass es einen trägt, ohne dass man sich rühren muss. Der hohe Salzgehalt ist möglich, weil der Binnensee keinen Abfluss hat. Sein Wasser kommt vom Jordan und verdampft, wobei das Salz zurückbleibt. Das Gebiet um das Tote Meer ist trocken und kahl und wirkt vielerorts wie eine Mondlandschaft. Trotz dieser Lage und des Namens ist das Tote Meer nicht vollkommen leblos, wie die Entdeckung des *Halobacterium halobium* gezeigt hat. Es ist auch nicht die einzige Heimat Salz liebender Mikroben, der so genannten *Halophilen*. Sie kommen im Großen Salzsee in Utah, im Magadi-See in Kenia, in Salzbergwerken und als Einschlüsse in sehr alten Kristallen vor.

Mikroben überleben auch unter anderen Extrembedingungen, zum Beispiel in äußerster Kälte. Man hat gesunde Bakterien im Wasser unter der antarktischen Eisdecke gefunden. Manche Arten kann man bis auf die Temperatur flüssigen Stickstoffs (–147 °C) oder noch tiefer kühlen, ohne sie umzubringen. Andere Mikroorganismen fühlen sich in extrem alkalischen Umgebungen wohl. So gedeihen *Plectonema* in Laugen, welche die menschliche Haut ernsthaft schädigen würden. Es gibt sogar Bakterien, zum Beispiel *Micrococcus radiophilus*, die sich in Strahlungsfeldern tummeln, die sich für die meisten anderen Organismen schnell als tödlich erweisen würden. Selbst in den Abwassertanks von Kernreaktoren hat man lebendige Bakterien gefunden, die von Uran, Plutonium und anderen radioaktiven Elementen leben. Auch hoher Druck ist kein Hindernis. Kolibakterien überstehen Drücke von mehreren hundert Atmosphären, ohne Schaden zu nehmen. Am anderen Ende der Druckskala hat man intakte Exemplare der Bakterie *Streptococcus mitis* vom Mond zurückgebracht, wo sie auf einem Kameragehäuse an der Surveyor-III-Sonde zwei Jahre im Weltraumvakuum überlebt hatten.

Für derart zähe Mikroorganismen hat man die Bezeichnungen «Supermikroben» und «Extremophile» eingeführt. Zuerst waren Supermikroben nur eine wissenschaftliche Kuriosität, die hauptsächlich in Hinblick auf ihren möglichen ökonomischen Nutzen studiert wurden. Die tatsächliche Bedeutung dieser Organismen erkennt man erst seit kurzem, seit die Mikrobiologen mehr über sie gelernt haben. Manche Supermikroben scheinen außerordentlich alt und primitiv zu sein, und immer mehr Wissenschaftler haben das Gefühl, wir könnten in ihnen lebendige Fossilien vor uns haben – die nächsten noch existierenden Verwandten des universalen Vorfahren. Wenn das stimmt, dann könnten die für uns so unwirtlichen Bedingungen, unter denen sie gedeihen, die Verhältnisse darstellen, die auf der Erde vor 3,8 Milliarden Jahren geherrscht haben.

Manche mögen's heiß

Organisch' Leben unter endlos weiten Wellen
Geboren ward und wuchs in Neptuns Perlenhöhlen.
Erasmus Darwin

Im Spätsommer kann die Hitze hier in Adelaide 43 Grad Celsius erreichen. Die meisten Menschen bleiben dann in ihren Häusern, weil es draußen fast unerträglich ist. Selbst unsere Katze hat es an solchen Tagen schwer und japst wie ein Hund. Manche Wüstentiere halten noch etwas höhere Temperaturen aus, doch bei 50 Grad scheint in etwa die Grenze zu liegen. Wird es viel heißer, dann beginnen Tiere und Pflanzen buchstäblich zu kochen. Proteine brechen auf und können ihre Aufgaben nicht mehr erfüllen. Das klassische Beispiel ist das Ei, dessen Inneres sich weiß verfärbt und verfestigt, sobald man es in gar nicht mal allzu heißes Wasser legt. Wenn das in einem lebendigen Tier geschieht, ist das Ende nahe.

Vor mehreren Jahrzehnten entdeckten Biologen zu ihrer Überraschung, dass manche Bakterien sich in Temperaturen von bis zu 70 Grad wohl fühlen. Man fand diese eigenartigen Mikroben in Komposthaufen, Getreidesilos und sogar in den Heißwasseranlagen von Wohnhäusern und taufte sie aus nahe liegenden Gründen Thermophile. Untersuchungen förderten zutage, dass Thermophile besondere Stabilisierungsproteine benutzen und ihre Zellwände nicht aus normalem Fett, sondern aus einem hitzebeständigen Wachs bestehen. Eine Zeit lang nahm man an, 70 Grad wäre eine strikte Obergrenze für die Thermophilenkolonien, da sonst ihre DNS schmelzen würde. Es war deshalb eine noch größere Überraschung, als Thomas Brock von der Universität von Indiana im Jahre 1969 eine Supermikrobe entdeckte, die in den heißen Quellen des Yellowstoneparks bei Temperaturen von 80 Grad lebte: *Thermus aquaticus*.

Wie sich herausstellte, war dies erst der Anfang. In den späten siebziger Jahren erkundete man mit dem Unterseeboot *Alvin* den Meeresboden entlang der Galapagos-Schwelle im Pazifischen Ozean. Hier, zweieinhalb Kilometer unter dem Meeresspiegel, finden sich erstklassige Beispiele unterseeischer Vulkanschlote, so genannter Black

Smokers. Mit Mineralien bedeckte Felsschlote speien dunkle Flüssigkeiten in den Ozean und erhitzen das Wasser in ihrer Umgebung auf bis zu 350 Grad Celsius, weit über dem Siedepunkt, was wegen des enormen Drucks in dieser Tiefe möglich ist.

Zum Erstaunen der am *Alvin*-Projekt beteiligten Wissenschaftler erwiesen sich die Umgebung dieser Black Smokers und mehrere andere Stellen im tiefen Ozean als quicklebendig. Kilometer unter der Meeresoberfläche fand man Krabben und Riesenschlauchwürmer. Am Rand der Förderschlote gab es auch die vertrauten thermophilen Bakterien, doch am aufregendsten waren bis dahin unbekannte Mikroben in unmittelbarer Nähe der überhitzten Ausflüsse – bei Temperaturen von bis zu 110 Grad Celsius! Kein Wissenschaftler hatte je ernsthaft daran geglaubt, dass irgendeine Lebensform eine solche Hitze aushalten könnte.

Wegen ihrer verblüffenden Hitzebeständigkeit hat Karl Stetter, der viele Exemplare erstmals isoliert und beschrieben hat, für Organismen, die in Temperaturen ab 80 Grad leben, die Bezeichnung *Hyperthermophile* eingeführt. Und bald nach ihrer Entdeckung stellte sich heraus, dass diese Supermikroben keine absonderlichen Einzelfälle sind. Inzwischen hat man etwa 20 Arten identifiziert, wobei auffällt, dass es sich bei den meisten davon um Archaebakterien handelt. Der offizielle Temperaturrekord wird gegenwärtig von einem Organismus namens *Pyrodictium occultum* gehalten, der angeblich noch gesund und munter war, nachdem man ihn eine Stunde lang in einen 121 Grad heißen Ofen eingesperrt hatte. John Parkes von der Universität Bristol behauptet gar, es gäbe Hinweise auf Mikroben unter dem Meeresboden, die in Temperaturen bis zu 169 Grad die Stellung halten.

Die Frage lautet nun: Wovon leben diese Tiefseeorganismen? Biologen hatten lange angenommen, alles Erdenleben wäre letztendlich von der Sonne als Energiequelle abhängig. Ohne ihr Licht können keine Pflanzen wachsen, und Tiere müssen Pflanzen (oder sich gegenseitig) fressen. So tief unter der Meeresoberfläche ist es jedoch stockdunkel.[1] Kein Sonnenlicht dringt in solche Tiefen. Für die Krabben und Würmer ist das kein Problem, da sie unter den kleineren Lebewesen am Meeresgrund ihre Beute finden. Doch irgendwo muss die

Nahrungskette einen Anfang haben. Wie sich herausstellt, spielen Mikroben die Rolle der primären Nahrungsproduzenten, indem sie ihre lebensnotwendige Energie direkt aus der chemischen Brühe ziehen, die aus den Vulkanschlünden dringt.

Organismen, die keine organischen Stoffe als Nahrung aufnehmen, sondern ihre Biomasse unmittelbar selbst produzieren, nennt man autotroph (selbstnährend). Das bekannteste Beispiel für autotrophe Organismen sind gewöhnliche Pflanzen, die mit Hilfe von Sonnenenergie anorganische Substanzen wie Kohlendioxid und Wasser in organisches Material umwandeln. Autotrophe, die chemische Energie an Stelle von Lichtenergie zur Erzeugung von Biomasse einsetzen, bezeichnet man als chemoautotroph oder kurz chemotroph. Die Entdeckung echter Chemotrophe war ein Wendepunkt in der Geschichte der Biologie. Plötzlich hatte man eine vollkommen unabhängige Lebenskette vor sich, eine Hierarchie von Organismen, die neben gewöhnlichem Oberflächenleben existieren können, ohne vom Sonnenlicht als primärer Energiequelle abzuhängen.[2] Zum ersten Mal konnte man sich ein Ökosystem vorstellen, das frei ist von den Komplexitäten der Photosynthese. Die Wissenschaft hatte ein riesiges neues Reich der Biologie vor sich, das für Milliarden von Jahren im Verborgenen existierte.

Leben in der Unterwelt

Mikrobisches Leben existiert überall, wo Mikroben überleben können.

Thomas Gold

In seinem Buch *Reise zum Mittelpunkt der Erde* erzählt der berühmte Sciencefictionschriftsteller Jules Verne die Geschichte einer Expedition in das Erdinnere. Die furchtlosen Entdeckungsreisenden finden dort eine ganze Welt für sich, mit exotischen Lebensformen in unterirdischen Gewölben.

Leider passte Vernes Geschichte ganz und gar nicht zum damaligen Wissensstand der Geologie. Jedem Bergmann ist bekannt, dass Tiefe zugleich Hitze bedeutet. Die Temperaturen steigen mit jedem zusätzlichen Kilometer Tiefe um bis zu 20 Grad. Daher können die meisten Organismen unterhalb von fünf Kilometern Tiefe nicht überleben. Der Temperaturanstieg setzt sich in der gesamten Erdkruste fort, durch den geschmolzenen Mantel bis in den Kern, wo es über 3000 Grad heiß ist. Eine Reise zum Mittelpunkt der Erde würde also im unausweichlichen Hitzetod enden. Vernes Traum, dass tief unter der Erdoberfläche Leben existieren könnte, erschien lächerlich. Die Biologie wusste zwar seit langem, dass die oberste Erdschicht Bakterien enthält und dass Kalksteinhöhlen speziell angepasste Organismen beherbergen können, doch abgesehen davon galt unser Planet unter der Oberfläche als tot.[3]

Derselben Ansicht war man natürlich auch bezüglich der Tiefsee: Unterhalb der so genannten photischen Zone, der von der Sonne erhellten Oberflächenschicht der Ozeane, könne kaum etwas überleben. Die Entdeckung der Ökosysteme um unterseeische Vulkanschlote änderte alles. Doch wenn Supermikroben mehrere Kilometer unter der Meeresoberfläche überleben, könnten sie dann nicht auch in entsprechenden Tiefen unter dem Erdboden existieren?

Der erste Wissenschaftler, der öffentlich darüber nachgedacht hat, scheint ein amerikanischer Geologe namens Edson Bastin gewesen zu sein. In den zwanziger Jahren fragte sich Bastin, warum Wasser, das man aus Ölfeldern pumpte, Schwefelwasserstoff enthielt. Er schlug vor, das Gas könnte von Sulfat reduzierenden Bakterien erzeugt worden sein, die in den Tiefen der Öllager lebten. Da er sich kaum auf Beweise berufen konnte, fand Bastin jedoch wenig Zustimmung.

Dabei lagen die Hinweise auf biologische Aktivität in großen Tiefen überall herum. Die Geologen wussten nur nicht, wonach sie zu suchen hatten. In den sechziger Jahren wurden unterirdische Minerallager entdeckt, die von Mikroben ausgefällt zu sein schienen. Eisen, Schwefel, Mangan, Zink und andere Rohstoffe, die bekanntermaßen von Bakterien umgesetzt werden können, häuften sich auf verdächtige Weise. Gleichzeitig entdeckte Lloyd Hamilton, ein australischer Doktorand an der Universität London, unverkennbare Abdrücke fossiler Mikroben in Adern des Minerals Jaspis. Er zog den Schluss, dies wären Überreste Eisen ausfällender Mikroben, die sich in Felsporen niedergelassen hatten.

Trotz der sich häufenden Hinweise auf unterirdisches Leben blieb die Meinung, die Erdkruste wäre steril, bis gegen Ende der siebziger Jahre weiterhin vorherrschend. Dann begannen manche Regierungen, Forschungsprojekte zur Atommülllagerung zu finanzieren. Bis dahin hatte man radioaktives Material in tiefen Gesteinsschichten begraben, einfach in der Annahme, dort könne nicht viel passieren, obwohl Untersuchungen des Grundwassers darauf hindeuteten, dass in unterirdischen Wasservorkommen Bakterien am Werk sein könnten. Gesteinsproben, die man in Bohrungen zutage förderte, zeigten deutliche Spuren bakteriellen Stoffwechsels, und langsam dämmerte es den Wissenschaftlern, dass Bakterien, die Grundwasserbecken befielen, auch die Atommüllbehälter zersetzen könnten. Ähnliche Sorgen machte man sich in der Erdölindustrie, da immer klarer wurde, dass Bakterien auch Ölvorkommen befallen und das Öl buchstäblich versauern können.

Trotz alledem war der Gedanke, es könnte Leben unter der Erdoberfläche geben, noch in den späten siebziger Jahren für viele Wissenschaftler ein rotes Tuch. Als der Astrophysiker Tommy Gold von der Cornell-Universität verkündete, er hätte Beweise für biologische Aktivität in schwedischem Granit aus sieben Kilometern Tiefe entdeckt, machte man sich anfangs nur über ihn lustig. Die Skeptiker waren nur zu überzeugen, wenn man lebende Mikroorganismen vorweisen konnte.

Karl Stetters Gruppe gelang es jedoch, Hyperthermophile zu züchten, die um Ölquellen in der Nordsee und in Alaska in bis zu vier Kilometern Tiefe gefunden worden waren. Dann gab das US-Energieministerium ein Bohrexperiment im Savannah-Gebiet in South Carolina in Auftrag, wo Forscher Gesteinsproben aus einem halben Kilometer Tiefe zutage förderten, und auch die enthielten eindeutig lebendige Bakterien. Die Projektingenieure verwendeten größte Sorgfalt darauf, ihre Proben von Oberflächenorganismen frei zu halten, so dass kein Zweifel bestehen konnte, dass die Mikroben tatsächlich aus der Tiefe kamen. Ähnliche Bohrversuche in den Vereinigten Staaten und in anderen Ländern bestätigten die Befunde.

Man fand auch Mikroorganismen in noch viel größeren Tiefen. Drei-Kilometer-Bohrungen durch triassische Ablagerungen bei Taylorsville in Virginia haben einzigartige, stabförmige Hyperthermophile ans Tageslicht gebracht, darunter denjenigen mit dem phantasievollen Namen *Bacillus infernus*. Die Mikroben in geringeren Tiefen waren in der Regel mesophile Organismen, die unter heißen, aber nicht allzu heißen Bedingungen gedeihen. Unterhalb von zwei Kilometern überwogen Thermophile. Die Wissenschaftler schätzen, dass unter Taylorsville seit mindestens 140 Millionen Jahren Mikroben hausen. An manchen Fundstätten, wie in der von hartem Fels umgebenen Stripa-Mine in Schweden, dominieren nur ganz wenige Spezies, während poröse Küstensedimente in South Carolina Kolonien mit Hunderten verschiedener Arten beherbergen. Die Anzahl identifizierter, tief unterirdisch lebender Mikrobenarten geht schon jetzt in die Tausende. Manche Bohrproben enthalten über zehn Millionen Bakterien pro Gramm. Es sieht allmählich so aus, als wimmelte es unter unseren Füßen von winzigen Lebensformen.

Nun, da die Existenz unterirdischer Supermikroben allgemein anerkannt ist, sind die Wissenschaftler dabei, eilends die Lehrbücher umzuschreiben. Auf einmal werden diesen ungewöhnlichen Organismen alle möglichen geologischen Großtaten zugeschrieben. So können sich Säure ausscheidende Bakterien durch festes Gestein, zum Beispiel Quarz, fressen und Korrosion und Einbrüche verursachen. Sollte dies auch in großen Tiefen geschehen? Vielleicht geht das Porennetz, das die Ölförderung aus Sedimentgestein ermöglicht, ebenfalls auf diese fleißigen kleinen Organismen zurück. Wenn das zutrifft, dann könnte man vielleicht Supermikroben dazu heranzüchten, die Ölgewinnung zu beschleunigen.[4]

Ein anderes Augenmerk der Bakterienjäger sind Grundwasserbewegungen. Francis Chapelle vom Geologischen Amt in North Carolina hat die Tätigkeit von Mikroben in tief liegenden Wasserlagern studiert und herausgefunden, dass Eisen lösende Bakterien Poren schaffen und die Wasserzirkulation verbessern können, während Schwefel ausscheidende Bakterien das gelöste Eisen wieder ausfällen und die Poren verstopfen. Er vergleicht die Mikroben mit kleinen

Schleusenwärtern, die je nach ihren Bedürfnissen den Wasserfluss aus- oder anschalten.

Ein ähnliches Bild ergibt sich, wenn man die Ozeane erforscht. Mikroben leben nicht nur auf oder nahe dem Meeresboden, sondern auch in den Sedimentschichten darunter. Das internationale Ozeanbohrungsprogramm hat Gestein aus fast einem Kilometer Tiefe unter dem Meeresboden zutage gefördert und darin Zeichen von Leben gefunden. John Parkes und seine Kollegen in Bristol haben Proben von zehn Bohrstätten im Mittelmeer, im Atlantik und im Pazifischen Ozean untersucht. Dabei haben sie wieder besonders darauf geachtet, dass die Proben nicht mit Oberflächenorganismen in Kontakt kamen. Die Bohrkerne wurden in einem sterilen, mit Stickstoff gespülten Spezialcontainer transportiert, zersägt und versiegelt. Alles, was auch nur in die Nähe der Proben kam, hatte man vorher sterilisiert. Einige Wochen wurden die Bohrkerne in einer sauerstofffreien Atmosphäre bei 4 Grad Celsius gelagert, bevor sie im Labor weiter zerlegt und analysiert werden konnten.

Die Ergebnisse waren eine Sensation. Die britischen Wissenschaftler fanden Mikroben in jeder Probe, die sie untersuchten. Die Mikrobenkolonien unter dem Meeresboden waren offenbar noch fruchtbarer als die unter den Kontinenten. Diese erstaunliche Produktivität ermittelte Parkes, indem er die unterirdischen Bakterien unter dem Mikroskop abzählte. Die Populationen enthielten über eine Milliarde Bakterien pro Kubikzentimeter in der Nähe der Oberfläche und etwa zehn Millionen in größerer Tiefe. Eigenartigerweise scheinen die Zahlen unterhalb einer bestimmten Tiefe wieder zuzunehmen, ohne dass ein Ende abzusehen ist. Ebenfalls wichtig ist, dass um die fünf Prozent der gefundenen Bakterien gerade dabei waren, sich zu teilen, was beweist, dass sie lebendig waren, als man sie aus der Tiefe holte. Manche schafften es sogar bis ins Labor, wo Parkes eine Kultur in einem modifizierten Druckkessel am Leben halten konnte.

Nach diesen neuen Entdeckungen steht außer Zweifel, dass die Erde eine allgegenwärtige, lebendige Unterwelt besitzt, deren Ausdehnung erst allmählich deutlich wird. Die Biomasse dort unten muss enorm sein. Wenn Bakterien sich bis in Tiefen von einem halben Kilometer oder mehr vermehren, wie die bisherigen Untersuchungen nahe legen, dann würden sie für den ganzen Planeten hochgerechnet ein Zehntel der Biomasse der Erde ausmachen. Und selbst das könnte eine Unterschätzung sein, da manche Mikrobentypen sich in noch größeren Tiefen wohl fühlen. Ist 110 Grad die Höchsttemperatur für Mikroben, dann könnte sich ihr Reich bis in Tiefen von vier Kilometern auf den Kontinenten und sieben Kilometern unter dem Meeresboden ausdehnen. Und wenn man Parkes glaubt, dann könnte es Mikroben geben, die Temperaturen bis zu 170 Grad Celsius ertragen, und die bewohnbare Zone würde noch tiefer reichen.

Nun liegt die Frage auf der Hand, wie lebende Organismen ursprünglich dorthin kommen konnten. Sind sie von oben in die Felsen eingedrungen, und haben sie sich dann mit dem Grundwasser treiben lassen? Oder sind sie schon bei der Entstehung der Ablagerungen im Gestein eingeschlossen worden? Vielleicht haben sie zu einem gewissen Grad beide Wege eingeschlagen. Beide Interpretationen gehen von der Annahme aus, dass Oberflächenleben «normal» ist und unterirdisches Leben eine eigentümliche Anpassung. Doch können wir da sicher sein? Könnte es nicht sein, dass die Argumentation buchstäblich auf dem Kopf steht und es in Wahrheit genau andersherum ist?

Aufstieg vom Hades

Seit Darwin die Idee in die Welt gesetzt hat, das Leben wäre in einem warmen Tümpel entstanden, war die allgemeine Meinung, Leben sei immer schon ein Oberflächenphänomen gewesen. Die Entdeckung der heißen, tiefen Biosphäre hat diese Anschauung dramatisch geändert. Wenn Leben weit unter der Erdoberfläche gedeihen kann, dann sollten wir vielleicht dort unten nach der Geburtsstätte des ersten Lebewesens suchen.

Aus mehreren Gründen erscheinen der Meeresboden oder, in noch höherem Maße, die Gesteinsablagerungen darunter als die wahrscheinlichste natürliche Umgebung für den Ursprung und die ersten Entwicklungsschritte des Lebens. Das erste Argument liegt auf der Hand: die Bedrohung durch Asteroiden- oder Kometeneinschläge, die ich im vorangegangenen Kapitel erörtert habe. Die Gewalt dieses

Großbombardements muss die Erdoberfläche mehrmals vollkommen sterilisiert haben. Wo verdampfter Fels die Ozeane zum Kochen und Landmassen zum Schmelzen bringt, gibt es kein Überleben – es sei denn, man geht mindestens einige Dutzend oder hundert Meter unter die Erde, wo Mikroorganismen selbst die sehr schweren Einschläge überstanden haben könnten. Eine zusätzliche Gefahr für Oberflächenleben auf der jungen Erde war die ultraviolette Strahlung der Sonne. Es gab keine schützende Ozonschicht, so dass das Sonnenlicht tödlich war. Durch Vulkanausbrüche, die damals verbreiteter waren als heute, wurden enorme Mengen Staub ausgespuckt. Die Klimavariationen aufgrund von Dünsten und Nebeln und Schwankungen im Atmosphärendruck, die das Bombardement mit sich brachte, waren wahrscheinlich extrem. Unter der Oberfläche wären die Bedingungen dagegen weitaus stabiler und ausgeglichener gewesen.

Ein anderer Vorteil eines tief unterirdischen Verstecks ist die reichliche Verfügbarkeit der Rohstoffe des Lebens. Noch heute kommt ein beständiger Strom von Wasserstoff, Methan, Schwefelwasserstoff und anderen reduzierenden Gase aus der Erde, und das sind genau die Stoffe, die für eine erfolgreiche Synthese von Biomolekülen erforderlich sind. In ihrem berühmten Experiment setzten Miller und Urey voraus, dass die Uratmosphäre der Erde aus solchen reduzierenden Gasen bestand, doch nun, da die Geologen eine Mischung aus Kohlendioxid und Stickstoff für wahrscheinlicher halten, sieht es nicht gut aus für eine Ursuppe an der Erdoberfläche. In der unterirdischen Welt, besonders in der Nähe von Black Smokers, enthält die Erdkruste dagegen reduzierende Substanzen im Überfluss, darunter auch chemisch aktives, zweiwertiges Eisen. Andere Nährsubstanzen wie Schwefel und Mangan sind in Fels und Vulkanausflüssen ebenfalls reichlich vorhanden. Die schwammige Struktur des Basaltgesteins unter den Meeren bedeutet ein Labyrinth von Kanälen und Hohlräumen, in denen sich organische Stoffe konzentrieren und mit Oberflächen in Kontakt kommen können, die als Katalysatoren für chemische Reaktionen wirken.Wie in Experimenten bestätigt wurde, ist dies alles in allem eine äußerst produktive biochemische Umgebung. In Simulationen einer geothermisch geheizten Ozeankruste entstehen weit mehr organische Moleküle als in traditionellen Miller-Urey-Experimenten.

Ein anderer Faktor, den man in Betracht ziehen muss, ist Energie, die ebenso wichtig ist wie Rohstoffe. Everett Shock von der Washington-Universität in St. Louis, der die Energie- und Entropiehaushalte in der Nähe unterseeischer Vulkanschlote berechnet hat, meint dazu: «Es besteht eine starke thermodynamische Tendenz zur Bildung organischer Verbindungen, da Meerwasser und hydrothermale Flüssigkeiten weit vom thermodynamischen Gleichgewicht entfernt aufeinander treffen und einen stabilen Zustand anstreben.» Nach Shocks Berechnungen steht die maximale Energie zwischen 100 und 150 Grad Celsius zur Verfügung, also genau in dem Temperaturbereich, in dem Hyperthermophile leben.

Diese Organismen können nicht nur die enormen Reserven chemischer und thermischer Energie anzapfen; sie vermögen sogar Energie zu gewinnen, indem sie einfache organische Verbindungen herstellen. Die Energie, die dabei frei wird, kann dann in thermodynamisch benachteiligte Reaktionen wie die Peptidsynthese investiert werden. An einem typischen unterseeischen Förderschlot beutet das Leben diese thermodynamische Goldgrube aus, indem es Biomasse produziert, und zwar nach Shocks Schätzung mit der erstaunlichen Rate von 2,5 Kilogramm pro Stunde. Die vergleichsweise mühselige Photosynthese, die das Oberflächenleben benutzt, erfordert spezielle Mechanismen, um den thermodynamischen Nachteil zu überwinden, während hydrothermale Mikroben alles in den Rachen geworfen bekommen. «Nirgendwo sonst auf der Erde zeigt sich die Verknüpfung zwischen geochemischen und biologischen Prozessen in dieser Tiefe und Klarheit», fasst Shock zusammen.

Diese Argumente erscheinen überzeugend, doch der zwingendste Beleg, dass Leben in heißen Tiefen begonnen hat, kommt nicht aus der Chemie, sondern aus der Genetik. Wie ich im vorigen Kapitel erwähnt habe, stellen die Gene existierender Organismen ein Protokoll der Vergangenheit dar. Die Mikrobiologie wird also vielleicht Aufschlüsse darüber liefern, wie der universale Vorfahre ausgesehen und gelebt hat. Die von Carl Woese entwickelte Technik der Gensequentialisierung, die ich in Kapitel 3 vorgestellt habe, kann dazu dienen, den Baum des Lebens zu rekonstruieren und die evolutionsgeschichtliche Entfernung zwischen verschiedenen Mikroben zu bestimmen. Solche Studien ermöglichen Rückschlüsse darüber, welche Gruppe von Organismen sich am wenigsten weiterentwickelt hat und deshalb dem frühen Leben am ähnlichsten ist. Nach den Ergebnissen dieser Forschung sind Archaebakterien die besten Kandidaten. Archaebakterien bilden neben den Bakterien und den Eukaryonten eine der drei großen Domänen des Lebens, die vor langer Zeit, wahrscheinlich schon vor 3,8 Milliarden Jahren, getrennte Wege eingeschlagen haben. Während die meisten Bakterien und Eukaryonten großem genetischen Wandel unterworfen waren, hat die Uhr der Evolution für die Archaebakterien sehr langsam getickt.[5]

Unter den vielen bekannten Arten von Archaebakterien zeichnen sich manche durch eine besondere Trägheit bezüglich genetischer Veränderungen aus. Karl Stetter und seine Gruppe haben diese Nachzügler der Evolution, die so klangvolle Namen wie Pyrodictium und Thermoproteus tragen, eingehend studiert, wobei sie sich die verschiedensten Techniken zu Nutze machten. Eine davon ist die 16S-rRNS-Analyse, deren Bezeichnung auf eine Untereinheit der Ribosomen-RNS zurückgeht, die in wild gewachsenen Organismen zu finden ist. Abbildung 7.1, die auf früheren Arbeiten Woeses und seiner Kollegen beruht, fasst Stetters neueste Befunde als Abschnitt des Lebensbaums zusammen. Was hier sofort ins Auge fällt, ist die Vorherrschaft der Thermophilen und Hyperthermophilen auf den untersten und kürzesten Zweigen. Die Organismen, die sich um die Black Smokers am Meeresboden häufen und das heiße Gestein unter dem Meeresgrund bewohnen, sind also zugleich die am wenigsten entwickelten. Die unmissverständliche Botschaft der Gene ist also, dass Hitze und große Tiefen liebende Mikroben dem universalen Ahnenorganismus am ähnlichsten sehen – was eigentlich nicht überraschen sollte.

Der Untergrund hat im Laufe der Erdgeschichte weit weniger Wandlungen erfahren als die Oberfläche. Es gibt Orte, zum Beispiel Sedimentgestein auf dem Meeresboden und unterseeische hydrothermale Vulkanschlote, die sich im Vergleich zu ihren Gegenstücken vor Milliarden von Jahren kaum verändert haben. Hat Leben also an ei-

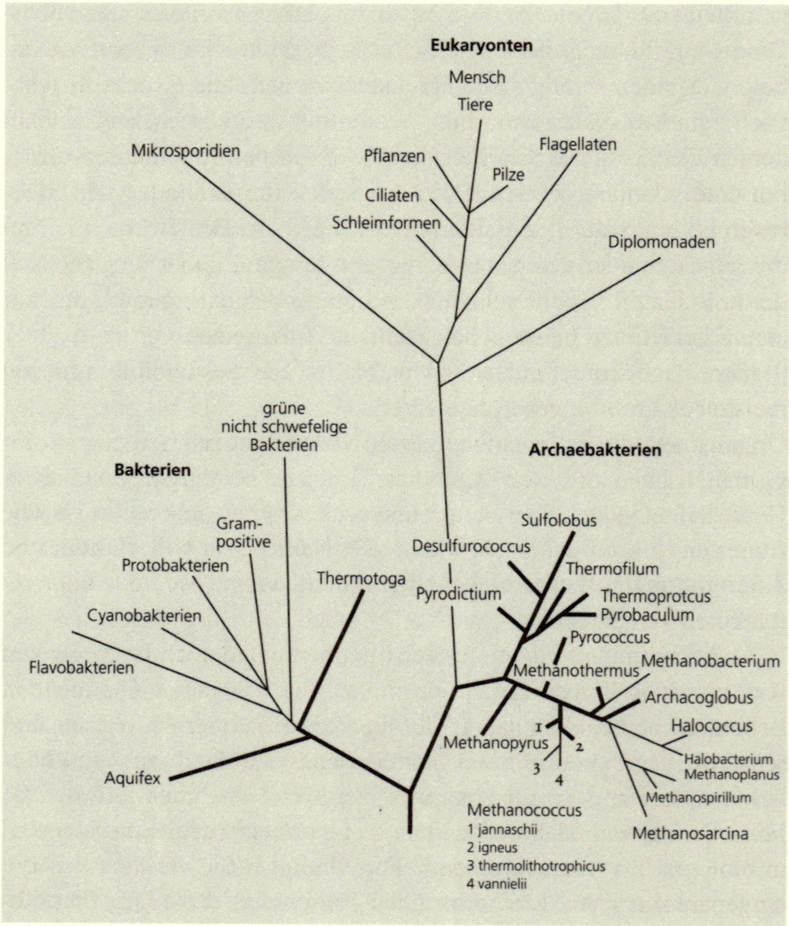

Abb. 7.1: Lebendige Fossilien. Dieser Teil des Lebensbaums zeigt, wie weit sich verschiedene Spezies genetisch voneinander entfernt haben. Die Länge der Zweige entspricht dem genetischen Abstand. Die dicken Linien bezeichnen Hitze liebende Mikroben (Hyperthermophile, entdeckt von Karl Stetter et al.). Eindeutig handelt es sich bei den am wenigsten entwickelten Arten, welche die kürzesten, untersten Zweige besetzen, durchweg um Hyperthermophile.

nem heißen Platz in der Tiefe begonnen, dann könnte es eine solche Umgebung bis zum heutigen Tag ohne Unterbrechung bewohnt haben. Unter den stabilen Bedingungen dort wäre die Evolution praktisch zum Stillstand gekommen, weshalb sich die Bewohner solcher heißen Flecken unter der Oberfläche wenig von ihren uralten Vorfahren unterscheiden würden. Die Mikroben unter Erdboden und Meeresgrund und solche, die sich in der sengend heißen Brühe rund um die Black Smokers versammelt haben, könnten daher Überbleibsel der turbulenten Epoche sein, als das Leben noch darum rang, sich auf einem heißen und gefährlichen Planeten festzusetzen.

Kurz nach ihrer Entdeckung wurden Hyperthermophile von den meisten Mikrobiologen gern als Verirrungen abgetan, als «verrückte» Organismen, die es irgendwie geschafft haben, absonderliche ökologische Nischen zu besetzen, und sich entsprechend angepasst haben. Heute deutet jedoch alles darauf hin, dass es genau umgekehrt ist: Die frühesten Mikroorganismen waren *alle* hyperthermophil. Für manche Arten führte die Evolution dann zur Anpassung an ein Leben bei gemäßigten Temperaturen.

An bestimmten Orten unter der Erde herrschen noch Bedingungen wie vor sehr langer Zeit. Dort findet man Organismen, die den Lebensstil beibehalten haben, den sie schon vor vier Milliarden Jahren gepflegt haben. Ein Black Smoker mag Ihnen und mir als unwirtlich erscheinen, doch für Unterweltkreaturen wie *Pyrodictium occultum* ist er ein wahres Paradies. Die so genannten Supermikroben sind in biologischer Hinsicht eigentlich Weichlinge. Sie verharren, warm eingepackt in ihren geothermischen Kokons, in der Wiege des Lebens, während ihre abenteuerlustigen Vettern ringsherum dem Motto «Geht fort und vermehrt euch» gefolgt sind und sich der rauen Wirklichkeit auf oder knapp unter der Erdoberfläche gestellt haben. Trifft diese Theorie zu, dann war die Richtung der Mikrobenwanderung nicht abwärts, sondern aufwärts. Unterirdisches Leben wäre niemals «begraben» worden. Es war von Anfang an dort. Das Leben wäre aus der Tiefe gekommen.

Die Auffassung, der Ursprung des Lebens könne in großer Hitze und Tiefe stattgefunden haben, wurde erstmals 1981 durch Jack Corliss von der Universität von Maryland kundgetan. Populär wurde sie erst 1992, nachdem Tommy Gold einen bahnbrechenden Artikel veröffentlicht hatte. Anfangs wurde die Theorie mit erheblicher Skepsis aufgenommen, doch bald fand sie immer mehr Anerkennung unter Wissenschaftlern vieler Disziplinen. Sie gründet sich vor allem auf Argumente aus der Mikrobiologie. Zum Beispiel haben Hyperthermophile eine seltsame Methode, sich Kohlenstoff anzueignen, indem sie einen einfachen und recht primitiven chemischen Zyklus anwenden. Die am tiefsten verwurzelten Organismen im Baum des Lebens setzen alle spezielle Hitzeschockproteine ein, durch die sie vor plötzlichen Temperaturveränderungen geschützt sind, die in der Nähe von Vulkankanälen zu erwarten sind. Diese Proteine enthalten Metalle wie Zink und Molybdän, die in vulkanischen Ausflüssen häufig zu finden sind.

Unterstützt wird die Theorie auch durch eine detaillierte Analyse der Temperaturvorlieben verschiedener Mikrobenklassen. Wie wir gesehen haben, gibt es unter den Archaebakterien viele Hyperthermophile. Eukaryonten sind im Allgemeinen höher entwickelt und komplexer; zu ihnen gehören nur ganz wenige Hyperthermophile. Unter den Bakterien finden sich einige Hyperthermophile, viele Thermophile und noch mehr Mesophile. Insgesamt deutet das Populationsprofil darauf hin, dass Eukaryonten immer schon vorwiegend kalte Geschöpfe gewesen sind, von denen sich einige an heiße Bedingungen anpassen konnten, während Archaebakterien und Bakterien von Anfang an Hitze bevorzugt und sich nur in Einzelfällen die Temperaturskala hinab bewegt haben.

Die genetische Beschaffenheit der Archaebakterien ist ein überzeugendes Indiz dafür, dass sie Relikte aus siedend heißen Tiefen sind. Trifft dies zu, dann bieten uns diese Mikroben einen Blick auf das Leben – und den Planeten Erde – in fernster Vergangenheit. Man kann das Argument jedoch auch umkehren: Wenn die Lebensweise der Archaebakterien mit dem übereinstimmt, was wir über die Urzeit der Erdgeschichte schon wissen, dann stützt das die Theorie, dass wir in diesen Organismen winzige Zeitkapseln vor uns haben.

Sollen sie Steine fressen

Sorgen über vom Aussterben bedrohte Arten und den Verlust biologischer Vielfalt sind sicherlich berechtigt, doch ebenso gewiss ist, dass das Leben sich auf unserem Planeten fest eingenistet hat. Im Laufe der Zeitalter hat sich die Erde entsprechend den Erfordernissen der Biologie geformt und angepasst. Zumindest in den letzten 3,5 Milliarden Jahren konnte nicht einmal der Einschlag eines großen Asteroiden die Ökosphäre gänzlich vernichten. Irdisches Leben erscheint heute so robust und vielfältig, dass es in irgendeiner Form fast jede Notlage überleben dürfte.

Vor 3,8 Milliarden Jahren war die Situation eine ganz andere. Das Schicksal der Mikroorganismen muss ziemlich auf der Kippe gestanden haben. Bevor sie sich durch Diversifikation für das Unerwartete wappnen konnten, mussten sie viele Prüfungen bestehen, nicht nur die Anschläge riesiger Asteroiden. Das drängendste Problem war eine Nahrungskrise – genauer gesagt, eine Energiekrise. Mangels organischer Nahrung mussten sie ihre Energie woanders finden. Die beiden möglichen Quellen waren Sonnenlicht und Chemikalien. Da Photosynthese ein komplizierter Prozess ist, erscheint Chemotrophie als die wahrscheinlichere Methode der Energiegewinnung.

In der Geschichte der Wissenschaft findet man den ersten Hinweis auf Chemotrophie in den Forschungen des russischen Bakteriologen Sergej Winogradski, der in den achtziger Jahren des neunzehnten Jahrhunderts Fadenbakterien untersuchte, die in schwefeligen Quellen hausen. Er stellte fest, dass die Gattung *Beggiatoa* tatsächlich Schwefel frisst. Winogradski konnte die Bakterien im Labor am Leben erhalten, indem er sie in mit Schwefelwasserstoff versetztem Wasser schwimmen ließ. Für die meisten Organismen stellt eine solche Lösung ein tödliches Gift dar, doch *Beggiatoa* waren darin in ihrem Element. Sie akzeptieren auch Rohschwefel, wenn auch nur im Notfall.

Winogradskis Fund war eine Offenbarung. Bis dahin hatten die Biologen angenommen, alle Organismen ernährten sich entweder von Teilen anderer Organismen oder sie benutzten die Photosynthese als Energiequelle. Doch nun gab es eine Mikrobe, die klaglos mit Schwefelwasserstoff oder Schwefel vorlieb nahm – beides lupenrein anorganische Substanzen. Winogradski war es, der für Organismen, die ihre Energie aus anorganischen Quellen ziehen, die Bezeichnung autotroph einführte, obwohl sich später herausstellte, dass Beggiatoa nicht wirklich autotroph sind. Doch im Prinzip behielt Winogradski Recht. Inzwischen kennt man eine ganze Reihe chemotropher Mikroben. Eine davon ist der bemerkenswerte *Thiobacillus thiooxidans*, die Schwefel verschlingende Bakterie, die Abwasserrohre angreift.

Chemotrophe Organismen gewinnen Biomasse aus Kohlendioxid, das als Gas oder in Wasser gelöst auf der Erde reichlich vorhanden ist. Die Energie kann aus den verschiedensten chemischen Reaktionen hervorgehen, darunter die Oxidation von Schwefel oder Schwefelwasserstoff, die unter Oberflächenbakterien mit Zugang zu Sauerstoff aus der Luft verbreitet ist. Von größerem Interesse sind hier jedoch anaerobe Organismen, also solche, die Sauerstoff meiden, denn auf der jungen Erde gab es keinen freien Sauerstoff. Unter den etwa fünfzig identifizierten Hyperthermophilenarten gehören *Pyrodictium* und *Pyrobaculum* zu denen, die sich der höchsten Wachstumstemperaturen erfreuen. Mit Sauerstoff können sie überhaupt nichts anfangen, was gut in die Theorie passt, dass diese Hitze liebenden Archaebakterien lebendige Fossilien einer sauerstofflosen, fernen Vergangenheit sind. Solche Supermikroben gewinnen ihre Energie aus Schwefel, den sie zu Schwefelwasserstoff umsetzen.

Schwefel ist eines der weniger häufigen, aber wichtigen Elemente im existierenden Leben und kommt in zahlreichen bedeutenden Biomolekülen vor. Zu den Schwefel verarbeitenden Bakterien gehören einige der ältesten Hyperthermophilen, was auf eine Schlüsselrolle des Elements in der Entstehung des Lebens hindeutet. Schwefel, nach altem Glauben der Stoff des Höllenfeuers und der Vulkane, war auf der jungen Erde sehr häufig, besonders in Form von Schwefelwasserstoff. Insofern stellt die Erkenntnis, wie wichtig er für den Ursprung des Lebens war, die Schöpfungsgeschichte auf den Kopf. Der wirkliche Garten Eden war offenbar ein höllisches Inferno: Das Leben geht auf ein Element zurück, das vom Teufel kommt!

Ein anderes lebenswichtiges Element ist Eisen, das man oft in Verbindung mit Schwefel, in Form von Pyrit oder «Katzengold», findet.

In den Augen des deutschen Chemikers Günter Wächterhauser war Pyrit der Hauptkatalysator der Biogenese. Eisensulfid in Urzellwänden spielt auch eine wichtige Rolle in Mike Russells Theorie über den Ursprung des Lebens, die ich in Kapitel 5 vorgestellt habe. Heute ist Pyrit eine Nahrungsquelle für den chemotrophen *Thiobacillus ferrooxidans*, der Energie aus der Oxidation sowohl der Eisen- als auch der Schwefelkomponente zieht.

Bergbauingenieure sind sich der Aktivitäten dieses fleißigen Organismus wohl bewusst. Eisenschlacke, die als Abfallprodukt anfällt, löst noch mehr Eisen und Schwefel aus dem Pyrit und setzt damit einen eskalierenden Reaktionszyklus in Gang. Wenn in Erzhalden, Minen oder Kohleadern große Mengen Pyrit vorkommen, kann dieser Prozess Maschinen in Rosthaufen verwandeln und zu ernsten Problemen führen. *Thiobacillus ferrooxidans* verdaut auch andere Sulfide wie Kupfer-, Zinn- und sogar Uransulfid und kommt daher in der Mineralienaufbereitung zum Einsatz.

Ein anderer chemotropher Organismus ist *Gallionella*, der in eisenreichen Flüssen wohnt und lösliche Eisensalze in einen nicht löslichen Zustand überführt, was sich durch eine auffällige rostrote Verfärbung des Wassers bemerkbar macht. Schwefel und Eisen könnten bei der Geburt des Lebens in der Erdkruste die führenden Hebammen gewesen sein und sind noch heute die Nahrungsquelle etlicher Mikroorganismen. Das nächste Mal, wenn Sie einen rostroten Fluss sehen, denken Sie darüber nach, dass Sie Zeuge eines Prozesses sind, der unmittelbar mit dem Ursprung des Lebens verknüpft sein könnte.

Daneben folgen Mikroben noch vielen anderen chemischen Pfaden. Die Klasse der Archaebakterien zerfällt in drei natürliche Gruppen: Thermophile, Halophile und Methanogene. Letztere beziehen Energie aus der Methanproduktion, einer sehr primitiven Form von Stoffwechsel, die in der Welt der Mikroben heute noch weit verbreitet ist. Ein tüchtiger Chemiker kann Methan direkt aus Wasserstoff und Kohlendioxid herstellen, und das ist genau, was *Methanothermus*, eine stabförmige Mikrobe in den heißen Quellen Islands, tut. Todd Stevens und Jim McKinley vom Pacific Northwest Laboratory in Richland, Washington, sind vor kurzem, während eines Bohrprojekts in der Region des Columbia River, auf Mikroben gestoßen, die tief unter dem Erdboden auf diese Weise Methan produzieren. Sie bemerkten die unterirdischen Methanogene, als sie eine tiefe Basaltschicht durchbohrten. In weiteren Untersuchungen fanden Stevens und seine Kollegen, dass die tiefen Gesteinsschichten Wasserstoff abgaben. Wasserstoffgas ist hoch explosiv, wenn es mit Luft in Berührung kommt, und ich war überrascht, dass es heute noch in natürlicher Form auf der Erde vorkommt. Anscheinend gibt es mehrere chemische Prozesse, die es erzeugen, zum Beispiel wenn Wasser in eisenreiche Silikate einsickert. Erstaunlicherweise gibt es Stellen in Oman, Kalifornien und Japan, wo Wasserstoff in hohen Konzentrationen an die Oberfläche dringt.

Für Methanogene ist Wasserstoffgas eine willkommene Energiequelle. Die Mikroben verbinden es mit gelöstem Kohlendioxid, und dabei entsteht Biomasse. Dies könnte die älteste Form von Stoffwechsel sein. Die chemotrophen Organismen, die den Prozess einsetzen, sind vollkommen unabhängig von Oberflächenleben und von Produkten der Photosynthese. Sie könnten in vollkommener Dunkelheit und großer Tiefe eine eigene Nahrungs- und Lebenskette aufrechterhalten, und dies ist keine bloße Spekulation. Stevens und McKinley haben im Labor nachgewiesen, dass manche der Bakterien aus ihrem Bohrloch von organischem Material leben können, das andere Mikroben unmittelbar aus anorganischen Stoffen erzeugt haben. Nach Auffassung der beiden Forscher existiert im Basalt unter dem Columbia River ein komplexes Ökosystem. Man darf fast sicher sein, dass noch an vielen anderen Stellen ähnliche Ökosysteme auf ihre Entdeckung warten.

Methanogene Organismen besetzen einen der untersten Zweige des Lebensbaums und sind daher den frühesten Lebensformen zuzurechnen. Einer von ihnen, *Methanopyrus*, hat zudem eine der höchsten Wachstumstemperaturen (110 Grad Celsius) und enthält eine eigenartige Membransubstanz, die wie ein Vorläufer der Fettmembranen aussieht, die in den meisten Archaebakterien zu finden sind. Danach könnte *Methanopyrus* zu den primitivsten Organismen gehören, die man bisher gefunden hat.

Die Rekonstruktion des mikrobiellen Stammes des Lebensbaums ist auch deshalb so problematisch, weil wir keine Vorstellung haben, welche Organismen noch ihrer Entdeckung harren. Mikrobiologen finden nicht nur ständig neue Arten, sondern bisweilen auch ganz neue Lebenszweige. Im Obsidianteich im Yellowstonepark hat man kürzlich zwei bis dahin unbekannte Archaebakterien entdeckt, die einen eigenen Zweig zwischen den Eukaryonten und der Hauptgruppe der Archaebakterien bilden. Eine von Susan Burns, Norman Pace und ihren Mitarbeitern durchgeführte Gensequentialisierung deutet auf die Existenz einer Gruppe hin, welche die primitivste mikrobielle Lebensform darstellt, die wir heute kennen.

Natürlich wird kein existierender Organismus exakt seinen Urahnen gleichen. Eine gewisse genetische Verschiebung ist in so riesigen Zeiträumen unvermeidlich. Dennoch können wir eine Prognose wagen, welche der bekannten Mikroben dem universalen Vorfahren am ähnlichsten sein könnte. Ein wahrscheinlicher Kandidat wäre der Schwefelreduzierer *Pyrodictium.* Er gedeiht in einer Hitze von 110 Grad, was auf eine ausschließlich thermophile Ahnenreihe schließen läßt, und lebt in Kolonien, die eigenartige Netze von Kugeln bilden, welche durch feine Röhrenfäden miteinander verbunden sind. Sollten unsere fernen Vorfahren vor vier Milliarden Jahren in einem solchen Gespinst in einer sengend heißen, unterirdischen Nische gehaust haben?

Der Rest ist Geschichte

Die Botschaft der Gene scheint zu sein, dass der universale Vorfahre tief unter der Erdoberfläche bei Temperaturen deutlich über 100 Grad gelebt und sich wahrscheinlich von Schwefel ernährt hat. Wir dürfen jedoch nicht vergessen, dass dieses Wesen schon eine komplexe Lebensform mit der Fähigkeit zur Proteinsynthese war. Wie ich schon betont habe, ist der universale Vorfahre *nicht* das erste Lebewesen. Zwischen den beiden muss schon eine lange Entwicklungsgeschichte liegen. Über die Verbindung zwischen dem ersten Lebewesen und dem universalen Vorfahren wissen wir fast nichts.

Man ist versucht, zu glauben, das Leben selbst könnte in geothermisch geheizten, mineralreichen, unterirdischen Nischen begonnen und sich dort bis zum universalen Vorfahren entwickelt haben, bevor es sich über den Planeten ausbreitete. Ob es wirklich so war, wissen wir nicht. Das Leben könnte in einer vollkommen anderen Umgebung begonnen haben und erst später in die heißen Regionen unter der Erde eingedrungen sein.

In Kapitel 6 habe ich die Forschungen erörtert, die Norman Sleep und andere unternommen haben. Gemäß deren Ergebnissen sollte die Erdoberfläche mehrmals durch Gesteinsdämpfe nach massiven kosmischen Einschlägen sterilisiert worden sein. Dieser «Frustrationstheorie» zufolge wurde das Leben immer wieder ausgelöscht, nur um von neuem zu entstehen wie Phönix aus der Asche. Als das Bombardement nachließ, muss die Oberfläche immer noch von Zeit zu Zeit «abgebrannt» sein, doch nun gab es Zufluchtsorte in tiefen Gesteinsschichten. Da diese Schichten heiß waren, konnten in ihnen nur Hyperthermophile überleben; selbst Mesophile wären dort zugrunde gegangen. Es würde also nicht überraschen, wenn der universale Vorfahre hyperthermophil gewesen wäre. Solche Organismen wären die einzigen, deren bevorzugter Lebensraum außerhalb der Reichweite der Hitzepulse nach kosmischen Einschlägen gelegen hätte. Oberflächenmikroben, die vor den Hyperthermophilen entstanden sein mögen, wären in der Hitze nach den Einschlägen gebraten worden, und ihre Zweige des Lebensbaums hätten alle abrupt geendet. Trifft dieses Szenario zu, dann bedeutet die wurzelnahe Lage der Hyperthermophilen am bekannten Lebensbaum nicht unbedingt, dass das erste Leben in heißen Tiefen entstanden ist, sondern nur, dass das Leben auf der Erde einen durch kosmischen Beschuss verursachten Temperatur-«Flaschenhals» überstehen musste.[6]

Ein Hinweis auf eine frühere Phase des Lebens könnten autotrophe Bakterien sein, die Biomasse nicht nur mit Hilfe von Kohlendioxid ganz neu produzieren, sondern auch mittels komplexerer organischer Substanzen wie Essigsäure. Solche Organismen, die man als mixotroph bezeichnet, benutzen als Energiequelle entweder Licht, wie im Fall der grünen Schwefelbakterie, oder eine chemische Reaktion, zum Beispiel die Oxidation von Schwefel oder Wasserstoff. War die junge Erde nach kosmischen Einschlägen mit organischen Substanzen bedeckt, dann hätten an der Oberfläche reichlich Rohstoffe zur

Verfügung gestanden. Vielleicht waren die allerersten Organismen also Mixotrophe, die an der Oberfläche lebten und deren Stoffwechselgewohnheiten in einer Handvoll Organismen heute noch fortleben. Nach derselben Überlegung könnte Leben natürlich auch in Kometen begonnen haben, worauf ich in Kapitel 9 zurückkommen werde.

Obwohl wir nicht sicher sein können, wo Leben letztlich begonnen hat, sieht es immer wahrscheinlicher aus, dass es nach Ablaufen des Bombardements auf Refugien auf oder unter dem Meeresboden beschränkt war, entweder in der Nähe von Black Smokers oder in anderen hydrothermalen Systemen. Als das Leben sich erst an solchen Orten festgesetzt hatte, stand der Ausbreitung und Diversifikation nichts mehr im Wege.

Das Ganze könnte sich in etwa so abgespielt haben: Die frühesten Mikroben waren Hyperthermophile, die sich bei Temperaturen zwischen 100 und 150 Grad Celsius am wohlsten fühlen. Sie hausten mindestens einen Kilometer tief unter der Oberfläche, vielleicht auf dem Meeresboden, noch wahrscheinlicher aber im porösen Felsgestein darunter. Umhüllt von überhitztem Wasser voller Mineralien, schluckten und verarbeiteten sie Eisen, Schwefel, Wasserstoff und andere reichlich vorhandene Stoffe und setzten in primitiven und wenig effizienten Reaktionskreisläufen Energie frei. Die frühen Zellen waren einfache Steinfresser. In ihrem Stoffwechsel spielten weder Licht noch Sauerstoff eine Rolle. Sie brauchten auch kein organisches Material, denn was sie benötigten, gewannen sie direkt aus dem Fels und aus dem im Wasser gelösten Kohlendioxid.

Der ersten Mikrobenkolonie stand die ganze Welt offen. Sie konnte auf üppige Vorräte an Rohstoffen und Energie zurückgreifen und muss sich deshalb enorm schnell ausgebreitet haben. Die Fähigkeit von Mikroben, sich explosionsartig zu vermehren, stellte sicher, dass sie bald jede Nische besetzt hatten, die irgendwie zugänglich war. Ohne jede Konkurrenz, eroberten sie bald die ganze Erde. Doch durch die Bevölkerungsexplosion erreichte die Kolonie auch schnell die Grenzen ihres Lebensraums. In größere Tiefen konnte sie nicht gehen, da es dort selbst für Hyperthermophile zu heiß war, und in den kühleren Schichten näher an der Oberfläche konnten sie sich nicht vermehren. Die Mikroben mussten sich also horizontal ausbreiten, entlang der mittelozeanischen, vulkanischen Rücken und quer durch das Basaltgestein unter dem Meeresboden.

Irgendwann, vielleicht vor 3,8 Milliarden Jahren, als sich eine Gruppe von Mikroben durch einen geologischen Zwischenfall – etwa ein Erdbeben oder einen Vulkanausbruch – plötzlich von ihrer warmen, kuscheligen Heimat abgeschnitten sah, kam dann die erste große Gabelung der Evolution. Die verirrten Organismen strandeten in kühleren Regionen, und fast alle fielen in Tiefschlaf oder starben einfach, da ihre Membranen bei den tieferen Temperaturen zu steif wurden und ihr Stoffwechsel aussetzte. Nur ein glücklicher Mutant, der zufällig flexiblere Zellwände besaß, überlebte und vermehrte sich. Durch den Übergang zu kühleren Bedingungen bahnte die mutierte Mikrobe den Weg zur unbewohnten Oberfläche des Planeten, während für die ursprüngliche Kolonie in ihrem unterseeischen Reich das Leben weiterging wie bisher, ohne größere Veränderungen bis zum heutigen Tag.

Ein wichtiger Schritt in dieser frühen Entwicklung war das Umschalten mancher Organismen von chemischen Energiequellen zu Sonnenlicht, sobald das Leben die Erdoberfläche erreichte. Die ersten dieser phototrophen Organismen haben wahrscheinlich nicht die moderne Chlorophyll-Photosynthese benutzt, sondern einen einfacheren Prozess. Bestimmte Archaebakterien im Toten Meer zeigen immer noch eine primitive Art der Photosynthese, die auf einer roten, dem Vitamin A verwandten Substanz basiert. Ernsthaft begann die Verwertung von Sonnenlicht mit den Bakterien, die eine Methode entdeckten, aus Mineralien Elektronen zu entnehmen, sie mit Sonnenphotonen aufzuladen und mit Hilfe der gespeicherten Energie organische Stoffe zu erzeugen. In einer späteren Verfeinerung fiel auch die Abhängigkeit von Mineralien weg. Die Bakterien waren nun in der Lage, Elektronen aus Wasser zu gewinnen, wobei nebenher Sauerstoff freigesetzt wurde. Die entscheidende Komponente in diesem genialen Prozess war Chlorophyll, der Stoff, der Pflanzen grün macht. Da sonst nur Wasser, Kohlendioxid und Licht benötigt wurden, ergrünte bald der ganze Planet.

Noch unbeantwortet ist die Frage, wie und wann die großen Bereiche des Lebens – Archaebakterien, Bakterien und Eukaryonten – entstanden sind. Wahrscheinlich vollzog sich die Trennung zwischen Archaebakterien und Bakterien vor dem Beginn der Photosynthese, vielleicht schon vor 3,9 oder 4 Milliarden Jahren – also noch mitten im kosmischen Bombenhagel. Vieles deutet darauf hin, dass Archaebakterien die ältesten und primitivsten Organismen sind und die Bakteren etwas später entstanden sind. Die Kluft zwischen Archaebakterien und Bakterien ist jedenfalls so groß, dass sie nie wirklich miteinander im Konkurrenzkampf gestanden haben. Noch heute, nach Jahrmilliarden der Evolution, besetzen sie unterschiedliche ökologische Nischen.

Der tiefe Bruch, der schließlich die Eukaryonten hervorbrachte, geschah wahrscheinlich, als es auf der Erde schon etwas kühler war. Aus bestimmten Gründen – vielleicht weil sie den Herausforderungen einer weniger stabilen Umwelt ausgesetzt waren – entwickelten sich die Eukaryonten wesentlich schneller. Die Blüte des Lebens, die dann folgte, die Diversifikation in zahlreiche Arten und das enorme Anwachsen biologischer Komplexität geht direkt auf das Abzweigen der Eukaryonten vom übrigen Lebensbaum zurück. Ohne diesen bedeutsamen Schritt wären wir – oder irgendwelche anderen denkenden Wesen – wahrscheinlich nicht auf der Welt, um über die Bedeutung des Ganzen nachzudenken.

8

Mars – rot und tot?

Dass der Mars von der einen oder anderen Art von Lebewesen bewohnt ist, ist so sicher, wie es unsicher ist, was diese Wesen sein könnten.

Percival Lowell, 1906

Am 7. August 1996 trat Präsident Clinton vor die Weltpresse und verkündete auf dramatische Weise, dass die NASA Spuren von Leben auf Mars entdeckt hatte. Clinton sprach von einem Meteoriten, der 1984 in der Antarktis gefunden worden war. Der Meteorit stammte vom Mars und zeigte Strukturen, die Anzeichen von Leben darstellen könnten. Er fuhr fort, diese faszinierende Entdeckung, sollte sie sich bestätigen, würde das Verhältnis zwischen Menschheit und Kosmos grundlegend ändern.

Die Möglichkeit von Leben auf dem Roten Planeten hat die Menschen seit langem beschäftigt. Im siebzehnten und achtzehnten Jahrhundert dachten Philosophen und gar Theologen offen über Marsmenschen, Venusianer und andere außerirdische Wesen nach. Erst als es auf das zwanzigste Jahrhundert zuging, wurde man erheblich skeptischer bezüglich der Aussichten auf Leben auf anderen Planeten. Dennoch berichtete der italienische Astronom Giovanni Schiaparelli noch 1877 über ein Muster aus geraden Linien, das er auf der Marsoberfläche ausgemacht hatte. Er gebrauchte dafür das italienische Wort *canali* – Kanäle.

In den Vereinigten Staaten griffen Percival Lowell und andere Schiaparellis Beobachtung sofort auf und behaupteten, bei den Kanälen handele es sich in der Tat um künstliche Wasserstraßen. Lowell glaubte, die Marsmenschen hätten die Kanäle gebaut, um das ausgetrocknete Land zu bewässern, indem sie Schmelzwasser von den Polkappen Richtung Äquator leiteten. Er errichtete ein Observatorium in Flagstaff, Arizona, und widmete es ganz der Vermessung dieses Kanalnetzes. In Lowells Augen war Mars ein sterbender, verdurstender Planet. Folglich könnten intelligente Marsbewohner in ihrer Verzweiflung begonnen haben, ein riesiges Bewässerungssystem zu errichten. Das Thema des sterbenden Planeten und der Marsbewohner, die mit neidischen Augen auf unsere grüne, freundliche Welt schauten, wurde später von H. G. Wells in seinem 1898 veröffentlichten, berühmten Roman *Krieg der Welten* glänzend ausgemalt.

Unter Astronomen fand Lowell kaum Anhänger für seine Ideen, und je besser die astronomischen Beobachtungen wurden, desto unwahrscheinlicher wurde es, dass es auf Mars Leben geben könnte. Manche Wissenschaftler waren jedoch weiterhin überzeugt, es könne dort eine primitive Vegetation, vielleicht eine Art Flechten, existieren. Als Beleg wiesen sie auf die jahreszeitlichen Farbänderungen hin. Doch selbst diese Möglichkeit überlebte den Anbruch des Raumfahrtzeitalters nicht. Sonden, die man zum Roten Planeten schickte, fanden kein Anzeichen von Leben und schon gar keine Kanäle.

1977 ging die NASA die Frage frontal an, indem sie zwei Viking-Sonden auf der Marsoberfläche landen ließ. Die Raumfahrzeuge waren speziell darauf ausgelegt, nach Leben zu suchen. Inzwischen gab es nur noch sehr wenige Leute, die auf mehr als ein paar Mikroben im Marsboden hofften, und die Daten, welche die Sonden zur Erde funkten, schienen den Skeptikern Recht zu geben. Die Bodenproben brachten keinerlei überzeugenden Hinweis auf Leben, nicht einmal Mikroben, zum Vorschein. Zur Enttäuschung vieler wurde der Mars zum toten Planeten erklärt.

Bis zwanzig Jahre nach Viking wurde der Gedanke an Leben auf Mars dann allgemein als Sciencefiction abgetan. Daran hätte sich auch nichts geändert, wäre es nicht zu einer Reihe erstaunlicher Entdeckungen gekommen, und zwar nicht auf Mars, sondern hier auf der Erde. Diese Entdeckungen lassen das Thema in einem ganz neuen Licht erscheinen. Man hat heute den Eindruck, die Wissenschaft könnte ein wenig voreilig gewesen sein, als sie Leben auf Mars endgültig abschrieb.

Die rote Wüste

Optisch macht der Mars einiges her. An unserem Nachthimmel strahlt er so prächtig rot, dass die Menschen der Antike ihn mit ihrem Kriegsgott identifizierten. Durch ein Teleskop erkennt man weiße Polkappen und ausgedehnte dunkle Flecken. Zuweilen ist der ganze Planet in Staubstürme gehüllt. Nahaufnahmen von Raumsonden aus zeigen, dass die Oberfläche voller Krater und von gigantischen Schluchten und Tälern durchzogen ist. Überall erheben sich erloschene Vulkane. Das Terrain erinnert an die unwirtlichsten Teile der australischen Wüste: mit Geröll übersäter ockerfarbener Boden und Dünen aus feinem Sand, alles in wässrigem Sonnenschein unter einem orangefarbenen Himmel.

Leben sähe sich auf dem Mars allen erdenklichen Hindernissen gegenüber. Die Temperaturen liegen fast durchgehend unter dem Gefrierpunkt und können bis auf minus 140 Grad Celsius sinken. Die Atmosphäre besteht hauptsächlich aus Kohlendioxid mit geringen Spuren von Sauerstoff und Stickstoff und ist jämmerlich dünn. Mit 7,5 Millibar entspricht der Luftdruck dem auf der Erde in 35 Kilometern Höhe – am Rand des Weltraums. Es gibt keine schützende Ozonschicht, so dass die Marsoberfläche der tödlichen ultravioletten Strahlung der Sonne ausgesetzt ist. Der Boden ist äußerst korrosiv und derart trocken, dass die Sahara dagegen als ein Sumpf erscheint. Regnete der gesamte Dampfgehalt der Marsatmosphäre auf einmal darauf nieder, so würde der Boden kaum feucht davon. Die Trockenheit macht die Sandstürme zu erschreckenden Naturkatastrophen. Der Wind kann eine Geschwindigkeit von 650 Stundenkilometern erreichen, und der Staub steigt bis zu 50 Kilometer hoch. Alles in allem erscheint der Mars nicht als ein Ort, wo man sich gern aufhalten würde.

Letztlich liegt die Ursache der unfreundlichen Bedingungen auf dem Planeten in seiner geringen Größe. Er weist etwa den halben Durchmesser der Erde auf, und die Schwerkraft an der Oberfläche beträgt 38 Prozent der Erdschwerkraft, was dazu geführt hat, dass die Atmosphäre zum größten Teil in den Weltraum verschwunden ist. Aufgrund des geringen Drucks kann Wasser auf der Oberfläche nicht in flüssiger Form existieren. Wollte man sich auf Mars eine Tasse Tee einschenken, dann würde das teure Nass sofort verdunsten. Die dünne Atmosphäre bedeutet auch, dass es keinen Treibhauseffekt geben kann, der den Planeten erwärmen würde. Die Kälte ist umso schlimmer, da der Mars mit einem Bahnradius von durchschnittlich 228 Millionen Kilometern etwa 50 Prozent weiter von der Sonne entfernt ist als die Erde.

Man könnte also meinen, die Suche nach Leben auf einem so kalten und dürren Planeten wäre reine Zeitverschwendung. Doch schon in den siebziger Jahren, als die Viking-Mission geplant wurde, wussten die Wissenschaftler, dass manche Bakterien in kalten und trockenen Bedingungen, zum Beispiel in der Antarktis, überleben können. Daher entwickelten sie eine Reihe von Experimenten, mit denen die Sonde nach Leben im Marsboden suchen sollte, und sie installierten mechanische Arme, um Marsboden zur Analyse in ein Minilabor in der Sonde zu laden.

Im Ganzen wurden mit den beiden Sonden je drei automatisierte Experimente durchgeführt. Das erste war das so genannte «Gasaustauschexperiment». Es bestand darin, dass eine Nährlösung auf Bodenproben gegossen wurde und man dann maß, ob irgendwelche Gase dadurch freigesetzt wurden. Vorher wurden die Proben mit Wasserdampf befeuchtet, und zur Überraschung der Wissenschaftler führte diese Vorbereitung zu einer lebhaften Reaktion: Die Bodenproben gaben große Mengen Sauerstoff ab und daneben etwas Stickstoff und Kohlendioxid. Ähnliche Resultate erhielt man mit Proben, die man dem Sonnenlicht aussetzte oder unter Felsen verbarg. Wurde das Material auf 145 Grad Celsius vorgeheizt, also genug, um alle damals auf der Erde bekannten Mikroben abzutöten, schien der Sauerstoffausstoß abzunehmen, wenn auch die Zuverlässigkeit dieses Ergebnisses bezweifelt worden ist. Nach Zufügen der Nährlösung stellte sich weiterer, komplizierterer Gasaustausch ein, ohne dass jedoch ein systematisches Muster zu erkennen gewesen wäre.

Der Marsboden verhielt sich offenbar ganz anders als irdischer

Boden. Die Wissenschaftler waren ein wenig verdutzt und zogen den Schluss, dass die Marsoberfläche chemisch hoch aktiv ist, weswegen schon ein wenig Wasser die Bodenprobe zum Sprudeln gebracht hatte. Mikroben waren nicht notwendig, das Geschehen zu erklären, obgleich das Gasaustauschexperiment ihre Existenz auch nicht ausschloss. Die Ergebnisse waren bestenfalls zweideutig.

Im nächsten Experiment ging es um so genannte «markierte Freisetzung». Auch hier wurde Bodenproben eine Nährlösung aufgeträufelt, doch diesmal eine andere Mischung. Vor allem enthielt sie als Markierungssubstanz radioaktiven Kohlenstoff. Die freigesetzten Gase wurden dann auf Radioaktivität untersucht. Man nahm an, dass ein Marsorganismus, der Kohlenstoff verarbeitet und Kohlendioxid ausstößt, dabei auch etwas radioaktives Gas produzieren würde, welches mit hoher Genauigkeit nachgewiesen werden könnte. Das Experiment führte zu einem positiven Befund, genau wie man es erwarten würde, wenn Mikroorganismen am Werk wären.

Das dritte Experiment betraf die «Kohlenstoffassimilation». Hierbei handelt es sich praktisch um den umgekehrten Prozess der markierten Freisetzung. Die Bodenproben wurden einer Atmosphäre aus radioaktivem Kohlendioxid ausgesetzt und mit einer starken Lichtquelle bestrahlt, welche die Sonne darstellen sollte. Das Ziel war, herauszufinden, ob irgendwelche Marsorganismen im Laufe ihres Wachstumsprozesses der Atmosphäre Kohlenstoff entzogen, so wie irdische Pflanzen Kohlendioxid aufnehmen. Auch hier gab es in mehreren Versuchen positive Ergebnisse. Ein Aufheizen der Probe auf 170 Grad Celsius verminderte die Reaktion, ohne sie aber ganz zu unterdrücken.

An sich könnte man die Resultate der Viking-Experimente als Hinweis auf mikrobielles Leben im Marsboden auffassen, doch die NASA-Wissenschaftler zogen fast einmütig den entgegengesetzten Schluss. Das Verhalten der Bodenproben war so kompliziert und unerwartet, dass jede einfache, biologische Erklärung in Zweifel gezogen wurde. Stattdessen neigte man zu der Ansicht, eine ungewöhnliche Bodenchemie, die wahrscheinlich mit starker Oxidation zusammenhing, wäre verantwortlich. Dieser Schluss stützte sich auch auf den Umstand, dass Viking keine Spur organischer Stoffe im Marsboden fand. Das ist eigenartig, denn selbst wenn es kein Leben auf der Marsoberfläche gibt, sollte organisches Material aus dem Weltraum zu finden sein. Die Erklärung scheint in der gnadenlosen Ultraviolettstrahlung zu liegen, die dazu fähig war, jedes organische Molekül an der Oberfläche aufzubrechen.

Insgesamt liefern die Viking-Experimente keinen klaren Beweis für Leben auf Mars. Der offizielle Schluss aus der Mission war, dass Mars ein lebloser Planet ist. Wir sollten jedoch nie vergessen, dass die Abwesenheit von Beweisen nicht dasselbe ist wie der Beweis der Abwesenheit. Man kann sich viele Gründe vorstellen, weshalb Viking kein Leben auf Mars gefunden hat, nicht nur den, dass es dort wirklich kein Leben gibt.

- Die Experimente könnten nach der falschen Art von Leben gesucht haben. Sie waren darauf ausgelegt, auf irdische Organismen zu reagieren. Marsleben könnte jedoch auf einer vollkommen anderen Biochemie basieren oder einen anderen Temperaturbereich bevorzugen. Die Bedingungen im Viking-Minilabor mögen terrestrischen Mikroben zugesagt haben, für Marsmikroben jedoch tödlich gewesen sein.
- Der Oberflächenboden auf Mars ist steril, doch tief in Felsspalten, die Schutz vor den rauen Umweltbedingungen gewähren würden, könnte es dennoch Leben geben.
- Unter Umständen waren die Experimente geeignet, nicht aber der Landeplatz. Vielleicht existiert Oberflächenleben auf dem Mars in bestimmten, begünstigten Nischen fernab von den beiden Landegebieten.
- Es könnte Marsleben geben, doch nicht an der Oberfläche, sondern unter den Polkappen oder tief im Untergrund. Auf diese Möglichkeit werde ich in Kürze zurückkommen.

Selbst wenn man alle diese Punkte verwirft, bleibt der Mars noch von großem Interesse für Biologen, und zwar aus einem einfachen Grund: Heute mag der Rote Planet eine bitterkalte Einöde darstellen, doch das muss nicht immer so gewesen sein. Es gibt reichlich Hinweise, dass der Planet in ferner Vergangenheit einmal warm, feucht und erdähnlich gewesen sein könnte und damit viel lebensfreundlicher. Mars mag heute ein toter Planet sein oder nicht; in jedem Fall besteht die Möglichkeit, dass dort irgendwann einmal Leben geblüht hat.

Die große Flut

Man erkennt sofort, dass der Mars einmal Leben begünstigt haben muss, wenn man die Bilder anschaut, welche die Mariner- und Viking-Sonden uns geliefert haben. Etwas fällt auf den Fotos nämlich unmittelbar ins Auge: Flusstäler. In dem Gewirr von Gebirgen und Hochebenen, quer durch Sandwüsten und Vulkanhänge hinab sind eindeutig von fließendem Wasser ausgewaschene Kanäle sichtbar, komplett mit Zuflüssen, Mündungsdeltas und Überflutungsebenen. Diese Wasserläufe, so sollte ich hinzufügen, haben natürlich überhaupt nichts mit Lowells schnurgeraden Kanälen zu tun. Sie sind verästelt und gewunden wie die Flüsse der Erde und zweifellos auf natürliche Weise entstanden.

Leider findet sich in den antiken Flussbetten des Mars kein Tröpfchen Wasser mehr. Sie sind seit langem ausgetrocknet. Doch diese Täler zeigen alle bekannten Merkmale irdischer Flüsse: Wasserfälle, abgeschliffene Ufer und tropfenförmige Inseln, wo der Fluss Schlamm angeschwemmt und abgelagert hat. Auf Mars ist zweifellos einmal Wasser geflossen. Doch wo kam es her? Und wohin ist es verschwunden? Haben sich diese Wasserläufe wie gewöhnliche Flüsse aus Regen und Schmelzwasser gespeist, oder haben unterirdische Quellen und Reservoirs sie aufgefüllt? Haben die Flüsse in Seen und Meere gemündet, oder sind sie einfach im Sand versickert? Und, vor allem, wie lange ist es her, dass sich diese Flusstäler geformt haben?

In ihrem tapferen Bestreben, diese Fragen zu beantworten, haben Wissenschaftler Jahre über den Vermessungsfotos zugebracht und jedes kleinste Detail untersucht. Schon eine oberflächliche Betrachtung zeigt bald, dass viele der bedeutenderen Kanäle keine Flusstäler, sondern eher Überflutungszonen darstellen, ausgewaschen von riesigen, schlagartig auftretenden Wassermassen. Das erkennt man an ihrer Form. Eine Flut erzeugt gewöhnlich einen Kanal, der abrupt und gleich in voller Tiefe und Breite beginnt und nur wenige Seitenkanäle hat. Ein Fluss beginnt dagegen als Rinnsal und gewinnt an Weite und Tiefe, indem er Nebenflüsse aufnimmt.

Schaut man sich die Zahlen an, dann kommt man für die Marsfluten auf erstaunliche Maßstäbe. Die Breite der Kanäle liegt zwischen einigen Dutzend Kilometern in den Hochländern bis zu Hunderte von Kilometern weiten Auswaschungen, wo Wasser über offene Ebenen strömte. Die Flussrate in den größeren Kanälen muss gewaltig gewesen sein, entsprechend 10000 Amazonasströmen. Die größte bekannte Flut auf der Erde ist vor 12000 Jahren durch den Columbia River im Staat Washington gerollt. Damals floss in nur zwei Tagen ein Wasservolumen ab, das den Michigansee füllen würde. Die Marsfluten waren im Vergleich dazu bis zu *dreihundertmal* mächtiger.

Die genaue Ursache dieser immensen Überschwemmungen ist noch umstritten. Mit größter Sicherheit waren keine Regenfälle im Spiel. Am wahrscheinlichsten ist, dass es sich um Wassermassen handelte, die von einem Eisdamm eingeschlossen waren, der dann schmolz und zusammenbrach. Eine andere Möglichkeit ist, dass Wasser wie eine gigantische Fontäne durch eine Eisdecke hervorbrach. Eine solche Eruption wäre nach einem Meteoriteneinschlag oder aufgrund von Vulkanwärme denkbar, oder einfach durch hohen Wasserdruck.

Doch nicht alle ausgetrockneten Wasserläufe auf dem Mars sind auf Flutkatastrophen zurückzuführen. Im älteren Terrain des südlichen Hochlands gibt es viele Strukturen, die mehr wie konventionelle Flusssysteme aussehen, mit langen, schmalen Tälern, feinen Rinnen und langsamer Bodenerosion. Diese Flussbetten sind nicht länger als hundert Kilometer und bis zu drei Kilometern breit und besitzen Zuflüsse ähnlich wie Gewässer auf der Erde. Darüber, wie diese Netzwerke entstanden sein könnten, gehen die Meinungen wiederum auseinander. Das einfache Bild, dass Regen oder Schnee von Bergen abgeflossen sind und langsam den Talboden ausgewaschen haben, passt nicht allzu gut mit den Fakten zusammen. Mit Sicherheit könnte es heute nicht so geschehen, da das Wasser in den Rinnsalen verdunsten oder gefrieren würde, bevor es den Hauptstrom erreichte. Und selbst wenn die Bedingungen auf Mars einst flüssiges Wasser zugelassen haben, zeigen die Talformen nicht das übliche Erscheinungsbild von Flusserosionen.

Auf der Erde gibt es noch einen anderen Prozess, der Täler bilden kann, die so genannte Grundwassererosion. Man kann sie in kleinem Maßstab am Strand beobachten, wenn eine Quelle in den Sand sprudelt und das Wasser zum Meer abfließt. Die Quelle wandert allmählich den Strand hinauf und formt dabei eine breite Senke stromaufwärts. Viele Marstäler sehen aus, als könnten sie auf solche Weise entstanden sein.

Ein führender Experte auf diesem Gebiet ist Michael Carr vom Geologischen Amt der USA. Er glaubt, auf der Marsoberfläche sei nie so viel Wasser geflossen, dass es sich Täler gegraben haben könnte, und weist auf die flachen Böden und steilen Wände der Kanäle hin, die eher auf eine Absenkung hindeuten. Seiner Ansicht nach ist das meiste Wasser im Boden versickert, den es langsam untergrub und einsacken ließ. Ein Untergrundstrom kann loses Oberflächenmaterial zum Abrutschen bringen und so eine Rinne bilden, ohne dass gewöhnliche Flusserosion im Spiel ist. Carr meint, nicht ein Regenkreislauf, sondern ein irgendwie gearteter, durch die innere Wärme des Planeten betriebener Umlaufprozess müsse das Wasser von der Oberfläche immer wieder in unterirdische Reservoirs zurückgeleitet haben. Im Ganzen kann man sich das Wasser auf Mars also in Flüssen auf oder unter der Oberfläche vorstellen, die über lange Zeiträume Täle entstehen lassen, sowie in gelegentlichen, katastrophalen Fluten.

Als Teenager hatte ich großen Spaß daran, mich auf Diskussionen mit den Zeugen Jehovas einzulassen. Meine Lieblingsfrage drehte sich um die Sintflut. Wo soll das ganze Wasser geblieben sein? Dieselbe Frage können wir im Falle der Marsfluten stellen, und die Antwort ist einfach: unter dem Boden. Wie Erde und Mond stand der Mars in seinen ersten 700 Millionen Jahren unter intensivem kosmischem Beschuss. Das Bombardement zerkleinerte so viel Material, dass der ganze Planet mit einer mehrere Kilometer dicken Geröllschicht, dem sogenannten Regolith, bedeckt war. Da der Mars bedeutend kleiner ist als die Erde, fehlt ihm der umfangreiche geschmolzene Kern, der die oberen Schichten wieder umformen könnte. Auf Mars blieb also ein poröser Regolith liegen, der wie ein Schwamm riesige Mengen Flüssigkeit aufnehmen kann. Obwohl die Oberfläche heute extrem trocken ist, könnte der Planet unter der Oberfläche also über erhebliche Wasserreserven verfügen, entweder als ewiges Eis oder, in vielen Kilometern Tiefe, in flüssiger Form. Die Schätzungen variieren, doch vermutlich würde ein den ganzen Planeten bedeckender Ozean von mindestens einem Kilometer Tiefe entstehen, wenn all dieses Wasser auf einen Schlag an die Oberfläche träte.

Manche Marsbeobachter glauben, der Rote Planet habe trotz seiner porösen Oberfläche einst ausgedehnte Meere und Seen besessen. In vielen tiefen Schluchten gibt es Spuren uralter, dicker Ablagerungen. Auch das fleckige Aussehen mancher der nördlichen Tiefebenen lässt auf ausgedehnte Seenbildung schließen. Umstrittener sind Hinweise auf ein großes Meer; ein Ozeanrand entlang der nördlichen Tiefebene ist jedoch nicht auszuschließen. Vielleicht haben dort einmal in wärmeren Tagen die Ausflusskanäle aus der Kraterlandschaft des Hochlands geendet. Die mutmaßliche Küste zeigt verwitterte Klippen, Wellenterrassen und spitze Vorsprünge; dieser Ozean, Oceanus Borealis, könnte einmal ein Drittel des Planeten bedeckt haben.

Auf der südlichen Hemisphäre gibt es starke Anzeichen für weiträumige Gletscherbildung. Der Mars hat eine dünne nördliche Polkappe aus gefrorenem Wasser und Trockeneis (gefrorenes Kohlendioxid) und eine dickere Südpolkappe hauptsächlich aus Trockeneis. Die Eisdecken wachsen und schrumpfen mit den Jahreszeiten, und die nördliche Kappe verschwindet zuweilen ganz. Vor langer Zeit erstreckte sich offenbar eine dicke Eisschicht vom Südpol aus über 33 Breitengrade. All dieses Eis könnte durch Verdampfung aus dem Oceanus Borealis zustande gekommen sein.

Über die Jahrmilliarden ist der Mars nach und nach ausgetrocknet. Wegen der geringen Schwerkraft entwich Wasserdampf in den Weltraum. So könnte ein Wasservolumen entsprechend einer Meerestiefe von 70 Metern verloren gegangen sein. Noch schlimmer ist jedoch die Kälte: Sinkende Temperaturen ließen kein flüssiges Wasser mehr zu, und der größte Teil der Marsseen wurde dem ewigen Eis einverleibt. In Polnähe könnten noch heute unter Schichten von Staub und Felsen gefrorene Überreste uralter Seen verborgen liegen. Über die Einzelheiten bezüglich Wasser auf Mars sind sich die Wissenschaftler nicht einig. Sie stimmen nur darin überein, dass eine Marslandschaft mit Flüssen, die sich durch friedliche Täler schlängeln, oder einem Ozean, der an exotische Küsten schwappt, mit Sicherheit der fernsten Vergangenheit angehören würde. Wenn es das je gegeben hat, dann ist alles seit mindestens 3,5 Milliarden Jahren ausgetrocknet.

Die Klimaverschlechterung muss jedoch nicht unbedingt eine Einbahnstraße gewesen sein. Die langsame Austrocknung könnte durch kurze wärmere Perioden unterbrochen gewesen sein, wo Wasser wieder frei fließen konnte. Dafür spricht, dass manche Marstäler sich erst relativ spät gebildet haben. Und manche der größeren Ausflusskanäle sind offenbar mehrmals herausgeschnitten worden, was auf mehrere aufeinander folgende Überflutungen hinweist. All dies gibt Anlass zu der Vermutung, dass Mars von Zeit zu Zeit, wenn auch vielleicht nur für kurze Phasen, aus irgendeinem Grund zu wärmeren, feuchteren Bedingungen zurückgefunden hat, wo im Boden und in der Atmosphäre erhebliche Wassermengen umgewälzt worden sind. Mit jedem Zyklus von Überflutung und Vergletscherung schrumpften jedoch die Wasservorräte. Flüsse, die vor wenigen hundert Millionen Jahren auf Mars geflossen sein könnten, wären im Vergleich zu früheren Fluten nur Rinnsale gewesen und hätten kaum Einfluss auf das Marsklima gehabt.

Das Marstreibhaus

Die Marsflüsse belegen eindeutig, dass der Planet einmal wärmer und feuchter gewesen ist. Doch wie war das möglich? Auf den ersten Blick hätte man allen Grund, anzunehmen, Mars wäre früher noch kälter gewesen als heute. Das Hauptargument dafür hängt mit der «trüben jungen Sonne» zusammen. Aufgrund von Veränderungen in ihrer chemischen Beschaffenheit wird die Sonne mit zunehmendem Alter immer heller. Vor vier Milliarden Jahren muss sie 30 Prozent schwächer gewesen sein als heute, und der Mars hätte noch weniger Wärme abbekommen. In die entgegengesetzte Richtung wirkt die geothermische Erwärmung, die zum einen auf Radioaktivität, zum anderen auf die Restwärme von der Entstehung des Planeten zurückgeht; beides war früher erheblich stärker. Geothermische Wärme allein würde jedoch nicht ausreichen, den Effekt der trüben jungen Sonne auszugleichen. Man muss also nach anderen Mechanismen suchen, die ein milderes Klima herbeiführen könnten.

Die einfachste Art, einen Planeten aufzuwärmen, ist der berühmte Treibhauseffekt. Treibhausgase wie Kohlendioxid wirken wie eine Decke, welche die Sonnenhitze an der Planetenoberfläche gefangen hält. Heute ist die Marsatmosphäre zu dünn, um für einen nennenswerten Treibhauseffekt sorgen zu können, doch in der ersten Milliarde Jahren war dies mit Sicherheit anders. Wie die Erde eignete sich Mars nach seiner Entstehung eine dichte Uratmosphäre an, zum Teil durch Ausgasung des Planeten selbst, zum Teil mittels flüchtiger Substanzen, die von Kometen, Asteroiden und vereisten Planetesimalen angeliefert wurden. Reichlich Kohlendioxid hätte die Temperaturen dramatisch in die Höhe getrieben.

Man vermutet also, unser Nachbarplanet habe in der Vergangenheit weit mehr Kohlendioxid um sich gehabt als heute. Wieviel genau, ist jedoch schwer zu sagen. Zunächst müsste man wissen, wohin das Kohlendioxid verschwunden ist. Wahrscheinlich ist das meiste nach schweren kosmischen Einschlägen in den Weltraum geblasen worden (siehe Kap. 6). Am Ende blieb nur sehr dünne Luft übrig, doch als das Bombardement noch im Gange war, muss der Atmosphärendruck wilden Schwankungen unterworfen gewesen sein. Berechnungen zufolge büßte Mars durch Einschläge innerhalb der ersten 700 Millionen Jahre seiner Existenz 99 Prozent seiner Atmosphäre ein, bevor er 90 Prozent des Rests durch verschiedene andere Prozesse verlor. Wenn diese Zahlen zutreffen, hat Mars einmal eine tausendmal dichtere Atmosphäre besessen als heute. Der Luftdruck hätte dann ausgereicht, den Planeten über den Gefrierpunkt aufzuheizen, und einen ausgedehnten Ozean zugelassen.

Für eine früher einmal dichte Marsatmosphäre spricht auch der Umstand, dass die Wände der älteren Einschlagskrater stark verwittert sind. Krater unter 15 Kilometern Durchmesser sind durch Erosion vollkommen verschwunden. Jüngere Krater sind dagegen so gut wie unbeschädigt. Die Forscher nehmen deshalb an, die Marsatmosphäre sei kurz nach dem Ende des zweiten schweren Bombardements vor

3,8 Milliarden Jahren plötzlich dünner geworden. Die meisten der großen Überflutungen scheinen sich vor oder während dieser Epoche ereignet zu haben, da die Flutkanäle mit vielen gut erhaltenen kleinen Kratern bedeckt sind. Die uralten Wasserläufe sind nur deshalb noch in so gutem Zustand, weil es auf Mars für die längste Zeit keine Verwitterung gab. Irdische Flusstäler wären nach Milliarden von Jahren völlig verschwunden.

Nach dem kosmischen Bombardement ging der Atmosphärenverlust weiter, indem das verbliebene Kohlendioxid in den Weltraum entwich, sich in Wasser auflöste oder vom Regolith absorbiert wurde. Ein großer Teil könnte auch in Karbonaten oder anderen Mineralien aufgegangen sein. Ohne Nachschubquelle wäre das Kohlendioxid schnell vollkommen aufgebraucht gewesen, doch wahrscheinlich hat geothermische Wärme manche dieser Prozesse umgekehrt und einen Teil des Kohlendioxids in die Atmosphäre zurückgeführt. Für einige hundert Millionen Jahre könnte es eine einigermaßen dichte Atmosphäre und den damit verbundenen Treibhauseffekt gegeben haben. Schließlich ließ die geothermische Hitze jedoch nach, die Kohlendioxid-Wiederaufbereitung kam zum Stillstand, und der Atmosphärendruck brach zusammen. So könnte die gefriergetrocknete Wüste entstanden sein, die heute den Mars bedeckt.

Ein Indiz für wärmere Intervalle ist der Umstand, dass manche der Flusstäler relativ jung zu sein scheinen. Als Ursache könnte man sich einen selbstverstärkenden Rückkopplungsprozess vorstellen. Vereinzelte geothermische Wärmeherde oder Vulkanaktivität könnte große Mengen Wasser und damit auch darin gelöstes Kohlendioxid an die Oberfläche gebracht haben. Dies hätte wiederum die Temperatur erhöht, wodurch noch mehr Wasser geschmolzen und mehr Kohlendioxid in die Atmosphäre gelangt wäre. Das Schmelzwasser hätte das gefrorene Tiefland umschwappt, den Regolith erwärmt und damit weiteres Kohlendioxid freigesetzt. Insgesamt könnte auf diese Weise genug Gas zusammengekommen sein, um zeitweilig für eine dichtere Atmosphäre zu sorgen, unter der ein merklicher Treibhauseffekt einsetzen würde.

Eine andere Erklärung wäre die Art, wie der Planet durch das Sonnensystem zieht. Der Mars hat eine recht exzentrische Umlaufbahn um die Sonne und besitzt keinen Mond, der seine Eigendrehung stabilisieren könnte. Es wird Zeiten gegeben haben, wo eine günstige Kombination von Marsachse und Bahnposition dazu führte, dass der Planet erheblich mehr Sonnenwärme abbekam. Zuweilen könnte die Marsachse so gekippt gewesen sein, dass die Pole mehr Sonnenlicht erhielten als die Äquatorialzone. Ihr Schmelzen hätte dann zu einem heftigen Treibhauseffekt geführt.

Im Ganzen erscheinen also wiederholte Episoden von Überflutung, Ozeanbildung und Vergletscherung, gefolgt von langen Perioden, in denen nichts geschah, plausibler als eine einheitliche, stetige Abkühlung. Bezüglich des Lebens wäre die Tatsache, dass Mars vor 3,8 bis 3,5 Milliarden Jahren warm und feucht war, von größter Bedeutung, denn dann wäre Mars zu einer Zeit erdähnlich gewesen, als hier schon Leben existierte. Manche Wissenschaftler sind deshalb der Ansicht, auch Mars sei damals lebenstauglich gewesen, und zwar nicht nur, weil es dort flüssiges Wasser gab. Es gab auch Vulkane. Diese Kombination ist es, was die Chancen für Leben so günstig erscheinen lässt.

Gab es einmal Leben auf Mars?

Der Marsberg Olympus Mons thront 27 Kilometer hoch über dem mittleren Marsniveau und hat einen Durchmesser von gewaltigen 550 Kilometern. In jeder Hinsicht ist er der mächtigste Berg seines Typs im Sonnensystem, siebenmal so groß wie der Mount Everest. Doch nicht wegen seiner Höhe ist Olympus Mons von solcher Bedeutung, sondern weil er ein Vulkan ist. Wo Vulkane und Wasser zusammentreffen, kann es heiße Quellen geben – hydrothermale Systeme wie die auf der Erde, die möglicherweise die ersten Organismen beherbergt haben. Hat auch auf Mars vor 3,8 Milliarden Jahren mikrobielles Leben geblüht, etwa in Quellen, die aus den Hängen des Olympus Mons sprudelten, oder tief im porösen Gestein unter einem längst verschwundenen Ozean?

Vor vier Milliarden Jahren glühte Mars noch von seiner Entstehungshitze. Radioaktivität wärmte seine Kruste. Kometen- und Asteroidenschläge brachten seine Oberfläche zum Schmelzen. Zahlreiche

Vulkane spien riesige Mengen Lava, und es entstanden Flächen geschmolzenen Gesteins wie die Maria auf unserem Mond. Dann kühlte die Kruste allmählich ab, und der Vulkanismus ließ nach. Um die Zeit, als der Kometenbeschuss nachließ, beschränkte sich die Vulkantätigkeit im Wesentlichen auf drei Gebiete: Tharsis, Elysium und Hellas. Wenn es auf Mars heute noch aktive Vulkane gibt, dann verhalten sie sich sehr unauffällig.[1] In der Vergangenheit hat es mit Sicherheit Vulkanausbrüche gegeben, in der Umgebung des Olympus Mons zum Beispiel innerhalb der letzten 1,5 Milliarden Jahre und in der Nähe von Alba Patera noch vor 500 Millionen Jahren. Da der Planet kaum über vier Milliarden Jahre vulkanisch aktiv gewesen sein wird, nur um in jüngster Zeit vollkommen einzuschlafen, liegt also die Vermutung nahe, dass es immer noch aktive Stellen gibt, wenn auch wahrscheinlich tief unter der Oberfläche.

Angesichts der damals großen Wasservorräte gab es auf dem jungen Mars auch reichlich Gelegenheit zur Entstehung heißer Quellen. Auf den Marsfotografien sind klare Hinweise auf ein solches Zusammenspiel zwischen Wasser und Vulkanen erkennbar. Viele der Fluten sind wahrscheinlich dadurch hervorgerufen worden, dass Lava das ewige Eis und gefrorenen Boden zum Schmelzen brachte, und manche der Wasserläufe beginnen zweifellos unter Lavaströmen. Viele Ausflusskanäle drängen sich um die hoch vulkanische Tharsisregion. Anderswo schmücken dichte Talnetze die Flanken von Vulkanen. Es gibt abgeflachte Hügel, die wie die Tafelberge auf Island aussehen, wo Lava unter dem Eis ausgeströmt ist. Charakteristisch geformte Bergkämme im Elysium zeigen ebenfalls alle Anzeichen eines Zusammenwirkens von Eis und Lava. Zusammen stellen diese Beobachtungen einen starken Indizienbeweis für die Existenz hydrothermaler Systeme auf dem jungen Mars dar, wenngleich bestimmte Mineralablagerungen, die *nur* mit solchen Systemen zu erklären wären, noch nicht gefunden worden sind.

Während sie auf neue Marsmissionen warten, sind die NASA-Wissenschaftler damit beschäftigt, Stellen auf dem Planeten zu identifizieren, wo es hydrothermale Aktivität gegeben haben könnte. Ein guter Kandidat ist die Flanke des Vulkans Hadriaca Pladera, wo zahlreiche verschlungene Flusstäler vom Rand des uralten Vulkankessels ausgehen und von einem spektakulären Flutkanal durchkreuzt werden, der plötzlich auf dem Hang erscheint. Ein anderer Vulkan, Apollinaris Patera, hat einen auffälligen, hellen Flecken in der Nähe des Kraterrands – vielleicht Mineralablagerungen einer heißen Quelle. Ein ähnlicher Vulkan in der stark verkraterten Terra Cimmeria zeigt markant verwitterte Hänge und bildet den Ausgangspunkt eines großen Wasserlaufs.

Viele Flusstäler auf dem Mars verlaufen durch chaotisches Gelände, wo große Felsbrocken wild durcheinander liegen. Diese Topographie ist nach Meinung der Wissenschaftler entstanden, als geschmolzener Fels in unterirdische Eisschichten eindrang. Das Eis schmolz, und das Wasser floss ab, wobei die Oberfläche in unregelmäßiger Manier zusammenstürzte. Solche Gebiete wären vorzüglich für die Entstehung hydrothermaler Systeme geeignet. Wenn sich in einer heißen Quelle Leben niedergelassen hat, dann sollte es versteinerte Überreste hinterlassen haben. Wegen der vergleichsweise geringen Verwitterung hätten Marsfossilien die Unbilden der Zeit wahrscheinlich besser überstanden als ihre irdischen Gegenstücke. Zukünftige Missionen zum Roten Planeten könnten viel versprechend erscheinende Bodenproben heraussuchen und zur Erde bringen.

Andere potentielle Fundorte für Fossilien wären Flusstäler, wo winzige Marsorganismen in ruhende Tümpel gespült worden sein könnten, und der gigantische Canyon Valles Marineris, wo tiefe Gesteinsschichten offen liegen. Auch ausgetrocknete Seeböden sind interessant, denn dort könnten mikrobielle Ablagerungen zu finden sein. Hier erscheint der Krater Gusev als guter Kandidat, da einst ein großer Fluss in ihn gemündet hat. Es muss dort also einen tiefen See gegeben haben, der eine entsprechend dicke Sedimentschicht zurückgelassen haben sollte.

Der erste kleine Schritt, diesen Hinweisen zu folgen, wurde im Juli 1997 getan, als im Rahmen der Pathfinder-Mission zum ersten Mal seit Viking wieder eine Sonde auf dem Mars landete. Das kleine Erkundungsvehikel, Sojourner, das zu der Mission gehörte, übermittelte uns eine Fülle von Daten von der Mündung der Flutebene Ares Valles. Das Gelände in der Nähe des Landeplatzes ist mit Steinen übersät, die mit der Flut das Tal heruntergekommen sein müssen. Das

Geröll könnte Bruchstücke eines uralten hydrothermalen Systems enthalten oder gar Fossilien tief unterirdischer Mikroben, welche die Flut ans Tageslicht gebracht und mitgerissen hat. Leider war Pathfinder nicht dazu ausgerüstet, diese Vermutungen zu überprüfen.

Im September 1997 schwenkte der Mars Global Surveyor in seinen Orbit ein. Er ist darauf ausgelegt, die Oberfläche des Planeten auf einen Meter genau zu vermessen, und sollte wertvolle Hinweise auf die hydrologische Geschichte des Mars und mögliche Verstecke des Lebens liefern. Weitere Sonden sind bei der NASA, der ESA sowie in Japan und Russland in Planung. Der Höhepunkt des Programms ist eine Mission, die um das Jahr 2005 Bodenproben vom Mars zur Erde bringen soll. Obwohl diese Projekte weitgehend darauf abzielen, das Klima und die Geologie des Planeten zu erkunden, wird man ihre Resultate auch genauestens auf Spuren vergangenen Lebens untersuchen.

Gibt es noch Leben auf Mars?

Wenn auf der Marsoberfläche vor 3,8 Milliarden Jahren Leben entstanden wäre, dann hätte es einen verzweifelten Wettlauf mit der Zeit vor sich gehabt. Fast sofort nach dem Ende des sterilisierenden Kometenbeschusses hätte das Klima begonnen, sich zu verschlechtern. Die Temperaturen wären ins Bodenlose gefallen, das Wasser gefroren, und geeignete ökologische Nischen wären immer rarer geworden. Wahrscheinlich hätten nach wenigen hundert Millionen Jahren nur noch an besonderen Zufluchtsorten Organismen überlebt, zum Beispiel in dick zugefrorenen Seen oder irgendwo tief unter der Oberfläche.

Falls sich dort heute noch etwas ans Leben klammert, dann wohl kaum in den Gebieten, die man für die Viking-Mission – in erster Linie im Hinblick auf eine sichere Landung – gewählt hatte. Das wusste man damals noch nicht, denn die Mission fand statt, bevor den Biologen die Bedeutung heißer Quellen klar war.

Leider scheinen heute alle hydrothermalen Systeme an der Marsoberfläche versiegt zu sein. Dennoch wäre es aber ein Fehler, den Planeten als eine mögliche Heimat existierenden Lebens gänzlich abzuschreiben. Vulkanausbrüche und rauchende Schlote mögen der Vergangenheit angehören, doch tief im Untergrund könnte noch eine erhebliche geothermische Aufheizung stattfinden. Obwohl der Bodenfrost bis in mehrere Kilometer Tiefe reicht, könnten sich darunter reiche Wasservorräte – wahrscheinlich Salzwasser – verbergen. Von der Erde wissen wir heute, dass sich die Biosphäre bis weit unter die Erdkruste ausdehnt, und wenn sich Organismen auf unserem Planeten tief unter der Oberfläche wohl fühlen, dann könnte das auch auf Mars der Fall sein. Mars fehlen zwar die Black Smokers, die auf der Erde so zahlreich zu finden sind, doch es gibt keinen Grund, weshalb sich Marsmikroben im Lauf der Zeitalter nicht an die raueren Bedingungen auf ihrem Planeten gewöhnt haben sollten. Auf der Erde haben Bakterien und Archaebakterien die unwirtlichsten Umgebungen besetzt und gedeihen an Orten, die den Dauerfrost auf Mars recht gemäßigt erscheinen lassen.

Wenn es auf Mars Leben gibt, dann ähnelt es wahrscheinlich den auf Chemotrophie basierenden Ökosystemen, die man auf der Erde in Felsschichten tief unter der Oberfläche findet (siehe Kap. 7). Chemotrophe sind, wie wir uns erinnern, Primärerzeuger: Sie benötigen kein Licht, keine organische Nahrung und keinen Sauerstoff. Sie ernähren sich von anorganischen Stoffen aus der Tiefe, von Wasserstoff und Schwefelwasserstoff, die im Wasserkreislauf nach oben gelangen. Ihre urzeitlichen Stoffwechselprozesse würden gut in die derzeitige Marsumgebung passen, wo Schwefel- und Eisenablagerungen die erforderlichen Chemikalien bereithalten würden. Organismen wie der Methanococcus, der Wasserstoff und Kohlendioxid zu Methan umsetzt, würden sich unter der Marsoberfläche wahrscheinlich ganz zu Hause fühlen.

Dies sind wohlgemerkt lauter Mutmaßungen. Doch wie könnte man sie bestätigen? Mikroben unter dem Bodenfrost wären selbst für eine bemannte Expedition kaum zugänglich. Es wäre jedoch denkbar, dass Satelliten einmal verräterische Zeichen unterirdischen Lebens entdecken, zum Beispiel in die Atmosphäre aufsteigendes Methan. Die beste Chance wäre wohl, wenn Marsorganismen an bestimmten Stellen auf oder dicht unter der Oberfläche überlebt hätten. Ein

Kometen- oder Asteroideneinschlag vor nicht allzu langer Zeit könnte eine vormals tiefe, von Mikroben bewohnte Gesteinsschicht freigelegt haben. Manche der Organismen könnten, wenn auch gefroren und im Tiefschlaf, im Schatten des Kraterrands, wo sie vor der ultravioletten Strahlung der Sonne geschützt wären, intakt geblieben sein. Eine andere Möglichkeit wären urzeitliche Halophile, die in Salzkristallen in ausgetrockneten Seebecken mumifiziert sein könnten. Chris McKay, ein Marsexperte der NASA, tippt dagegen auf die gefrorenen Polargebiete, in denen seiner Auffassung nach schlafende Mikroben zu finden sein könnten. Die Temperaturen sind zwar abscheulich niedrig, doch wenigstens gibt es gefrorenes Wasser, anders als in der Äquatorialzone, die vollkommen ausgetrocknet ist.

Der einzige Ort auf der Erde, der mit der Marsoberfläche vergleichbar ist, ist die Antarktis. Trotz Temperaturen deutlich unter dem Gefrierpunkt, trockener, stürmischer Luft und starker ultravioletter Strahlung leben Mikroorganismen auf dem Grund der eisbedeckten Seen der McMurdo-Täler. Unter Eis kann flüssiges Wasser existieren, selbst wenn die Durchschnittstemperatur unter dem Gefrierpunkt liegt. Grund dafür ist das Zusammenwirken von Sonnenlicht, Geothermik und Schmelzwasser, das nach den kurzen Perioden, wo die Temperatur über den Nullpunkt steigt, dort eindringt. An einem solchen Ort könnten Marsorganismen ihre letzte Zuflucht gefunden und ihre Überlebenszeit um Hunderte von Millionen Jahren verlängert haben.

McKay hat eine noch bemerkenswertere Form antarktischen Lebens studiert, Organismen mit dem einschüchternden Namen Cryptoendolithen, die in lichtdurchlässigen Sandsteinfelsen hausen. Sie bleiben dicht genug unter der Oberfläche, dass noch Licht zu ihnen gelangt, sind jedoch durch eine dünne, feste Schicht schon vor ultravioletter Strahlung und Wind geschützt. Das Sonnenlicht setzt genug von der im Gestein eingeschlossenen Feuchtigkeit frei, um die Organismen am Leben zu erhalten, selbst in Höhen von 1500 Metern und bei Temperaturen, die nie über den Gefrierpunkt steigen. Ganze Völker von Bakterien, Pilzen, Flechten und Algen leben bequem unter solch mörderischen Bedingungen. Dank ihrer genialen Strategie würden manche dieser Organismen auch auf dem heutigen Mars überleben, und heimische Marsmikroben könnten sich in eine ähnliche Richtung entwickelt haben.

Meiner Meinung nach bleibt die Region tief unter der Oberfläche dennoch der bei weitem wahrscheinlichste Lebensraum heutiger Marsbewohner. Aus Gründen, die ich im nächsten Kapitel darlegen werde, glaube ich sogar an eine ausgezeichnete Chance, dass wir unter dem gefrorenen Marsboden tatsächlich einmal lebendige Mikroorganismen finden. Vor wenigen Jahren hätte man über solch eine Vorhersage nur gelacht. Solange die Wissenschaftler noch annahmen, Leben käme nicht ohne Sonnenlicht aus, ohne Wärme und organische Nahrung, erschien Mars als ein hoffnungsloser Fall. Doch seit der Entdeckung lebender Mikroben in den finsteren, geothermal erhitzten Tiefen der Erdkruste sieht man die Möglichkeit von Leben auf Mars mit ganz anderen Augen.

Marsmeteoriten

1911 wurde das Städtchen Nakhla in Ägypten zum Schauplatz eines der bemerkenswertesten Ereignisse der Geschichte: Ein Felsbrocken fiel vom Himmel und erschlug einen Hund. Dies war der erste bekannte Fall, dass ein Hund einem Himmelskörper zum Opfer fiel, und als ob dies nicht schon unwahrscheinlich genug wäre, stellte sich Jahrzehnte später heraus, dass das himmlische Geschoss kein gewöhnlicher Feld-, Wald- und Wiesenmeteorit war, sondern ein Stück vom Planeten Mars. Inzwischen hat man etwa ein Dutzend Marsmeteoriten identifiziert, und bestimmt liegen noch viele andere herum, ohne je erkannt worden zu sein.

Vom Aussehen her unterscheidet sich ein Marsmeteorit wenig von anderen Felsbrocken. So war ein Stück des Nakhla-Objekts viele Jahre lang als gewöhnlicher Meteorit im Geologiemuseum der Universität Adelaide ausgestellt, bis man Anfang der neunziger Jahre seine wahre Herkunft entdeckte. Seitdem befindet sich der Stein hinter Schloss und Riegel. Der Schlüssel zum Ursprung dieser besonderen Meteoriten liegt nicht in ihrem Aussehen, sondern in den Feinheiten ihrer chemischen Zusammensetzung. Wissenschaftler standen lange Zeit ratlos vor einer Klasse von Meteoriten, den so genannten SNC-Meteoriten, die ungewöhnliche Mengen flüchtiger Stoffe und eigenartige Häufigkeiten der verschiedenen Sauerstoffisotope aufwiesen. Die Bezeichnung «SNC» steht für die ersten Fundorte: Shergotty in Indien (1865), Nakhla und Chassigny in Frankreich (1815).

Das Verblüffendste an den SNC-Meteoriten war, dass sie aus Gestein bestehen, das man normalerweise mit Vulkanen in Verbindung bringt, was natürlich sofort verdächtig ist. Die meisten Meteoriten stammen aus dem Asteroidengürtel zwischen Mars und Jupiter; andere sind Bruchstücke von Kometen. Doch weder auf Asteroiden noch auf Kometen gibt es Vulkane – nur auf Planeten.

Dass mit SNC-Meteoriten etwas nicht stimmte, wurde in den frühen achtziger Jahren klar, als man mit Hilfe kernphysikalischer Methoden ihr Alter bestimmte. Man kam auf Datierungen zwischen 180 Millionen und 1,3 Milliarden Jahre. Gewöhnliche Meteoriten, die aus den Urstoffen des Sonnensystems bestehen, sind dagegen annähernd 4,6 Milliarden Jahre alt. Nun kam einigen Wissenschaftlern der Verdacht, die SNC-Objekte müssten von der Oberfläche eines Planeten kommen – eines Planeten, auf dem es Vulkane gibt.

Löste eine planetarische Herkunft der SNC-Meteoriten einige Rätsel auf einen Schlag, so gab sie gleich mehrere neue auf. Am drängendsten war die Frage, wie ein großer Felsbrocken in einem Stück einem Planeten entkommen und zur Erde finden konnte. Welcher physikalische Prozess hatte die Kraft, einem Planeten einen Felsen zu entreißen, ohne ihn dabei zu zerstören? Berechnungen zeigten bald, dass selbst der gewaltigste Vulkanausbruch kaum in der Lage wäre, solche Steine ins All zu schleudern. Damit blieb als einzige Option ein kosmischer Einschlag: Sicherlich war denkbar, dass ein Planet mit solcher Gewalt von einem Asteroiden oder Kometen getroffen wird, dass Trümmer in eine Umlaufbahn befördert werden und manche davon irgendwann auf der Erde landen. Doch noch in den achtziger Jahren fiel es vielen Wissenschaftlern schwer, solche kosmischen Katastrophen ganz ernst zu nehmen. Zudem war man damals überzeugt, eine Kollision dieser Größenordnung müsse alles Gestein in der Einschlagszone pulverisieren und schmelzen, während die SNC-Meteoriten durch den Zusammenprall offenbar kaum erschüttert worden waren.

Das Beweismaterial zugunsten eines planetarischen Ursprungs der SNC-Meteoriten wuchs jedoch ständig. Und dann stellte sich die nächste Frage: Von welchem Planeten mochten sie wohl kommen? Mars war zwar immer der Hauptkandidat, doch die Bestätigung erforderte gewissenhafte Detektivarbeit. Auch Venus stand zur Debatte, doch ihre dicke Atmosphäre und relativ hohe Oberflächengravitation würde es schwerer machen, Material abzusprengen. Andere mögliche Quellen waren der Mond und natürlich die Erde selbst. Der Mond hat jedoch in der Lebenszeit der datierten Objekte keine Vulkane besessen. Auf der Erde hat es nie an Vulkanen gemangelt, doch dann erbrachte der Vergleich der Zusammensetzung der Meteoriten mit irdischem Gestein, dass die Isotopenverhältnisse nicht übereinstimmten. Nicht nur sind die Häufigkeiten der Sauerstoffisotope alle falsch, sondern auch die von Xenon. Und Xenon ist charakteristisch für Planeten mit einer dünnen Atmosphäre und einem nur mäßigen Gravitationsfeld. All dies sprach deutlich für Mars.

Der letzte Beweis kam schließlich im Jahr 1982 durch einen dieser Zufälle, die bei wissenschaftlichen Entdeckungen so oft eine Rolle spielen. Der NASA-Wissenschaftler Donald Bogard wollte das Alter eines der mutmaßlichen Marsmeteoriten bestimmen und maß dazu den Anteil radioaktiven Argongases in geschmolzenem Glas. Die Ergebnisse waren offenbar absurd, und er zog den Schluss, sein Meteoritenstück müsse irgendwie verunreinigt worden sein. Dann dachte er noch einmal sorgfältig nach und kam schließlich darauf, dass die Schockwelle, die den Felsen vom Mars losgesprengt hatte, Argon aus der Atmosphäre in das Gestein gepresst haben muss. Zum Glück hatte Viking die Häufigkeiten der Argonisotope in der Marsatmosphäre gemessen, und ein Vergleich zeigte sofort, dass Bogard Recht hatte. Auch die anderen Edelgase und zudem Stickstoff und Kohlendioxid stimmten in ihrer Häufigkeitsverteilung mit den Viking-Daten überein. Die Gasmischung in den winzigen Blasen war genau identisch mit der Marsatmosphäre.

Als einmal akzeptiert war, dass die SNC und eine Hand voll anderer Meteoriten tatsächlich vom Mars stammten, begannen die Wissenschaftler, sie nach Hinweisen auf die Bedingungen an der Marsoberfläche zu untersuchen. Eine wichtige Entdeckung waren Mineralien, die mit flüssigem Wasser in Berührung gekommen waren, was die Theorie stützte, dass Mars einmal feucht und warm gewesen war. Messungen der Isotopenhäufigkeiten trugen dazu bei, dass man heute mehr über die Veränderungen weiß, denen die Marsatmosphäre unterworfen war. Im Ganzen waren die Forschungen an den Marsmeteoriten faszinierend und wichtig, doch all dies verblasste im Vergleich zu dem, was in ALH84001 verborgen lag.

Spuren von Leben?

Die NASA hat eine sensationelle Entdeckung gemacht, nach der auf dem Mars vor über drei Milliarden Jahren eine primitive Form mikroskopischen Lebens existiert haben könnte.

Daniel S. Golding, NASA

Die Einöden der Antarktis sind vielleicht der letzte Ort, wo man Meteoritenjäger erwarten würde. Und doch ist diese ausgedehnte Eiswüste ideal für die Suche nach astronomischen Geheimnissen. Findet man dort einen Stein, dann kann er nur aus einer Richtung gekommen sein: vom Himmel. Was vom Himmel fällt, ist bald von Schnee bedeckt, doch während das Eisschelf mitsamt der in ihm eingeschlossenen Meteoriten auf den Ozean zu rutscht, stößt es zuweilen auf Hindernisse oder schleift an Bergen vorbei. Dadurch können Steine an die Oberfläche gelangen, die auf dem Schnee dann leicht zu finden sind.

Gegen Ende des Jahres 1984 bekamen Roberta Score, ein Mitglied des Antarktis-Meteoritensuchteams der Vereinigten Staaten, und ihre Kollegen den Auftrag, den öden, sturmgepeitschten Gletscher in der Nähe der Allan Hills zu überqueren. Am Mittag des 27. Dezember hielt Score ihr Schneemobil an, um die spektakulären, an gefrorene Wellen erinnernden Eisformationen zu bewundern. Und dann sah sie einen Meteoriten, der offen am Rand des Eisfelds lag. Bei näherer Betrachtung fiel ihr seine unwirkliche, grüne Färbung auf; ansonsten war er für Score und ihre Gruppe nur einer von über hundert Meteoriten, die sie im Laufe ihrer Expedition gesammelt hatten. Kein Grund zur Aufregung.

Wie immer stellten die Wissenschaftler sicher, dass ihr grüner Meteorit – katalogisiert als ALH, nach Allan Hills – nicht verunreinigt wurde. Sie packten ihn in einen speziellen, sterilisierten Nylonbeutel, den sie mit Teflonband versiegelten. Niemand berührte das Fundstück mit bloßen Händen. Auf seiner dreimonatigen Reise zum Meteorite Curation Laboratory am Johnson Space Center in Houston wurde er wie die anderen Meteoriten unter ständigem Frost gehalten. Nach seiner Ankunft in Texas wurde er innerhalb eines speziellen Schranks in einer Stickstoffatmosphäre gelagert, um ihm alle Feuchtigkeit zu entziehen. Wegen seiner nach dem Bericht der Forscher ungewöhnlichen Farbe war er der erste Meteorit des Jahres 1984, den man in die Sammlung aufnahm; daher die Laufnummer 84001. Im Labor erschien seine Farbe überhaupt nicht bemerkenswert, nur das übliche Grau, weshalb man ihn als einen gewöhnlichen Diogeniten aus dem Asteroidengürtel einstufte. So schlummerte ALH84001 drei Jahre im Lager, ohne dass jemand seine Bedeutung erkannt hätte.

Im Sommer 1988 war David Mittlefehldt, ein Geochemiker am Johnson Space Center, dabei, eine systematische Analyse der Diogeniten durchzuführen, wozu er auch eine Probe von ALH84001 angefordert hatte. Der ursprüngliche Bericht, dass der Stein bestimmte Mineralien enthielt, die in Diogeniten selten sind, zum Beispiel einen Stoff mit dem eigenartigen Namen Plagioklas, hatte ihn neugierig gemacht. Angeblich enthielt er auch Karbonate, doch Mittlefehldt nahm automatisch an, dabei müsse es sich um Verwitterungsprodukte handeln, die erst in der Antarktis entstanden waren.

Mittlefehldts anfängliche Analyse brachte nichts Ungewöhnliches zum Vorschein. Erst 1990, als er mit einer Elektronen-Mikrosonde (welche die Oberfläche des Gesteinskörnchens mt einem feinen Elektronenstrahl abtastet und die dadurch angeregte Röntgenstrahlung misst) winzige Körnchen untersuchte, die in dem Stück eingeschlossen waren, zeigte sich allmählich die besondere Natur dieses Meteoriten. Plötzlich offenbarten sich große Mengen chemisch aktiven, zweiwertigen Eisens, das man in normalen Meteoriten nicht erwarten würde. Mittlefehldt dachte, ihm wäre ein Fehler unterlaufen, und verfolgte die Sache nicht weiter, doch in einem Artikel über Diogenite, den er 1993 veröffentlichte, erwähnte er seine ungewöhnlichen Resultate bezüglich ALH84001. Ein Gutachter des Artikels überredete ihn dann, die Messung noch einmal nachzuprüfen. Mittlefehldt überzeugte sich, dass seine chemische Analyse fehlerfrei war, und erst dann dämmerte ihm allmählich, dass es sich bei ALH84001 vielleicht gar nicht um einen Diogeniten, sondern um einen Marsmeteoriten handeln könnte. Die mineralische Zusammensetzung war jedoch ganz anders als zum Beispiel die eines SNC-Meteoriten. So gewann wieder seine Vorsicht die Oberhand, und er erwähnte seine Vermutung den Kollegen gegenüber mit keinem Wort.

Der Rest der Geschichte liest sich wie ein Sciencefictionroman. Mittlefehldt forderte weitere Proben von ALH84001 an, und während er darauf wartete, wandte er sich einem anderen Antarktismeteoriten zu, EETA79002, zweifellos ein Diogenit, wie er von früheren Untersuchungen wusste. Er führte eine Routineanalyse durch, wieder mit einer Mikrosonde, und fand plötzlich auch hier erhebliche Mengen zweiwertigen Eisens. Um ganz sicherzugehen, nahm er dann das Eisensulfid in EETA79002 unter die Lupe und stieß zu seiner Überraschung auf Eisendisulfid. «Es war total verrückt», erinnert er sich, «denn Diogenite enthalten normalerweise nur Eisenmonosulfid.» Mittlefehldt war so verblüfft, dass er noch einmal ganz von vorn begann und eine dünne Scheibe des Meteoriten unter dem Elektronenmikroskop betrachtete. Und siehe da: Die Probe sah ganz und gar nicht nach EETA79002 aus, so wie er den Meteoriten kannte. Stattdessen bemerkte er eine verdächtige Ähnlichkeit mit ALH84001. Nachforschungen ergaben dann, dass man ihm eine falsch bezeichnete Probe gegeben hatte: Die ganze Zeit hatte er Stücke des Allan-Hills-Meteoriten vor sich gehabt!

Dies war für Mittlefehldt nun endlich Beweis genug. Eisendisulfid ist ein gewöhnlicher Bestandteil von Marsmeteoriten. Und da er auch zweiwertiges Eisen gefunden hatte, konnte er nur noch schließen, dass ALH84001 tatsächlich vom Mars stammte. Mitte Oktober 1993 veröffentlichte er seinen Befund, und von da an war ALH84001 offiziell ein Marsmeteorit und genoss Sonderbehandlung.

Eine andere Forschungsgruppe am Johnson Space Center, unter David McKay und mit Richard Zare von der Stanford-Universität, unterzog ALH84001 dann einer ganzen Reihe von Tests. Mit Hilfe neuester chemischer und physikalischer Analysemethoden gelang es, die Geschichte des Steins Schritt für Schritt zu rekonstruieren. Die erste Überraschung war sein Alter, das man aus dem radioaktiven Zerfall der Elemente Rubidium und Samarium ableitete. Wie wir uns erinnern, sind die meisten Marsmeteoriten relativ jung. ALH84001 hat sich dagegen vor etwa 4,5 Milliarden Jahren verfestigt, also kurz nach der Entstehung des Planeten selbst.

Dann kümmerten sich die Forscher um die Risse im Meteoriten. Offenbar hatte irgendetwas, wahrscheinlich ein Asteroideneinschlag in seiner Nähe, den Stein aufgebrochen und teilweise wieder geschmolzen. Um festzustellen, wann das geschehen sein könnte, führte das Team sorgfältige Messungen des Kalium-40-Gehalts durch, eines radioaktiven Isotops, das zu Argon zerfällt. Da Argon ein Gas ist, entweicht es aus geschmolzenem Gestein, wogegen es in festem Material gefangen bleibt. Das Mengenverhältnis von Kalium und Argon gibt daher Aufschluss darüber, wann der Stein nach dem Schock, der die Risse verursacht hat, wieder abgekühlt ist. Das Ergebnis war: vor zirka vier Milliarden Jahren.

Die Risse waren von besonderem Interesse, da sie winzige Karbonatkörnchen, zum Beispiel aus Kalkstein, enthielten. Ein Geologe schließt daraus sofort, dass das Gestein mit Wasser in Berührung gekommen sein muss. Die Schlüsselfrage war nun: Ist dieses Karbonat in den Stein eingedrungen, als er schon unter dem Antarktiseis lag, oder stammt es vom Mars? Die Antwort ergab sich bald aus dem Alter der Ablagerungen. Das Ergebnis läßt zwar einigen Spielraum zu, zwischen 1,4 und 3,6 Milliarden Jahren, doch mit Sicherheit sind die Körnchen entstanden, bevor der Meteorit die Erde erreichte.

ALH84001 hatte offenbar bis vor relativ kurzer Zeit ein ruhiges Leben geführt, bis ein größerer Einschlag auf Mars ihn in den Weltraum geschleudert hat. Um den Zeitpunkt dieses Ereignisses zu bestimmen, studierte die Forschungsgruppe, in welchem Maße kosmische Strahlung dem Stein zugesetzt hatte. Alles im offenen Weltraum unterliegt einem ständigen Bombardement schneller Teilchen von der

Sonne und aus den Tiefen unserer Galaxie, der Milchstraße. Diese Strahlung produziert neue Isotope. Indem man deren Häufigkeit in einem Meteoriten misst, kann man feststellen, wie lange er der kosmischen Strahlung ausgesetzt war. Für ALH84001 lautete das Ergebnis: 16 Millionen Jahre. Diese Zeit hatte er also im Weltraum verbracht, bevor er auf der Erde endete.

Als Nächstes wollten die Forscher wissen, wann der Stein Mars verlassen hat. Dazu mussten sie exakt ermitteln, zu welchem Zeitpunkt er in der Antarktis gelandet war, was eine Kohlenstoff-14-Analyse erforderte, in der man die Häufigkeit dieses seltenen Kohlenstoffisotops in der Meteoritenprobe bestimmte. Unter dem Einfluss kosmischer Strahlung, also während der 16 Millionen Jahre im Weltraum, ist in dem Meteoriten eine bestimmte Menge Kohlenstoff-14 entstanden. Sobald er die Erde erreichte, kam diese Produktion zum Stillstand. Indem man nun feststellte, welcher Anteil des Isotops radioaktiv zerfallen war, konnte man bestimmen, wann er in der Antarktis gelandet war: vor etwa 13 000 Jahren. ALH84001 hatte also seit ungefähr 11 000 v. Chr. ungestört im Eis gelegen, bevor Roberta Score ihn entdeckte.

Die NASA-Gruppe konzentrierte sich nun auf die Karbonatkörner in dem Felsbrocken, die, wie den Wissenschaftlern bewusst war, wertvolle Hinweise auf die Bedingungen auf Mars vor Milliarden von Jahren liefern konnten. Bei näherer Inspektion fanden sie Schichten mit Punkten von 25 Nanometern (das heißt Millionstel Millimetern) bis einem zehntel Millimeter Durchmesser. Die Körner waren mit eisenreichem Material bedeckt, darunter auch Eisensulfid und Magnetit, ein besonderes Eisenoxid. All diese Mineralien können unabhängig voneinander in verschiedenen chemischen Prozessen entstehen, doch dass sie alle zusammen auftraten, musste zu denken geben. Trotz allen Kopfkratzens endeten die NASA-Wissenschaftler immer wieder bei derselben Frage: Sollten die ungewöhnlichen Karbonatkörner etwa von lebenden Organismen produziert worden sein? In dieser Phase war es zugegebenermaßen kaum mehr als eine wilde Theorie, doch wäre der Stein irdischen Ursprungs gewesen, dann hätte man solche Mineralienkörner ohne Zögern Mikroben zugeschrieben.

Was die Forscher nun dringend brauchten, war eine Gegenprobe, denn in den Augen der meisten Wissenschaftler hätten die Karbonatkörner allein nichts bewiesen. McKay und sein Team machten sich also auf die Suche nach vollkommen anderen Chemikalien, den zu den Kohlenwasserstoffen gehörenden so genannten polyzyklischen Aromaten. Diese charakteristischen Ringmoleküle entstehen, wie allgemein anerkannt ist, wenn Organismen zerfallen. Mit Hilfe eines Massenspektrometers fanden die Forscher tatsächlich winzige Spuren davon. Bevor sie die Champagnerkorken knallen lassen konnten, mussten sie jedoch noch zeigen, dass diese Substanzen nicht erst in den Meteoriten gelangt waren, nachdem er in der Antarktis gelandet war. Dazu maßen sie die Verteilung der polyzyklischen Aromaten im Meteoriten, wobei sie feststellten, dass die Konzentration der verräterischen Moleküle nach innen hin zunahm. Wären die Kohlenwasserstoffe erst später in den Stein eingedrungen, dann hätte man genau das Gegenteil erwartet.

Dieser Befund war ein wichtiger Durchbruch, obwohl es immer noch nicht als Beweis reichte, dass in dem Stein einst Marsmikroben gelebt haben. Polyzyklische Aromaten müssen nämlich nicht unbedingt von lebenden Organismen stammen; sie können auch in anorganischen Prozessen entstehen. Man hatte polyzyklische Aromaten schon in anderen Meteoriten und selbst im interstellaren Raum gefunden. Ihre Anwesenheit ist also nicht schlüssig. Selbst wenn man zeigt, dass die Kohlenwasserstoffe in ALH84001 vom Mars stammen, könnten sie dort in nicht biologischen Prozessen entstanden oder aus dem Weltraum gekommen sein.

Es gab jedoch einen dritten, noch dramatischeren Hinweis, dass einmal Organismen den Marsstein bewohnt haben. Unter einem großen Elektronenmikroskop wurden Tausende winziger, wurstförmiger Objekte sichtbar, die an den Karbonatkörnern kleben, und diese Würste sehen ganz nach irdischen Bakterien aus. McKay und seine Kollegen zogen deshalb den vorläufigen Schluss, bei den Objekten handele es sich tatsächlich um fossile Marsbewohner – die versteinerten Schalen von Mikroben, die vor über drei Milliarden Jahren auf dem Roten Planeten gelebt haben. Haben sie Recht, dann sind sie die ersten Menschen, die je (nachweislich) Spuren einer außerirdischen Lebensform zu Gesicht bekommen haben.

Mit seinen drei Beweisstücken bewaffnet, ging das NASA-Team im August 1996 an die Öffentlichkeit. Das Ergebnis war eine internationale Sensation: Riesenschlagzeilen rund um den Globus und unzählige Fernsehberichte, in denen die Neuigkeit verbreitet wurde. Präsident Clinton trat persönlich vor die Presse und gab dem Befund seinen Segen. Vizepräsident Al Gore organisierte sofort ein Seminar über die «Implikationen» im Weißen Haus. Religionsführer kommentierten voller Ernst, was außerirdisches Leben für die Gläubigen bedeuten würde. Und die NASA holte ihre Marserkundungspläne aus der Mottenkiste und änderte flugs ihre Budgetpläne. Fotos von ALH84001 wurden vom Internet heruntergeladen und in Hunderten von Sondervorlesungen gezeigt.

Ich selbst hörte auf ganz eigenartige Weise von der Entdeckung. Am Morgen des 7. August fand ich ein Fax von einer Bekannten in England vor. Sie wollte von meiner Frau wissen, ob ich zur Zeit in London wäre, weil sie mich in einer Rundfunksendung der BBC über Leben auf dem Mars hatte sprechen hören. Ich legte das Fax kopfschüttelnd zur Seite und schaltete das australische Frühstücksfernsehen ein, wo natürlich über die NASA-Geschichte geredet wurde. Als mir endlich dämmerte, was geschehen war, musste ich lächeln. Die vergangenen Monate über hatte ich in Vorträgen auf der ganzen Welt von der Möglichkeit gesprochen, dass Mikroben oder Fossilien solcher Mikroben in Meteoriten vom Mars zur Erde (und umgekehrt) gelangen könnten. Als dann die große Neuigkeit herauskam, hatte die BBC schon ein Interview mit mir im Kasten, das vor einigen Wochen, als noch niemand von den NASA-Ergebnissen wusste, aufgezeichnet worden war und genau zu dem Thema passte.

Die australischen Medien waren leider nicht so prophetisch gewesen. Nur einen Monat zuvor hatte mich eine Filmcrew der australischen Fernsehgesellschaft ABC besucht. Ich hatte über das Meteoritenszenario gesprochen und sogar ein Stück des Nakhla-Steins vor die Kamera gehalten, wobei ich noch über die Infektionsgefahr scherzte. Wie es der Zufall wollte, war dieses Interview für den 8. August eingeplant, doch die ABC hatte schon beschlossen, das Stück über die Marsmeteoriten herauszuschneiden. Es war ihnen offenbar zu weit hergeholt oder zu langweilig. Als die NASA-Entdeckung dann bekannt gegeben wurde, war es zu spät, das herausgeschnittene Material wieder einzusetzen.

Ganz lustig in Zusammenhang mit meinen vorahnungsvollen Interviews ist auch die Geschichte der «weißen Würmer». Im Januar 1996 wohnte ich einer von der CIBA-Stiftung gesponserten Konferenz – das Motto war die «Entwicklung hydrothermaler Ökosysteme auf der Erde (und auf Mars)» – in London bei. In der Pressekonferenz trugen einige von uns Argumente vor, weshalb wir Leben auf dem Mars für wahrscheinlich hielten. Wir sprachen von Marsmeteoriten, Black Smokers und den Schlauchwurmvölkern, die man auf der Erde an solchen Plätzen gefunden hatte. Doch irgendwie scheinen wir uns nicht klar genug ausgedrückt zu haben, denn am selben Abend wurde ich in einer Sendung der BBC gebeten, über die Entdeckung weißer Würmer auf dem Mars zu reden! Ich tat mein Bestes, die Sache abzuwiegeln, doch die Geschichte wurde nie ganz vergessen, und als die NASA-Ergebnisse veröffentlicht wurden, sprach man in Zusammenhang mit den mutmaßlichen Mikrofossilien zu meinem Schrecken natürlich von «weißen Würmern».

McKay und seine Leute behielten in dem Medienrummel zum Glück die Ruhe. Sie wussten, wie viele wissenschaftliche Resultate schon mit großem Trara verbreitet worden waren, nur um kurz darauf wieder zurückgezogen zu werden. Deshalb betonten sie immer wieder, dass die Abdrücke in dem Meteoriten noch keinen Beweis darstellten, dass es einmal Leben auf Mars gegeben hat. Die Befunde waren lediglich in Einklang mit der Hypothese, dass es sich um Objekte biologischen Ursprungs vom Mars handelte. Mehr könne man nicht sagen, bevor man nicht weitere Tests durchgeführt und mehr Informationen gesammelt hätte. Den endgültigen Beweis könne nur eine Mission zum Mars bringen, die Bodenproben sammeln und zur Erde befördern würde. Dennoch war Leben auf dem Mars nach Auffassung der NASA-Gruppe bislang die wahrscheinlichste Erklärung.

Eine ausführliche Beschreibung der Befunde erschien in der Zeitschrift Science, doch kaum war die Tinte trocken, da meldeten sich auch schon die Skeptiker zu Wort. Experten fanden mehrere Kritikpunkte an der Arbeit der NASA-Forscher: Verunreinigung mit irdischen Kohlenwasserstoffen wäre nicht auszuschließen; die mutmaßlichen Fossilien wären viel zu klein, als dass sie Bakterienüberreste sein könnten; keine der «Bakterien» wäre im Augenblick der Spaltung versteinert; und die Karbonatkörner müssten in einer Hitze entstanden sein, die kein Leben zulassen würde. Manche Kommentatoren meinten auch, das NASA-Team hätte verdächtig viel Glück gehabt. «Ich suche mein Leben lang nach archaischen Mikrofossilien auf der Erde», bemerkte der australische Paläogeologe Malcolm Walter zu mir, «und finde nur eine Handvoll. Und diese Burschen entdecken Mikrofossilien vom Mars in einer zufälligen Auswahl von ganzen zwölf Steinen!»

Die Winzigkeit der «Fossilien» ist sicherlich ein bedeutender Einwand. Mit einer Länge von nur 50 Nanometern sind die Karbonatwürstchen hundertmal kleiner als die meisten irdischen Bakterien. Es erhebt sich gar die Frage, ob etwas von dieser Größe überhaupt je gelebt haben kann. Waren es auf DNS basierende Organismen, dann wäre in ihren Genomen für nur 1000 Basenpaare Platz – ganz zu schweigen von anderen Strukturen, zum Beispiel Zellwänden, die in irdischen Bakterien mindestens 25 Nanometer dick sind. Könnte eine Marsmikrobe mit weniger als einem Hundertstel des Molekülinventars einer normalen Erdbakterie jedoch Mineralienverarbeitung und andere Stoffwechselfunktionen fertig bringen? Die meisten Mikrobiologen schütteln darauf die Köpfe. Nicht aber Robert Folk und Leo Lynch von der Universität von Texas in Austin. Folk und Lynch behaupten, sie hätten auch hier auf der Erde mineralisierte mikrobielle Strukturen, sogenannte Nanobakterien, gefunden, die nur 100 Nanometer messen sollen. Berichte eines finnischen Ärzteteams, das lebende Nanobakterien in menschlichem Blut entdeckt zu haben glaubt, gehen in dieselbe Richtung.

Der schwerste Angriff auf die biologische Interpretation der Strukturen in ALH84001 kam von den Amerikanern Ralph Harvey von der Case Western Reserve University und Harry McSween von der Universität von Tennessee. Die beiden angesehenen Geologen schauten sich den Meteoriten genau an und kamen zu dem Schluss, dass die Karbonate bei einer Temperatur von mindestens 650 Grad Celsius abgelagert worden sind. Eine solche Hitze würde selbst die zähesten Hyperthermophilen sofort zerstören. NASA-Wissenschaftler hielten jedoch Messungen der Sauerstoff-Isotopenverhältnisse dagegen, wonach die Ablagerungstemperatur nicht höher als 250 Grad gewesen sein sollte und möglicherweise erheblich tiefer war. Leider ist diese Analyse mit Unsicherheiten behaftet, da leichtere Isotope im Weltraum verloren gegangen sein könnten. Zur Zeit der Niederschrift des vorliegenden Buches stand dieser Widerspruch noch im Raum.

Nicht alle Wissenschaftler waren von vornherein skeptisch. Ein Forschungsteam der britischen Open University wies bescheiden darauf hin, dass die NASA-Forscher nicht die ersten waren, die Hinweise auf biologische Aktivität in einem Marsmeteoriten veröffentlicht hatten. Schon 1989 hatten Ian Wright, Monica Grady und Colin Pillinger über ihre Analyse eines anderen Meteoriten vom Mars, EETA79001, berichtet. In ihrem Artikel sprachen die britischen Wissenschaftler von organischer Materie, «die nicht von terrestrischen biogenischen Komponenten zu unterscheiden ist», bezüglich Karbonaten tief im Inneren von EETA79001. Und der ist keine 200 Millionen Jahre alt. Der Befund war kein Beweis für Leben. Die Zusammenfassung des Artikels enthielt jedoch den Satz: «Was das für die Marsforschung bedeutet, ist offensichtlich.»

Killerseuchen vom Roten Planeten

Im Urteil der Geschichte könnte sich der 20. Juli 1969 durchaus einmal als das wichtigste Datum des zwanzigsten Jahrhunderts erweisen, denn dies war der Tag, als Menschen zum ersten Mal eine andere Welt betraten. Doch als Neil Armstrong, Buzz Aldrin und Michael Collins einige Tage später vom Mond zurückkehrten, wurden sie nicht etwa sofort mit Umarmungen und Küssen empfangen. Stattdessen wurden sie eiligst in eine seltsame, fahrbare Kabine an Bord der *USS Hornet* bugsiert und konnten der Welt nur durch ein Fenster zuwinken. Der Grund für diese wenig feierliche Behandlung war, die Astronauten und die Ladung Mondsteine, die sie mitgebracht hatten, unter Quarantäne zu halten. Zwar glaubten nur wenige Wissenschaftler an «Mondbakterien», doch die NASA wollte jedes Risiko vermeiden, eine Killerseuche auf die Welt loszulassen. Am Ende erwies sich die Mondoberfläche als die sterilste Umgebung, die man je untersucht hat, und die Quarantänevorschriften wurden für die meisten späteren Apollo-Missionen sang- und klanglos gestrichen.

Nachdem Viking bezüglich Leben auf Mars Fehlanzeige gemeldet hatte, rutschte die Quarantänefrage ganz nach unten auf der NASA-Prioritätenliste. Inzwischen melden sich jedoch wieder besorgte Stimmen zu Wort, sobald man zukünftige Marsexpeditionen diskutiert. Was wäre, wenn es auf Mars *doch* Leben gäbe und NASA-Astronauten von dort bösartige Bakterien einschleppen würden? Was könnten die Konsequenzen sein? Würden sich die Mikroben – angesichts der unwirtlichen Bedingungen auf Mars – auf unserem freundlichen Planeten wie ein Buschfeuer ausbreiten?

Eine unheilbare außerirdische Krankheit könnte die ganze Menschheit ausrotten. Die Marsmikroben könnten unsere Nahrungsquellen angreifen und große Hungersnöte verursachen. Oder, noch niederträchtiger, sie könnten eine lebenswichtige Substanz wie etwa Stickstoff verschlingen und unseren Planeten langsam aushungern. Auf der Erde sind schon Dinge geschehen, die uns vorsichtig machen sollten. Zum Beispiel haben britische Siedler ein ökologisches Chaos angerichtet, indem sie Hasen auf Australien losließen. Wie tödlich könnten dann erst außerirdische Bakterien sein?

Solche Befürchtungen könnten bald auf die Probe gestellt werden. Eine bemannte Expedition zum Mars ist gar nicht notwendig, uns den Gefahren außerirdischer Infektion auszusetzen. Eine unbemannte Sonde, die Bodenproben einsammelt und zur Erde bringt, würde vollkommen reichen, wenn Oberflächengestein auf dem Mars lebende Organismen oder «schlafende» Sporen beherbergt. Ein solches Projekt ist schon mitten in der Planung.

In der Sciencefiction sind außerirdische Krankheitserreger, die eine weltweite tödliche Seuche auslösen, nichts Ungewöhnliches. Von Wissenschaftlern werden solche Spekulationen jedoch im Allgemeinen als Panikmache abgetan. Sie sagen, außerirdische Mikroben seien so fundamental anders als irdische Organismen, dass sie keine wirkliche Bedrohung darstellen würden. In medizinischer Hinsicht sind solche Mikroorganismen am gefährlichsten, die dem Organismus, den sie befallen, in ihrer Biochemie am ähnlichsten sind. Thomas Jukes, ein Biophysiker in Berkeley, meint dazu: «Es gibt keinen Grund anzunehmen, Marsorganismen würden dieselben Aminosäuren oder denselben genetischen Code verwenden wie terrestrisches Leben». Bakterien vom Mars, die auf einem grundlegend anderen biologischen System beruhten, würden uns nicht einmal als Lebenwesen erkennen. Niemand fürchtet sich vor Seuchen aus der Antarktis, und zwar aus gutem Grund: «Die räumliche Trennung verringert die Gefahr, da sie zu unterschiedlichen Evolutionsrichtungen führt.» Jukes' Ansicht nach wären Marsbakterien also noch harmloser als solche aus der Antarktis.

Dennoch geht man lieber auf Nummer Sicher. Die NASA hat daher längst beschlossen, dafür zu sorgen, dass keine Bakterien aus dem Weltraum zur Erde gelangen. In einer ihrer Grundsatzerklärungen ist zu lesen: «Die Erde ist vor der potenziellen Gefahr zu schützen, die außerirdisches Material darstellt, das Raumfahrzeuge von einem anderen Planeten mitbringen . . . Raumfahrzeuge sind auf organische und biologische Verunreinigungen zu überprüfen.»

In jüngerer Zeit hat das Raumforschungskomitee des amerikanischen National Research Council eine Sonderkommission unter Leitung von Claude Canizares eingesetzt. In ihrem Bericht stellen die Forscher fest: «Das Risiko potenziell schädlicher Auswirkungen ist nicht gleich null.» Sie machen auch eine Reihe konkreter Sicherheitsvorschläge, zum Beispiel: «Bodenproben, die an Bord von Marssonden zur Erde gelangen, sollten als potenziell gefährlich betrachtet werden, bis das Gegenteil bewiesen ist. Materialien vom Mars, die nicht besonders eingekapselt sind, einschließlich der Oberflächen von Raumfahrzeugen, die der Marsumgebung ausgesetzt waren, sollten nur nach vorheriger Sterilisierung zur Erde zurückkehren. In Fällen, wo die Einkapselung einer Bodenprobe nicht auf dem Weg zur Erde sichergestellt werden kann, sind die Probe und alle Teile des Raumfahrzeugs, die mit ihr in Berührung gekommen sein könnten, im Weltraum zu sterilisieren, oder sie darf nicht zur Erde gelangen.»

Das ist natürlich leichter gesagt als getan. In der Praxis ist eine solche Sterilisierung äußerst schwierig. Beschießt man die Proben mit giftigen Chemikalien oder radioaktiver Strahlung, so verlieren sie wahrscheinlich auch ihren wissenschaftlichen Wert. Der Vorschlag, die Außenflächen der Raumsonde mit einer leicht entflammbaren Substanz zu bedecken, die im Weltraum entzündet werden könnte, erscheint recht leichtsinnig. Schon praktischer erscheint die Idee, man könnte betroffene Teile der Sonde der ultravioletten Strahlung der Sonne aussetzen. Wie die Sterilisierung am Ende vonstatten gehen soll, ist noch nicht entschieden.

Der Bericht fordert auch, dass man mindestens zwei Jahre vor einer Mission ein Quarantänelabor mit Experten verschiedener Fachrichtungen, von Mikrobiologie bis Geowissenschaft, einrichtet. Anfangs wird das Material vom Mars sich auf einige Kilogramm Gestein beschränken, die in diesem speziell gesicherten Labor bleiben würden, anders als die Mondproben, die zwischen interessierten Universitäten und Forschungseinrichtungen herumgereicht worden sind. Die Stücke würden auf Anzeichen von Bioaktivität überprüft, und man würde menschliches und anderes Gewebe mit ihnen in Berührung bringen, um festzustellen, ob sie Krankheitserreger enthalten. Die Kosten für ein solches Quarantänelabor könnten sich jedoch als untragbar erweisen, besonders wenn man dem Vorschlag einiger Wissenschaftler folgen und das Labor in einer Erdumlaufbahn halten wollte.

Der Meeresbiologe John Rummel ist ein früherer Planetary Protection Officer der NASA. Der klangvolle Titel bedeutete, dass er dafür zu sorgen hatte, dass Raumsonden den Mars nicht mit irdischen Mikroben verunreinigen und dass umgekehrt keine Marsbakterien auf die Erde losgelassen werden. Macht er sich nun Sorgen über eine Killerseuche, die in Gesteinsproben zu uns kommen könnte? Vor kurzem hat er einem Journalisten erzählt, es sei zweifellos wichtig, dass die NASA verantwortlich handele; dennoch hätte eine Marsmikrobe sicherlich ihre Schwierigkeiten, wenn sie auf die Erde einen etablierten Organismus wie den Menschen infizieren wollte, der für die Mikrobe eine vollkommen fremdartige Lebensform darstellen würde. «Ich bezweifle, ob irgendetwas, das auf Mars existieren mag, für uns eine Bedrohung darstellen würde», waren seine Worte, bevor er Jukes' Argument wiederholte: «Ein Organismus, der etwas mit Menschen anfangen kann, würde sich auf dem Mars sehr einsam fühlen.» Michael Meyer, der jetzige «Planetenschutzbeamte» der NASA, pflichtet ihm bei: «Die Chance, dass etwas zu uns kommt, das einen Menschen infizieren kann, ist praktisch null», obwohl man weiterhin Vorsicht walten lassen müsse. Jukes ist noch gelassener. Er meint, man habe die Risiken übertrieben: «Es gibt keine Rechtfertigung, irgendwelche Geldsummen für die Quarantäne von Marsgestein auszugeben.»

Die meisten Wissenschaftler winken also ab, wenn man sie über die Gefahr von Marsbakterien befragt, was jedoch nichts daran ändert, dass die Ängste der Öffentlichkeit im Wachsen zu sein scheinen. Schon heute bereiten sich Gruppen darauf vor, die NASA vor Gericht zu zerren. «Über Krankheitserreger oder Dinge, die den Menschen befallen könnten, mache ich mir keine Sorgen», gesteht denn auch Rummel. «Mein schlimmster Albtraum ist vielmehr, dass ein Heer von Anwälten eine Mission verhindert, weil sich niemand vernünftig um die Risiken gekümmert hat.» Jack Farmer, ein NASA-Planetologe und Experte auf dem Gebiet möglichen Lebens auf dem Mars, stimmt Rummel zu: «Das Problem könnte sich als schlafender Riese erweisen. Die Frage des Planetenschutzes könnte einmal über die Zukunft der Marsforschung entscheiden.»

Sosehr man darauf bedacht ist, das Risiko einer interplanetaren Ansteckung zu minimieren, so haben wir es hier doch mit einer Bedrohung zu tun, gegen die wir im Grunde nichts ausrichten können. Den Marsmeteoriten ALH84001 hat uns die Natur beschert. Eine teure bemannte oder unbemannte Expedition war nicht notwendig, ihn zur Erde zu bringen. Die wenigen bekannten Marsmeteoriten stellen nur einen winzigen Bruchteil der Millionen von Marsfelsen dar, die sich schon auf der Erde befinden dürften oder noch bei uns ankommen werden. Die Gesamtmasse des Marsmaterials, das jährlich die Erde trifft, schätzt man auf durchschnittlich 100 Tonnen. Wenn McKay und seine Kollegen sich nicht irren, dann hat ALH84001 versteinerte Marsmikroben mitgebracht. Was erst, wenn man in einem anderen Meteoriten lebende Organismen findet?

Im Laufe des letzten Jahres bin ich des Öfteren gefragt worden, ob ich glaube, die Strukturen in ALH84001 seien tatsächlich fossilisierte Marsbakterien. Die Frage erscheint berechtigt, doch in Wirklichkeit ist sie ohne Bedeutung. Die Wahrheit ist, wie man sagt, relativ. Die Forschungen McKays und seiner Kollegen stellen keinen endgültigen

Beweis dar. Sie können nur im Licht dessen beurteilt werden, was wir über die Wahrscheinlichkeit von Leben auf Mars ohnehin schon wissen.[2]

Ist Leben, wie die meisten Wissenschaftler annehmen, das Ergebnis eines äußerst unwahrscheinlichen Zufalls, dann ist die Chance, dass auf Mars – und damit auf zwei Planeten in einem einzigen Sonnensystem – eine unabhängige Entwicklung von Leben stattgefunden hat, verschwindend gering. In den Augen der Mehrheit *können* die Versteinerungen in dem Meteoriten nicht viel bedeuten. Sieht man dagegen gute Gründe, anzunehmen, Mars habe vor 3,6 Milliarden Jahren Leben beherbergt, dann sind die Befunde der NASA genau, was man erwarten würde. Ich zum Beispiel wäre leicht davon zu überzeugen, dass ALH84001 Fossilien enthält, da ich der Meinung bin, dass es vor 3,6 Milliarden Jahren *mit Sicherheit* Leben auf Mars gegeben hat; und zwar nicht, weil ich glaube, das Leben sei dort einer Ursuppe entsprungen – was keineswegs auszuschließen ist –, sondern weil die Planeten nicht voneinander isoliert sind und es nie gewesen sind.

9

Panspermie

Stellen Sie sich einen Ort tief im interstellaren Raum vor, Lichtjahre entfernt von der nächsten Sonne, ringsherum schwarzer Abgrund, die Temperatur knapp über dem absoluten Nullpunkt, in allen Richtungen nichts als gähnende Leere, nur unterbrochen von wenigen, verirrten Atomen und hin und wieder einem kosmischen Strahl. Dann plötzlich erscheint in dieser Einöde ein einzelnes, kleines Materiekörnchen. Das winzige Teilchen treibt ungestört und ziellos durch eine Galaxie. Selbst unter einem starken Mikroskop sähe es auf den ersten Blick nur wie ein Staubkorn aus, doch dann würde man erkennen, dass es viel mehr ist: eine Bakterienspore.

Die Spore gibt keine Lebenszeichen von sich. Sie ist von einem dicken, schützenden Mantel umgeben, verschrumpelt und ausgetrocknet. Die Moleküle in ihr rühren sich kaum in der unfassbaren Kälte. Sie hat schon tausendmal so viel Strahlung abbekommen, wie ein Mensch überleben kann. Doch die Spore ist nicht tot, jedenfalls nicht im strengen Sinn des Wortes. Andererseits kann man sie auch nicht als lebend bezeichnen. Sie befindet sich im Tiefschlaf und wartet darauf, dass sie einen Planeten mit flüssigem Wasser erreicht, vielleicht nach einer Milliarde Jahren, vielleicht nie. Und dann, nach tausend Jahrtausenden ungestörten Schlummers, wird ihre bakterielle Seele erwachen, ihr genetisches Gedächtnis sich aufwärmen, ihr Stoffwechsel in Schwung kommen. Die Bakterie wird lebendig und beginnt, sich zu vermehren, und wieder hat ein Planet, vielleicht die Erde, den Samen des Lebens empfangen.

All dies mögen Hirngespinste sein. Andererseits nimmt man das geschilderte Szenario inzwischen so ernst, dass man in letzter Zeit mehrere Experimente durchgeführt hat, um seinen Wahrheitsgehalt zu überprüfen. Der Gedanke, dass Organismen durch den Weltraum reisen können, ist nicht neu. Schon 1821 stellte Sales-Gyon de Montlivault zur Debatte, das Leben auf der Erde hätte mit Samen vom Mond begonnen. Kurz darauf schlug ein deutscher Physiker namens H. E. Richter vor, Meteoriten oder Kometen, welche die Atmosphären von Planeten streifen, könnten darin schwebende Mikroorganismen aufnehmen und zu anderen Planeten befördern.

Um die Jahrhundertwende entwickelte der schwedische Chemiker Svante Arrhenius diese Theorie in größerer Ausführlichkeit. Seiner Anschauung nach können einzelne Bakteriensporen, angetrieben durch den kaum merklichen Lichtdruck der Sterne, durch die Milchstraße ziehen. Die neugeborene Erde wäre, sobald ihre Oberfläche genügend abgekühlt war, ein ideales Ziel der schlafenden, aber noch voll lebensfähigen Raummikroben gewesen. Arrhenius gab seiner Theorie den Namen Panspermie, «Samen überall», und seine Ideen sind seit ihrer Veröffentlichung immer wieder aufgegriffen worden.

Bislang habe ich in diesem Buch stets vorausgesetzt, irdisches Leben sei, bei aller Unsicherheit über das Wie und Wo, hier auf der Erde entstanden. Doch können wir da wirklich sicher sein? Der Umstand, dass Leben so kurz nach der Entwicklung günstiger Bedingungen auf der Erde aufgetaucht ist, legt für manche die Vermutung nahe, dass es aus dem Weltraum gekommen ist und dass der eigentliche Ursprung des Lebens ganz woanders zu suchen ist.

Überleben im Weltraum

Können ungeschützte Organismen eine Reise durch den Weltraum überleben? Der erdferne Raum ist nicht gerade die angenehmste Umgebung für Leben. Neben dem Hochvakuum und den tiefen Temperaturen muss man vor allem an die Strahlung denken, darunter die Ultraviolettstrahlung der Sonne, schnelle Protonen aus Sonnenfackeln und kosmische Strahlung aus den Tiefen des Universums. Für die meisten bekannten Lebensformen würden sich solche Bedingungen schnell als tödlich erweisen – doch nicht für alle. Bakterien mit ihren legendären Überlebensfähigkeiten zeigen auch unter Weltraumbedingungen eine bemerkenswerte Zähigkeit.

Wissenschaftler vom Institut für Luft- und Raumfahrtmedizin in Köln haben mit Hilfe des Langzeitsimulators der NASA untersucht, wie es Sporen des *Bacillus subtilis* im Weltraum ergehen würde. Verschiedene Filter machten es dabei möglich, die Auswirkungen des Vakuums und der ultravioletten beziehungsweise kosmischen Strahlung getrennt zu betrachten. So stellte sich heraus, dass bis zu zwei Prozent der Bakterien überlebten, wenn sie lediglich dem Vakuum ausgesetzt waren. Ein Zucker- oder Salzüberzug erhöhte ihre Chancen dramatisch. Von den Bakterien, die alle Formen von Weltraumstrahlung zu erdulden hatten, überlebte nur jeweils eine von zehntausend. Hier führte die Abschirmung vor Ultraviolettstrahlung der Sonne zu einer erheblichen Verbesserung der Überlebenschancen.

In einem anderen Experiment, in dem ein Raumaufenthalt von 250 Jahren simuliert wurde, konnten japanische Wissenschaftler zeigen, wie widerstandsfähig Mikroben sind. Sie schlossen Sporen des Bacillus subtilis und andere Organismen in einen Vakuumtank ein, kühlten sie auf minus 196 Grad Celsius und beschossen sie mit beschleunigten Protonen aus einem Van-de-Graaff-Generator – und die Hälfte der Organismen überlebte diesen Anschlag! Den Ausdauerrekord gewannen die Tabakmosaikviren, von denen am Ende des Experiments noch 85 Prozent infektiös waren.

Peter Weber und Mayo Greenberg von der Universität Leiden haben die Auswirkungen von ultravioletter Strahlung, der schädlichsten aller Strahlungsarten im Weltraum, untersucht. Sie kühlten Sporen im Vakuum auf minus 263 Grad Celsius ab (nur 10 Grad über dem absoluten Nullpunkt) und simulierten damit die intensive Kälte im interstellaren Raum. Dann beleuchteten sie ihre Testobjekte mit einer starken Ultraviolettlampe. Eine Strahlungsmenge entsprechend 2500 Jahren im Weltraum tötete 99,9 Prozent der Organismen ab. Mit anderen Worten: Eine kleine Minderheit schaffte es, zu überleben. Eigenartigerweise scheinen die Sporen die Kälte zu lieben: Interstellare Temperaturen machten sie noch langlebiger.

Eine solche Strahlungstoleranz ergibt im Rahmen der Evolution nur dann einen Sinn, wenn das Leben irgendwann in der Vergangenheit durch einen Strahlungs-«Flaschenhals» gehen musste. Wenn manche Mikroben sich an die mörderische Strahlung im offenen Weltraum anzupassen hatten, dann sollte ein Rest dieser Widerstandsfähigkeit auch in heutigen, irdischen Organismen zu finden sein. Hoyle und Wickramasinghe zitieren den Fall des Bakteriums *Micrococcus radiophilus*, das einen besonderen Reparaturmechanismus für durch Röntgenstrahlung zertrümmerte DNS-Stränge besitzt. Anlass einer solchen Entwicklung könnte durchaus die Notwendigkeit gewesen sein, in einer interstellaren Umgebung zu überleben.

Trotz dieser erstaunlichen Fähigkeiten wären die Überlebenschancen einer Mikrobe im interstellaren Raum erheblich besser, wenn die Strahlung wenigstens zum Teil abgeschirmt wäre. So haben Weber und Greenberg vorgeschlagen, Mikroben könnten innerhalb interstellarer Wolken, die einen Strahlungsschild bieten würden, zwischen den Sternen verkehren. In den Spiralarmen der Milchstraße sind solche Wolken nichts Ungewöhnliches: Alle zwanzig oder dreißig Millionen Jahre zieht eine durch unser Sonnensystem. Mikroben aus der oberen Erdatmosphäre, zum Beispiel in von Kometeneinschlägen aufgewirbeltem Staub, könnten von ihr davongetragen werden, vielleicht zu anderen Sternsystemen. Umgekehrt könnte sie auch fremde Mikroben auf der Erde absetzen. Interstellare Wolken bewegen sich gewöhnlich mit etwa 10 Kilometern pro Sekunde und brauchen daher für eine Reise von Stern zu Stern etwa eine Million Jahre. Sie sind zwar sehr dünn, doch aufgrund ihrer Größe können sie einen Großteil der Strahlung schlucken. Zudem kann sich eine Mikrobe auf dem Weg mit Schmutz – Eis und organische Stoffe – bedecken und sich so eine zusätzliche Schutzschicht aneignen. Weber und Greenberg schätzen, diese doppelte Abschirmung könne die Lebenserwartung der Sporen auf mehrere Millionen Jahre ausdehnen – lange genug, um ein anderes Sonnensystem zu erreichen.

Erst richtig beginnen die Schwierigkeiten der wandernden Sporen jedoch, wenn sie in einem solchen System ankommen, denn nun werden sie in der ultravioletten Strahlung des Sterns gebadet. Ohne einen Mantel aus absorbierenden Stoffen droht ihnen der Tod. Paul Wesson von der Universität Waterloo in Kanada vermutet, Bakterien aus sehr alten Sternsystemen könnten eine schützende Rußschicht aufweisen.

Sterne wie die Sonne stoßen Kohlenstoffflocken aus, wenn sie älter werden. Manche im interplanetaren Raum treibende Mikroben könnten daher mit genug Schmutz bedeckt sein, dass sie die Gefahr der Ultraviolettstrahlung überstehen können.

Natürlich ist es für einen erfolgreichen Panspermieprozess nicht notwendig, dass *jede* Weltraummikrobe eine interstellare Reise übersteht. Es braucht nur eine einzige Bakterie überleben und einen geeigneten Planeten als Heimat finden.[1] Es könnte sogar funktionieren, wenn die Mikroben bei ihrer Ankunft mausetot sind. Nach der Theorie der RNS-Welt und Spiegelmans und Eigens Experimenten, die ich in Kapitel 5 beschrieben habe, könnte eine chemische Ursuppe schon zu replizieren beginnen, wenn nur ein passendes RNS-Muster hineinfällt. Ein längeres RNS-Bruchstück könnte die gesamte Biogenese wieder in Gang bringen. Technisch gesehen würde das Leben ganz neu entstehen, wenngleich ein entscheidendes Stück Software aus dem Weltraum dazugekommen wäre.

Die Ideen zu einer «nackten» Panspermie mögen ganz unterhaltsam sein, doch persönlich fällt es mir schwer, sie ganz ernst zu nehmen. Die Übertragung isolierter, ungeschützter Organismen zwischen Planeten ist theoretisch möglich, jedoch äußerst unwahrscheinlich und kann in unserer Galaxie kaum die Regel sein. Die Strahlung ist einfach zu intensiv. Es gibt jedoch einen anderen Weg, wie Mikroben relativ sicher von einem Planeten zum anderen gelangen können: in einem Meteoriten.

Ist Leben in einem Meteoriten zur Erde gekommen?

1834 bekam der Chemiker Jons Berzelius Proben eines Meteoriten, der in der Nähe der französischen Stadt Alais auf die Erde gefallen war, auf den Tisch. Er unterzog sie einer sorgfältigen Analyse und lieferte seinen Bericht ab. Die meisten Meteoriten sind einfach Stein- oder Metallklumpen, doch Berzelius fand in seinen Proben auch Kohlenstoffverbindungen. Kohlenstoff kann vieles bedeuten; für Berzelius bedeutete er Leben. Ob es *außerirdisches* Leben war, ließ Berzelius noch offen, doch spätere Forscher waren weniger zurückhaltend. Marcellin Berthelot isolierte «kohleähnliches» Material in dem 1864 gefundenen Orgueil-Meteoriten. Unter dem Mikroskop waren runde, mit kohlenstoffartigen Stoffen beschichtete Körner zu erkennen, die Berthelot an versteinerte bakterielle Zellen erinnerten.

In den achtziger Jahren des neunzehnten Jahrhunderts scheute sich der deutsche Geologe Otto Hahn dann nicht mehr, zu verkünden, er hätte im Inneren verschiedener Meteoritenproben eine Vielfalt fossilisierter Lebensformen entdeckt. Zu diesen Organismen gehörten auch relativ fortgeschrittene Spezies, zum Beispiel Korallen. Hahns sensationelle Behauptungen stießen damals auf allgemeine Ablehnung. Die Kritiker meinten, er wäre auf Mineraleinschlüsse hereingefallen, die oberflächlich an Lebewesen erinnerten, so wie man manchmal in Felsen und Wolken Gesichter zu erkennen glaubt. Dennoch ließ der Gedanke, das Leben könnte in einem Meteoriten zur Erde gekommen sein, viele Wissenschaftler nicht mehr los. Seitdem gab es immer wieder Meldungen über Spuren von Leben in Meteoriten.

Ordentlich auf die Probe stellen konnte man solche Behauptungen jedoch erst, als bessere wissenschaftliche Techniken zur Verfügung standen. Bis zu den sechziger Jahren hatte die chemische Analyse enorme Fortschritte gemacht, und in den USA kamen Bartholomew Nagy und George Claus schließlich auf die Idee, den Orgueil-Meteoriten noch einmal unter die Lupe zu nehmen. Mit Hilfe eines Massenspektrometers bestätigten sie die Anwesenheit organischer Stoffe in den Proben, wobei sie mehrere komplexe Kohlenwasserstoffe identifizieren konnten. Und das war erst der Anfang. Nagy und Claus meldeten auch die Entdeckung so genannter organisierter Elemente und kamen zu dem sensationellen Schluss, das organische Material in dem Meteoriten wäre aller Wahrscheinlichkeit nicht biologischen Ursprungs.

Erwartungsgemäß stießen Nagys und Claus' Befunde auf stürmische Kritik. Die Kohlenwasserstoffe wurden abwechselnd irdischen Verunreinigungen oder banalen chemischen Prozessen zugeschrieben. Nagy akzeptierte einen Teil dieser Kritik und rief zu weiteren Studien auf. Dabei wäre es wohl geblieben, hätte nicht am 28. September 1969 noch einmal das Glück zugeschlagen. Über der Stadt

Murchison in Südostaustralien explodierte ein Meteorit in der Luft, und die Einheimischen fanden im Umkreis der Stadt seltsame schwarze Felsbrocken, die auch noch stark nach Methylalkohol rochen. John Lovering von der Universität Melbourne wurde darauf aufmerksam und erkannte sofort, dass es sich um einen der seltenen kohlenstoffhaltigen Chondriten handelte, die reich an organischen Stoffen sind; daher der unverwechselbare Geruch, den die Fundstücke noch heute ausströmen.

Seit ihrer Bergung haben die Murchison-Fragmente zu ausgiebigen Spekulationen Anlass gegeben und sind einer Reihe von Tests unterzogen worden, die zu bemerkenswerten Ergebnissen geführt haben. Unter den zahlreichen organischen Substanzen, die in dem Meteoriten gefunden wurden, sind manche Aminosäuren, die in irdischen Organismen vorkommen, und andere, die ganz fremdartig erscheinen. Damit stellt sich sofort die Frage: Sind diese organischen Substanzen Überreste außerirdischer Organismen, oder sind sie in irgendeinem einfachen chemischen Prozess entstanden?

In diesem Zusammenhang ist von besonderer Bedeutung, dass manche der im Murchison-Meteoriten entdeckten Aminosäuren überwiegend linkshändiger Helizität sind. Wie ich in Kapitel 3 ausgeführt habe, ist eines der hervorstechenden Merkmale irdischen Lebens, dass es ausschließlich Aminosäuren der linkshändigen Art produziert und einsetzt. Der Helizitätsüberhang im Meteoriten könnte deshalb auf einen biologischen Ursprung hindeuten. Andererseits weiß man von physikalischen Prozessen – ein Beispiel ist die Bestrahlung mit polarisiertem Licht –, die ebenfalls zu einer Bevorzugung linkshändiger Aminosäuren führen können.[2]

Der Murchison-Meteorit beweist zumindest eines: Es gibt Objekte im Weltraum, die große Mengen genau solcher organischer Verbindungen enthalten, die erforderlich sind, Leben in Gang zu setzen. Es braucht also auf der Erde keine Ursuppe gegeben haben, in der die Bausteine des Lebens entstanden sind. Die erforderlichen Substanzen fallen fertig vom Himmel.

Stammt das irdische Leben vom Mars?

Obwohl ich mein ganzes Leben mit wissenschaftlicher Forschung zugebracht habe, kann ich mich nicht erinnern, mehr als ein Dutzend wirklich neuer, eigenständiger Gedanken gehabt zu haben. Diese guten Ideen dämmerten mir gewöhnlich ganz allmählich und kamen Stück für Stück zusammen, während ich in meine Arbeit vertieft war. Meiner Meinung nach sind plötzliche Offenbarungen und gleißende Lichtblitze in der Wissenschaft ziemlich selten. Eine jener denkwürdigen Gelegenheiten, wo ich spontan zwei und zwei zusammenzählen konnte, ergab sich im Juli 1992 während eines Vortrags, den Lloyd Hamilton auf der Konferenz der Australischen und Neuseeländischen Gesellschaft zur Förderung der Wissenschaft in Brisbane hielt.

Hamilton sprach über die unterirdische Biosphäre und erläuterte seine Forschungen über Organismen, die in der Felskruste der Erde leben. Mitten in seinem Vortrag kam mir der folgende Gedanke: Wenn massive Felsen offenbar Mikroben beherbergen können und wenn Einschlagstrümmer vom Mars zur Erde (und umgekehrt) gelangen, dann könnten doch auch Mikroben mitreisen und eine gegenseitige Kontamination beziehungsweise «Befruchtung» der Planeten stattfinden. Im schützenden Inneren eines Steins wäre die Reise viel ungefährlicher als in Arrhenius' Szenario einer nackten Panspermie, besonders wenn man an einen Austausch zwischen Nachbarn wie Mars und Erde denkt.

Nach dem Vortrag stellte ich eine Frage in dieser Richtung, doch mein Gedanke erschien recht weit hergeholt, und die Diskussion führte zu nichts. Dennoch entwickelte ich die Idee in den folgenden Monaten weiter und hielt im November 1993 an der Universität Mailand einen Vortrag darüber. Die Reaktion war wiederum gedämpft, was mich jedoch nicht davon abschreckte, meine Mutmaßungen in mein Buch *Sind wir allein im Universum?* aufzunehmen. Etwas später erfuhr ich, dass Jay Melosh vom Lunar and Planetary Laboratory der Universität von Arizona ganz unabhängig zu denselben Schlüssen gekommen war.

Nichts ist jedoch neu unter der Sonne. Melosh und ich waren keineswegs die ersten, denen die Möglichkeit aufgefallen war, dass Mikroben im Inneren abgesprengter Felsbrocken von Planet zu Planet reisen könnten. Schon 1871 wies kein Geringerer als Lord Kelvin darauf hin, dass der Zusammenstoß eines Himmelskörpers mit einem Planeten einigen Schutt verbreiten müsste und dass «sich zweifellos viele große und kleine Bruchstücke mit Samen und lebendigen Pflanzen und Tieren darin im Weltraum verteilen» würden. In einer Rede vor der British Association in Edinburgh äußerte Kelvin die Vermutung, einige dieser Fragmente würden am Ende auf anderen Planeten landen und sie mit Leben impfen:

> Da wir alle überzeugt sind, dass es gegenwärtig und seit undenklichen Zeiten viele Welten außer der unseren gibt und gegeben hat, müssen wir es als in höchstem Grade wahrscheinlich erachten, dass zahllose Samen tragende Meteorsteine im Weltraum treiben. Existierte zum jetzigen Zeitpunkt kein Leben auf dieser Erde, dann könnte die Ankunft eines solchen Steins ... dazu führen, dass sie sich mit Vegetation bedeckt.

Wenn Leben von einem Planeten zum anderen reisen kann, dann können wir nicht sicher sein, ob Erdenleben auch auf der Erde begonnen hat. Es könnte zum Beispiel vom Mars gekommen sein.[3] Wir wissen, dass Mikroben tief in der Felskruste der Erde leben. Gäbe es auch auf Mars Leben, dann sollte man annehmen, dass es dort ebenfalls in Form von unterirdischen Chemotrophen begonnen hat. Gesteinsfragmente, die ein Asteroiden- oder Kometeneinschlag hochkatapultiert hat, könnten demnach durchaus Mikroorganismen in sich tragen, die in ihrem Felsmantel sicher zur Erde gelangen würden.

Doch würde ein Einschlag, der mächtig genug wäre, einen Felsbrocken ins Weltall zu schleudern, nicht alle Mikroben in dessen Nähe zu Brei schlagen? Die Antwort auf diesen Einwand ist überraschenderweise: nein. Mikroben entgehen diesem Schicksal, weil sie so winzig sind. Setzt man die Zahlen ein, so kommt man darauf, dass Mikroben in einem Felsen, der mit Fluchtgeschwindigkeit (5 Kilometer pro Sekunde) den Mars verlässt, der zehntausendfachen Erdbeschleunigung (10 000 g) ausgesetzt wären. Ein solcher gigantischer

Stoß würde die meisten Organismen mit Sicherheit zerschmettern, doch die winzigen Abmessungen und die geringe Masse von Mikroorganismen bedeute, dass sie diese kolossalen g-Kräfte wahrscheinlich aushalten und den Planeten relativ unbeschadet verlassen würden.

Auf solche Weise hochgeschleudert zu werden ist jedoch mit einer noch größeren Gefahr verbunden. Ein kosmischer Einschlag erzeugt eine gewaltige Schockwelle, die alles Gestein in der Umgebung zusammenpresst. Nun wird Fels aber – wie jedes andere Meterial – heiß, wenn man ihn hohem Druck aussetzt. Selbst eine mäßige Kompression würde die Temperatur schon in tödliche Höhen treiben. Bis vor kurzem haben die Geologen angenommen, ein Einschlag, der einen Felsblock ins All befördern könne, würde ihn zugleich zum Schmelzen bringen. Laborexperimente ließen darauf schließen, dass das ausgestoßene Material zeitweilig einem Druck von mindestens 1,5 Millionen Bar ausgesetzt gewesen war. Die Marsmeteoriten beweisen jedoch, dass dieses Bild nicht der Wirklichkeit entsprechen kann, denn obwohl manche davon Anzeichen eines begrenzten Hitzeschocks tragen, waren andere offenbar kaum betroffen.

Jay Melosh hat sich besonders mit dem Problem befasst, wie ein Stein in den Weltraum geschleudert werden kann, ohne zerstört zu werden. Er hat dazu ein detailliertes mathematisches Modell für kosmische Einschläge ausgearbeitet, in dem sich die Ereignisse folgendermaßen darstellen: Zunächst reißt der Asteroid oder Komet ein Loch in den Boden. Die Energie, die dabei frei wird, ist so gewaltig, dass das Geschoss selbst vollkommen verdampft. Die Felskruste direkt unter dem Einschlagspunkt wird so zusammengepresst, dass auch sie verdampft oder schmilzt. Danach breitet sich die Kompressionswelle seitlich und in die Tiefe aus und lädt die Gesteinsschicht unter der Oberfläche mit Energie wie eine Feder, die sofort wieder zurückschnappt und enormen Druck nach oben ausübt. Im Gegensatz zu den tieferen Schichten wird das Oberflächengestein jedoch nicht zusammengepresst, da als Gegendruck nur der in diesem Zusammenhang vernachlässigbare Atmosphärendruck wirkt. Das Oberflächenmaterial schießt also Richtung Himmel, ohne zuvor komprimiert worden zu sein, und wenn die Einschlagsenergie groß genug war, fliegt es bis in den Weltraum.

Der Einschlagskrater – nun nicht mehr das ursprüngliche Loch im Boden, sondern der Hohlraum, den das nach oben schießende Gestein zurückgelassen hat – ist um ein Vielfaches umfangreicher als das kosmische Geschoss, denn ein großer Teil des Materials in der Nähe des Kraterrands wird in die Luft geschleudert, nicht aber zerquetscht. Ebenfalls günstig ist der weite Tunnel, den das Geschoss durch die Atmosphäre gebohrt hat, denn in ihm bleiben die Felsen bei ihrem Start in den Weltraum auch von der Luftreibung verschont, die sie unter normalen Atmosphärenbedingungen aufheizen würde. Meloshs Ansicht nach erhebt sich das Randgestein zunächst als zusammenhängende Platte und bricht erst später auseinander. Gemäß seinen Berechnungen hängt die Größe der Fragmente von der Gewalt des Einschlags ab. Allgemein sollte ein größerer Einschlag auch größere Bruchstücke emporschleudern, bis zu etwa zehn Metern Durchmesser. Manche davon würden sehr heiß werden, doch viele andere würden unter 100 Grad Celsius bleiben.

Eine Mikrobe in einem Marsfelsen könnte es also durchaus in den Weltraum schaffen, ohne zuvor durch den Einschlag oder in der Hitze danach umzukommen. Doch damit beginnen erst die Probleme, die sie zu meistern hätte. Im Raum hinge ihr Schicksal von der genauen Bahn ihres Felsenraumschiffs ab. Ein großer Teil der ausgeworfenen Trümmer würde auf Umlaufbahnen um die Sonne einschwenken. Da ein Felsblock im interplanetaren Raum den Gravitationskräften nicht nur der Sonne, sondern auch der Planeten unterworfen ist, kann seine Bewegung sehr kompliziert oder gar chaotisch sein. Jedesmal, wenn ein Marsfelsen auf seiner Reise um die Sonne in die Nähe des Mars kommt, wird der Planet an ihm zerren. Nach vielen Umläufen könnte der Brocken auf eine Bahn geraten, welche die Erdbahn kreuzt, oder in die äußeren Regionen des Sonnensystems abgeschoben werden, wo er unter den Gravitationseinfluss noch größerer Planeten gerät. So werden manche der Felsen lange Zeit als Spielbälle der Planeten verbringen, bevor ihr endgültiges Schicksal entschieden ist.

Wie wahrscheinlich ist es nun, dass ein Marsgestein die Erde erreicht? Eine jüngere Computerberechnung sagt voraus, dass 7,5 Prozent der von Mars abgestoßenen Felsen am Ende auf der Erde landen. Ein ähnlicher Anteil endet auf Venus, der größte Teil in der Sonne (38 Prozent), 9 Prozent stürzen auf Mars zurück, und der Rest verschwindet mit hoher Wahrscheinlichkeit Richtung Jupiter und von dort in den interstellaren Raum. Die Verweilzeiten im Weltraum sind überraschend kurz. Etwa ein Drittel der Steine, welche die Erde erreichen, tut dies innerhalb der ersten 10 Millionen Jahre. Dieses Ergebnis passt gut zu bekannten Marsmeteoriten, deren Zeit im Raum man anhand der kosmischen Strahlungsmenge bestimmen kann, die sie abbekommen haben. Die Messungen liegen zwischen 15 Millionen Jahren für ALH84001 bis hinunter zu 700 000 Jahren für EET79001. Manche werden noch schneller zu uns gelangen, wenn sie Mars mit der richtigen Geschwindigkeit und unter einem günstigen Winkel verlassen haben. In der Computersimulation kamen Übertragungszeiten von nur 16 000 Jahren vor, und im Rahmen der Statistik muss es auch Felsen geben, welche die Reise in unter hundert Jahren schaffen.

Ob eine Mikrobe die Erde in lebensfähigem Zustand erreicht, hängt davon ab, wie lange sie im Weltraum überleben kann. Wir wissen natürlich nichts über die mutmaßlichen Marsmikroben, doch wenn man die Widerstandsfähigkeit irdischer Bakterien betrachtet, dann sollte man erwarten, dass auch Marsbakterien sehr zäh sind. Archäologen stoßen auf jahrtausendealte Sporen in antiken Grabstätten. In einem 11 000 Jahre alten Mastodonskelett hat man lebende *E. cloacae* gefunden. In eisiger Kälte sind noch viel längere Überlebenszeiten möglich. Im sibirischen Dauerfrost hat Chris McKay drei Millionen Jahre alte Mikroorganismen entdeckt. Andere wollen Bakterien gefunden haben, die sich über Hunderte von Millionen Jahren in Salzschichten erhalten haben. Und ganz im Stil von *Jurassic Park* hat man 40 Millionen Jahre alte, in Bernstein eingeschlossene Bakterien gefunden und geklont.

Der britische Mikrobiologe John Postgate hat nach seiner Studie über Bakteriensterblichkeit die Frage gestellt, ob Bakterien überhaupt je sterben müssen. Hungert man sie aus, so kommt ihr Stoffwechsel zum Stillstand; sie schrumpfen erheblich und vermehren sich nicht mehr. Das heißt jedoch nicht, dass sie – im üblichen Sinne des Wortes – sterben. Sie fallen lediglich in eine Art Dornröschenschlaf, aus dem sie wieder erwachen können, sobald die Umweltbedingungen günstiger sind. Es gibt keine innere Uhr, die einen Zeitpunkt festlegt, von dem an es kein Zurück mehr gibt, und niemand weiß genau, wovon eigentlich abhängt, ob eine Spore von ihrem Aufenthalt im Jenseits zurückkehren kann oder nicht. Welche geheimnisvolle Grenze muss überschritten sein, bevor eine Spore wirklich tot ist und nicht mehr wieder belebt werden kann?

Bakterielle Unsterblichkeit setzt voraus, dass die lebenswichtigen Organe der Mikrobe durch nichts unwiederbringlich beschädigt werden. Eine der Bedrohungen ist natürlich Strahlung. Bakterien verfügen zwar über Reparaturmechanismen für Strahlungsschäden, doch die funktionieren nicht, wenn sich der Organismus im Tiefschlaf befindet. Zerbricht die DNS einer schlafenden Mikrobe, dann bleibt sie zerbrochen. Auf einer Reise durch den Weltraum stellt Strahlung zweifellos die größte Gefahr dar, doch eine Felsschicht könnte als Schutzschirm wirken. Gegen ultraviolette Strahlung hilft schon eine dünne Schale, und ein Meter festen Materials verschluckt sicher alle bis auf die energiereichste kosmische Strahlung. Der Fels selbst mag noch leicht radioaktiv sein, doch wie wir gesehen haben, sind Bakterien erstaunlich widerstandsfähig. Zusätzlichen Schutz scheint auch die im Weltraumvakuum unvermeidliche Austrocknung zu bieten. Im Inneren eines großen Felsbrockens hätte ein Organismus Millionen von Jahren Zeit, bevor er eine tödliche Strahlungsdosis angesammelt hätte – mehr als lange genug für eine Reise vom Mars zur Erde.

Der nächste Faktor, der in Betracht zu ziehen ist, ist die Kälte. Im interplanetaren Raum sind die Temperaturen jedoch gar nicht so niedrig. Der Meteorit würde immer noch von der Sonne gewärmt, und die Temperatur in seinem Inneren würde sich wahrscheinlich um minus 50 Grad Celsius einpendeln, was für Bakterien vollkommen akzeptabel ist. Auf der Erde lagert man Bakterien bei viel tieferen Temperaturen. Wenn sie überhaupt eine Rolle spielt, dann dürfte Kälte für die Erhaltung von Mikroben eher von Vorteil sein.

Die Reise durch den Weltraum ist also weit weniger gefährlich, als man zunächst meinen könnte. Die Prüfungen, die eine Marsmikrobe zu bestehen hätte, wären jedoch noch nicht zu Ende, wenn sie die Erde erreicht. Sie kann immer noch umkommen, während der Meteorit mit einer Geschwindigkeit von vielen Kilometern pro Sekunde durch die Atmosphäre schießt. Die meisten kleinen Exemplare verbrennen spurlos, sobald sie in die Atmosphäre eintauchen, doch für einen Stein von einem bis zehn Metern Durchmesser, der zudem auf einer flachen Bahn bei uns ankommt, sieht es schon anders aus. Die Luftreibung wird ihn verlangsamen und möglicherweise zerreißen, so dass er in Bruchstücken aus der oberen Atmosphäre herabregnet und die Landung der einzelnen Fragmente sich relativ sanft gestaltet. Manche der Mikroben würden sich schon in der Luft vom Gestein trennen, während andere noch in ihrer steinernen Schutzhülle auf Land oder Wasser landen. Viele der bekannten Meteoriten sind so auf der Erde geendet. Und da Gestein ein guter Wärmeisolator ist, bleibt das Innere des Meteoriten noch relativ kühl, wenn die Oberfläche in der Luftreibung schmilzt. Alles in allem sind die Bedingungen mehr oder weniger ideal für ein erfolgreiches Ausschwärmen etwaiger Organismen im Meteoriten.

Einmal sicher gelandet, würden die Chancen einer Marsmikrobe davon abhängen, welche Umgebung sie vorfände. Vor drei oder vier Milliarden Jahren, als Mars und Erde noch ähnlich waren, könnte sich ein Organismus vom Mars auf unserem Planeten sofort zu Hause gefühlt haben, besonders wenn er ins Meer gestürzt wäre. Die Ozeanströmungen könnten ihn dann zu einem tief unterseeischen Vulkanschlot getrieben haben, wie es sie auch in seiner Heimat auf Mars gegeben haben mag.

Manche Leute halten die Kette günstiger Umstände, die erforderlich wäre, eine Marsmikrobe sicher zur Erde zu bringen, für allzu unwahrscheinlich. Doch wer behauptet, die Reise wäre bequem? Sie muss nur überlebbar sein. Jede Phase würde sicherlich nur von einem vielleicht winzigen Bruchteil der Mikroben überlebt, die ursprünglich Mars verlassen haben. Doch schon ein einziger überlebender, chemotropher Organismus von den Billionen, welche die Reise angetreten haben, könnte die Kolonisation unserer Welt eingeleitet haben. Ein Einschlag der Größenordnung, wie sie sowohl Mars als auch Erde erlebt haben, bläst Milliarden von Tonnen Gestein in den Weltraum. Millionen Felsbrocken von wenigen Metern Durchmesser hätten sich über das Sonnensystem verteilt, und manche davon kämen als Vehikel des Lebens in Frage. Noch mächtigere Einschläge hätten noch mehr Trümmer auf den Weg geschickt; am Ende der Epoche des Großbombardements wären sie noch zahlreicher gewesen. Wenn es also vor 3,5 bis 4 Milliarden Jahren auf Mars Leben gegeben hat, dann müssen sich auch Marsorganismen auf der Erde niedergelassen haben.

An diesem Schluss kommt man schwerlich vorbei, wie auch dem Raumforschungskomitee des US-amerikanischen National Research Council aufgefallen ist. In seinem Bericht über die zukünftige Beschaffung von Mars-Bodenproben ist zu lesen: «Es erscheint plausibel, dass Mikroorganismen in einem Meteoriten, wo sie vor Strahlung geschützt sind, überleben können. Wenn man zeigen könnte, dass Mikroorganismen die Bedingungen während des Hochschleuderns und später des Aufschlagens überleben können, dann gäbe es kaum Anlass zu Zweifel, dass die natürliche interplanetare Übertragung von biotischen Substanzen möglich ist ... Ein solcher Austausch wäre besonders in der Frühgeschichte des Sonnensystems zu erwarten, als die Einschlagshäufigkeit erheblich höher war.» Ob Marsmikroben nach ihrer Ankunft dann auch die Erde kolonisiert haben, ist natürlich eine andere Frage.

Es gibt Argumente, die Mars als Wiege des Lebens plausibler erscheinen lassen als die Erde. Das kosmische Bombardement, das den Transport von Organismen zwischen den Planeten eingeleitet haben könnte, stellt zugleich deren Überleben auf dem Heimatplaneten in Frage. Wie ich in Kapitel 8 erklärt habe, würde ein wirklich großer Einschlag den gesamten Planeten praktisch sterilisieren. In dieser Hinsicht könnte Mars sicherer gewesen sein als die Erde. Wegen seiner geringeren Größe stellt er für Asteroiden und Kometen eine kleinere Zielscheibe dar. Die schwächere Gravitationsanziehung würde zu geringeren Aufschlagsgeschwindigkeiten und weniger Schaden führen. Organische Stoffe hätten daher eine größere Chance gehabt, sich kontinuierlich aufzubauen. Insbesondere ist dem Mars der gigantische Einschlag erspart geblieben, aus dem unser Mond hervorgegangen ist, und auch seine Entstehungshitze war geringer als die der Erde. Mars ist also schneller abgekühlt und wäre früher bewohnbar geworden, vielleicht schon vor 4,5 Milliarden Jahren. Die kältere

Kruste des Mars würde auch bedeuten, dass die Zone der unterirdischen Mikroben viel tiefer reichen und damit besseren Schutz vor einschlagsbedingten Hitzepulsen bieten würde.

Die Region tief unter der Planetenoberfläche ist nicht unbedingt der einzige Zufluchtsort vor kosmischen Einschlägen. Ein anderer ist der Weltraum. Ein Einschlag, der den Planeten sterilisiert, trägt auch riesige Mengen an Material in relativ sichere Umlaufbahnen. Mikroben, die in hochkatapultiertem Gestein im Weltraum überleben, könnten zu ihrem Heimatplaneten zurückkehren und ihn neu befruchten, sobald er sich von den Auswirkungen des Einschlags erholt hat. Da die Gravitationsanziehung des Mars geringer ist als die der Erde, reicht auf unserem Nachbarplaneten schon ein weniger gewaltiger Einschlag aus, Felsen in den Weltraum zu befördern, was die Überlebenschancen für Mikroben noch einmal erhöht. Gegen Ende des Großbombardements muss Mars von einem Schwarm ausgeworfener Trümmer umgeben gewesen sein, in denen sich vielleicht zahlreiche Mikroben verborgen haben.

Mars könnte nicht nur für den Beginn, sondern auch für die Evolution des Lebens günstiger gewesen sein. Nach Vermutung der Biologen ist das Leben auf der Erde erst richtig in Schwung gekommen, nachdem die Atmosphäre sich mit Sauerstoff angereichert hat: vor etwa zwei Milliarden Jahren. In dieser Phase fand eine rapide Artenzunahme statt. Auf Mars hat sich der Sauerstoff wahrscheinlich viel schneller aufgebaut, vielleicht innerhalb von nur zehn Millionen Jahren. Noch vor Ende des schweren Bombardements könnte sich das Leben dort auf eine Stufe entwickelt haben, die auf der Erde erst eine Milliarde Jahre später erreicht sein würde.

Wenn Marsleben und Erdenleben jeweils unabhängig entstanden sind, dann hätte eine Marsmikrobe bei ihrer Ankunft auf der Erde schon fest eingesessene Organismen vorgefunden. Die Neuankömmlinge wären dann in einen Wettkampf geraten, in dem sie vermutlich bald unterlegen wären – eine grausame Ironie des Schicksals für die furchtlosen Raumfahrer! Erst hätten sie einen mächtigen Einschlag und einen gewaltsamen Aufbruch vom Mars überlebt, dann vielleicht Millionen von Jahren im feindlichen Weltraum. Sie wären dem Hitzetod beim Eintritt in die Erdatmosphäre entkommen und hätten das

Glück gehabt, in der Nähe einer geeigneten Wohnstätte zu landen. Und alles nur, um am Ziel der Reise von einem hungrigen Rivalen verputzt zu werden!

Es sind jedoch auch andere Szenarien denkbar. Dass zum Beispiel in Wirklichkeit die Marsmikroben die Erdlinge aufgefressen haben. Oder dass Mars- und Erdenmikroben verschiedene ökologische Nischen besetzt und in friedlicher Koexistenz gelebt haben. Wenn die Eindringlinge auf einer ganz anderen Biochemie beruhten, dann könnten sie und die Ureinwohner einander vollkommen ignoriert haben. Oder sie waren sehr ähnlich und kamen so gut miteinander aus, dass sie Symbiosen eingingen. So könnten Marsmitochondrien in irdische Bakterien aufgenommen worden sein. Es ist sogar möglich, dass wir noch heute Gene in uns tragen, die ursprünglich vom Mars stammen. Oder die Eindringlinge fanden das Leben auf der Erde schließlich doch zu hart, konnten sich nicht schnell genug anpassen und starben, trotz aller Versuche, den Planeten zu kolonisieren, schließlich aus, wie die Bewohner mancher Pionierstädte im australischen Busch.

Vielleicht existieren bei uns heute noch Marsmikroben als unabhängige Lebensform. Die Wissenschaft hat gerade erst begonnen, die Vielfalt der Mikroorganismen zu entdecken, die um uns leben. Bis jetzt tragen alle, die man gefunden hat, die charakteristischen Züge des Erdenlebens, doch nichts spricht dagegen, dass man eines Tages einen wirklich fremdartigen Mikroorganismus ausgraben wird, vielleicht an einem verrückten oder unzugänglichen Ort, tief unter der Erde oder hoch in der oberen Atmosphäre, oder gar unter dem antarktischen Eisschelf. Wenn außerirdischen Mikroben eine andere Biochemie zugrunde liegt, dann könnten wir sie bisher auch schlicht übersehen haben. Sie könnten im Tiefschlaf, in Form von Sporen oder Ähnlichem direkt vor unserer Nase liegen, unfähig, zum Leben zu erwachen, weil irgendetwas fehlt, was sie dazu unbedingt brauchen.

Solche Szenarien sind natürlich pure Spekulation. Wir wissen lediglich, dass mit an Sicherheit grenzender Wahrscheinlichkeit – falls es auf Mars mikrobielles Leben je gegeben hat oder heute noch gibt – im Laufe der vergangenen vier Milliarden Jahre eine lebensfähige Marsmikrobe zur Erde gelangt sein muss. Ob das Leben wirklich auf Mars begonnen und sich zur Erde fortgepflanzt hat, können wir dagegen nicht mit Sicherheit sagen. Wenn es so wäre, dann müssten wir uns mit dem sonderbaren Gedanken abfinden, dass Sie und ich und alles Lebende um uns herum von Marsbewohnern abstammen.

Ist Leben von der Erde zum Mars gelangt?

Wenn Mikroben in Meteoriten vom Mars zur Erde kommen können, dann sollte es auch in umgekehrter Richtung funktionieren. Obwohl die Erde eine stärkere Gravitationsanziehung ausübt als Mars, waren manche Einschläge sicherlich mächtig genug, Material von der Erde in den Weltraum zu schleudern, und diesmal wissen wir, dass die ausgeworfenen Gesteinsbrocken Mikroorganismen enthalten hätten. Hat es am Ende des Großbombardements wirklich Leben auf der Erde gegeben, wie es Fossilienfunden zufolge der Fall gewesen zu sein scheint, dann sollten nach den vielen gewaltigen Einschlägen, die sich noch vor 3,8 Milliarden Jahren ereignet haben, große Mengen Leben beherbergenden Gesteins in den Weltraum befördert worden sein. Manches davon wird mit Sicherheit Mars erreicht haben, während die Bedingungen dort noch denen auf der Erde ähnelten. Irgendwann im Laufe der Jahrmilliarden *muss* also Erdenleben zum Mars gelangt sein. Zudem waren die Bedingungen auf Mars in der Phase vor 3,5 bis 3,8 Milliarden Jahren höchstwahrscheinlich geeignet, von der Erde eingetroffene Organismen gedeihen zu lassen. Deshalb bin ich sicher, dass auf Mars früher Leben existiert hat und vielleicht heute noch existiert.

Als die Nachrichten über den Marsmeteoriten herauskamen, zogen sowohl Kommentatoren als auch manche Wissenschaftler den voreiligen Schluss, die Entwicklung von Leben hätte sich zweimal in unserem Sonnensystem vollzogen. Die Spuren in ALH84001 wurden fast überall als Beweis für einen unabhängigen Ursprung des Lebens auf dem Planeten Mars aufgefasst. Stillschweigend gingen all die weitreichenden philosophischen Schlussfolgerungen, zu denen sich Präsident Clinton und andere sogleich verstiegen – man sprach von einem Universum voller Leben, von lebensfreundlichen Naturgesetzen, die im gesamten Kosmos am Werke wären –, von dieser Voraussetzung aus. Erstaunlich wenige erkannten den grundlegenden Fehler in dieser Logik: Wenn eine versteinerte Marsmikrobe in einem Meteoriten zur Erde kommen kann, dann kann auch eine lebende irdische Mikrobe in einem Stein zum Mars gelangen. Die Existenz des mutmaßlichen Beweisstücks für Leben auf dem Mars, der Marsmeteorit selbst, sprach schon gegen die Theorie, Leben auf den beiden Planeten wäre jeweils unabhängigen Ursprungs.

Die Entdeckung, dass Leben von der Erde zum Mars gelangt ist, wäre sicher sehr aufregend und von großer wissenschaftlicher Bedeutung, doch in philosophischer Hinsicht würde sie überhaupt nichts ändern, da sie nichts darüber aussagen würde, ob das Leben als Phänomen einzigartig und einmalig ist oder nicht. Es würde nur zeigen, dass unsere Biosphäre nicht nur bis unter die Erde, sondern auch bis in den Weltraum reicht. Die mutmaßlichen Mikrofossilien in ALH84001 wären dann Abkömmlinge ursprünglich irdischer Organismen, die am Ende heimgekehrt wären.

Unsere Beurteilung von Belegen für Leben auf dem Mars hängt wesentlich davon ab, für wie wahrscheinlich wir eine gegenseitige Befruchtung zwischen Planeten halten, besonders wenn sich diese in ferner Vergangenheit ereignet haben soll. Wäre der Marsbiosphäre vor 3,6 bis 3,8 Milliarden Jahren Erdenleben eingeimpft worden, dann würde es kaum überraschen, wenn wir Marsfelsen fänden, die Spuren von Leben enthalten, das vor 3,6 Milliarden Jahren aktiv war. Wie ich schon im vorigen Kapitel bemerkt habe, zeigt ALH84001 genau die Merkmale, die man in diesem Fall erwarten würde. Ist die Kontaminationstheorie jedoch falsch, dann müssen wir annehmen, Leben auf dem Mars sei vollkommen eigenständig und unabhängig vom Leben auf der Erde entstanden. Dieser Schluss wäre jedoch in jeder Hinsicht so radikal (siehe Kap. 10), dass er einiger Rechtfertigung bedürfte – viel mehr, als ALH84001 bislang bietet.

Was würde dagegen einen Beweis für die Kontaminationstheorie darstellen? Fände man einen *lebenden* Marsorganismus, der (1) aus rechtshändiger DNS und linkshändigen Aminosäuren aufgebaut wäre, (2) denselben genetischen Code wie irdisches Leben besäße und (3) einem ähnlichen Stoffwechselzyklus folgte wie irdische Organismen, dann würde dieser Fund eindeutig für einen gemeinsamen Ursprung des Lebens auf Mars und Erde sprechen. Fände man in einem solchen Organismus jedoch Moleküle entgegengesetzter Händigkeit, mit einem anderen genetischen Code und einer vollkommen fremdartigen Biochemie, dann hieße das, wir hätten von einem unabhängigen Ursprung auszugehen. Stehen lediglich versteinerte Überreste zur Verfügung, so ist es schwieriger, ein Urteil zu fällen. Die Existenz außerirdischer Fossilien, die irdischen Molekülen ähnelten, jedoch eine entgegengesetzte Händigkeit aufwiesen, wäre schon ein wichtiger Hinweis, doch allein durch einen Vergleich der äußeren Form von Mikroben kann man die Frage nicht entscheiden. Außerirdische Mikroben mögen wie terrestrische aussehen und dennoch einer ganz anderen Biochemie folgen.

Man nehme einmal an, ich hätte Recht und es hätte ein regelmäßiger Austausch Leben beherbergenden Materials zwischen Mars und Erde stattgefunden. Angenommen, die Planeten wären nicht in Quarantäne gewesen; sie hätten sich, vielleicht seit Beginn des Lebens, gegenseitig kontaminiert. Zunächst könnte man sich dann die Kosten sparen, die aufzuwenden wären, eine Raumsonde zum Mars vor ihrer Rückkehr zu sterilisieren – obwohl man nicht mehr davon ausgehen könnte, dass die Infektionsgefahr durch Marsmikroben vernachlässigbar ist. Gehen Mars- und Erdorganismen auf einen gemeinsamen Vorfahren zurück, dann werden sie auch einer in ihren Grundzügen identischen Biochemie folgen. Carl Sagan hat dazu gemeint: «Sind mutmaßliche Marsorganismen ursprünglich nach Einschlägen auf der Erde zum Mars gelangt, dann sind sie uns möglicherweise ähnlich genug, dass sie uns schaden könnten.»

Haben Erde und Mars tatsächlich Organismen ausgetauscht, dann wird die Frage nach dem eigentlichen Ursprung des Lebens dadurch erheblich kompliziert. In unserem gegenwärtigen Zustand der Unwissenheit können wir nur raten, welches der folgenden Szenarien der Realität entspricht:

1. Das Leben hat nur einmal begonnen und ist in Marsmeteoriten zur Erde gekommen.
2. Das Leben hat einmal begonnen, hat sich zum Mars fortgepflanzt und möglicherweise dort niedergelassen.
3. Das Leben ist unabhängig sowohl auf der Erde als auch auf Mars entstanden. Danach könnte gegenseitige Kolonisation (oder gar Befruchtung) stattgefunden haben.
4. Leben ist sowohl auf der Erde als auch auf Mars entstanden, doch trotz des Austauschs von Felsen und Staub haben keine lebensfähigen Organismen den Planeten gewechselt.
5. Das Leben ist weder auf Mars noch auf der Erde entstanden, sondern ganz woanders, zum Beispiel in einem Kometen, auf dem Jupitermond Europa, auf Venus oder auf einem Himmelskörper außerhalb des Sonnensystems. Zur Erde und vielleicht auch zum Mars ist es durch eine Form von Panspermie gelangt.
6. Leben ist nur auf der Erde entstanden und hat (noch) keinen anderen Planeten kolonisiert. Der Mars ist tot und hat niemals Leben beherbergt.

Alle diese Szenarien, mit Ausnahme des letzten, besagen, dass Leben auf Mars einmal Realität gewesen sein muss und vielleicht heute noch ist. Angesichts der erwiesenen, unglaublichen Zähigkeit von Mikroben halte ich Szenario 6 für sehr unwahrscheinlich. Irgendwann müssen Gesteinsbrocken mit intakten Organismen die Reise von der Erde zum Mars geschafft haben. In einer frühen Phase seiner Geschichte *muss* Mars meiner Ansicht nach Mikrobenpopulationen und vielleicht auch fortgeschrittenere Organismen beherbergt haben, ganz gleich, ob das Leben mehrmals entstanden ist oder einfach von Planet zu Planet gewandert ist. Die Suche nach Leben auf Mars verdient also höchste Prioriät.

Akzeptiert man eine «Meteoritenpanspermie», dann ist Mars nicht der einzige Planet, der in Betracht kommt. Erdenleben könnte auch andere Ziele im Sonnensystem gefunden haben, zum Beispiel den Mond. Heute ist die Mondoberfläche äußerst unwirtlich, doch wie Mars hat der Mond einmal eine dichte Atmosphäre, Vulkane und Wasser besessen. Obwohl dies alles auf dem Mond noch schneller verschwunden ist als auf Mars, könnte es ein kurzes Zeitfenster gegeben haben, als Leben möglich war. Hat in dieser Phase auch auf der Erde schon Leben existiert, dann ist die Wahrscheinlichkeit eines Austauschs von Organismen als sehr hoch einzuschätzen. Angesichts der Nähe des Monds müssen auf ihm zahlreiche Einschlagstrümmer von der Erde gelandet sein, und zwar nach einer sehr kurzen Reise. Könnte demnach unter der Mondoberfläche noch heute Leben existieren? Die kürzliche Entdeckung von Eis im Schatten von Kratern nicht weit von den Mondpolen eröffnet die faszinierende Möglichkeit, dass man vielleicht doch noch Mondmikroben finden wird.

Venus und Merkur erscheinen heute als hoffnungslose Fälle, da es auf ihnen viel zu heiß ist, obwohl Venus einmal kühler gewesen sein könnte und vielleicht für eine Weile verirrten Erdorganismen eine Heimat geboten hat. Mehrere Monde im äußeren Sonnensystem könnten gerade noch geeignet sein, doch die Chance, dass Leben von der Erde dorthin gefunden hat, ist äußerst gering. Nach Thomas Golds Vermutung könnten wenigstens zehn Planeten und Monde unterirdisches Leben beherbergen, und Leben im Untergrund ist vielleicht nichts Ungewöhnliches im Universum. Er glaubt, die Erde stelle möglicherweise «nur einen eigenartigen Zweig des Lebens» dar, wo außergewöhnliche Bedingungen die Entwicklung von Oberflächenleben erlaubt haben.

So wie abgesprengte Felsen in Umlaufbahnen um den Mars möglicherweise eine Zuflucht vor kosmischem Beschuss geboten haben, so könnten auch irdische Organismen im Weltraum das Exil gefunden haben, von dem aus sie die Erde nach Millionen von Jahren von neuem kolonisieren konnten. Diese Möglichkeit läßt die «Frustrationstheorie» des Lebens, die ich in Kapitel 6 erörtert habe, in einem neuen Licht erscheinen. Einschläge, welche die Erde ansonsten vollkommen sterilisiert hätten, könnten in Trümmern, die um die Erde kreisten, Organismen am Leben gelassen haben. In diesem Fall könnte Leben auf der Erde lange vor dem Ende des Großbombardements entstanden sein, vielleicht schon vor 4,2 Milliarden Jahren. Man könnte dann auch eher verstehen, wie das Leben eine so turbulente Epoche überstehen konnte. Natürlich hat die Möglichkeit, dass urzeitliche Mikroben nach Millionen von Jahren im Weltraum wieder zu ihrem

Heimatplaneten zurückkehren, auch faszinierende Konsequenzen für die Evolutionsgeschichte. So ist nicht auszuschließen, dass eine zehn Millionen Jahre alte Bakterie, die auf der Erde längst ausgestorben ist, in einem Meteoriten zurückkehrt und sich wieder einlebt.

Könnte Leben in Felsklumpen auch von einem Stern zum anderen reisen? Die Statistik spricht leider dagegen: Während von der Erde abgesprengtes Gestein eine gute Chance hat, irgendwann auf Mars aufzuschlagen, ist die Wahrscheinlichkeit, dass ein Stein, der das Sonnensystem verlässt, jemals einen anderen Planeten findet, verschwindend gering. Die Entfernungen zwischen den Sternen sind so groß, und ein Planet stellt ein so kleines Ziel dar, dass nicht einer unter einer Milliarde Felsbrocken, die sich auf den Weg machten, auf einen geeigneten Planeten in einem anderen Sonnensystem fallen würde. Aus demselben Grund können wir fast sicher sein, dass kein Meteorit aus einem anderen System je die Erde getroffen hat. Während die Planeten in unserem Sonnensystem sich also mit hoher Wahrscheinlichkeit gegenseitig mit Leben beherbergendem Gestein kontaminiert haben, ist annähernd ausgeschlossen, dass das Leben sich auf diese Weise in der Milchstraße ausbreiten kann.

Felsbrocken sind jedoch nicht die einzigen Vehikel, in denen Mikroben durch den Weltraum reisen können. Auch Kometen könnten diesem Zweck dienen. Wir wissen zwar nicht viel über das Innere von Kometen, doch sie könnten für Mikroben ein noch besseres Refugium darstellen als Felsklumpen. Dies wäre sicherlich in der Periode nach ihrer Entstehung der Fall gewesen, als chemische und strahlungsbedingte Aufheizung ihre Temperatur so weit erhöht haben könnte, dass sie vielleicht sogar flüssiges Wasser enthalten haben.

Chris McKay stellt sich bezüglich Kometenpanspermie folgendes Szenario vor: Eine interstellare Wolke kommt in die Nähe des Sonnensystems. Kometen, vielleicht durch das Gravitationsfeld der Wolke aufgerüttelt, bombardieren die Erde und sprengen Trümmer mit mikrobiellen Sporen aus ihr heraus. Die Felsbrocken ziehen mit der Wolke, bis diese, vielleicht Millionen Jahre später, selbst Sterne gebiert. Die Felsen und die zum Teil noch intakten Organismen in ihnen mischen sich dabei unter das Kometenmaterial am Rand des Nebels, in dem ein neues Sonnensystem im Entstehen ist. Dann bilden sich die Kometen und bieten den verirrten Mikroben in ihrem warmen, feuchten Inneren schließlich ein bequemes Bett. Die günstige Umgebung erweckt die Sporen zum Leben und setzt eine explosionsartige Vermehrung in Gang, und nach einer Weile stürzt ein solcher Komet mit seiner inzwischen ausgedehnten Mikrobenkolonie auf den Stern zu. Der Stern verdampft das Kometenmaterial und setzt Billionen von Mikroben frei, die mit dem Kometenstaub eine riesige, lebende Wolke bilden. Die Mikroben sind nun ganz nackt und sehr verletzlich, doch bald werden sie von einem Planeten angezogen, der durch den Kometenschweif zieht. Da sie so winzig sind, überleben die Organismen den Eintritt in die Planetenatmosphäre und schweben langsam auf die relativ sichere Planetenoberfläche. So könnte das Leben Planeten in anderen Sonnensystemen kolonisiert haben – und so könnte auch das Leben von einem Planeten außerhalb unseres Sonnensystems zur Erde gekommen sein.

Seit zwanzig Jahren vertreten Fred Hoyle und Chandra Wickramasinghe gegen viel Skepsis die Theorie, dass Kometen lebende Organismen enthalten. Sie stützen sich dabei auf medizinische Daten, aus denen ihrer Ansicht nach hervorgeht, dass der Ausbruch neuer Krankheiten in der Regel mit dem Erscheinen von Kometen einhergeht. Verschiedene Weltseuchen, darunter die große justinianische Pest von 540 n. Chr., die möglicherweise 100 Millionen Menschen dahinraffte, seien tatsächlich außerirdischen Ursprungs gewesen. Für Hoyle und Wickramasinghe ist Leben im Kosmos nicht nur auf Kometen beschränkt. Sie stimmen Arrhenius' ursprünglicher These zu, dass einzelne Mikroben ohne den Schutz eines Felsmantels durch die Galaxie treiben können. Unter Hinweis auf die Beobachtung, dass viele interstellare Körner ungefähr so groß sind wie Bakterien, behaupten sie, ein beträchtlicher Teil der Materie im interstellaren Raum sei biologischen Ursprungs. Als Beweis für diese waghalsige Theorie führen sie an, dass das Infrarotspektrum getrockneter Kolibakterien verdächtig dem Spektrum interstellarer Wolken ähnlich sieht.

Nun klammern sich natürlich etliche Wissenschaftler an die Panspermietheorie, weil sie hoffen, auf diese Weise den Problemen der Biogenese zu entkommen. Wenn Leben sich von einem Sternsystem zum anderen fortpflanzen kann, dann braucht nur ein einziger Planet irgendwo in den Weiten des Kosmos Leben hervorgebracht zu haben, um dessen Existenz auf der Erde zu erklären. Ich bin jedoch kein Anhänger dieser Verdrängungstaktik. Indem man es in den erdfernen Raum abschiebt, kommt man der Lösung des Kernproblems der Biogenese, das die Forschung auf diesem Gebiet seit Jahrzehnten plagt, meiner Ansicht nach keinen Schritt näher: Das Phänomen Leben erscheint einfach zu schön, um wahr zu sein.

10

Ein lebensfreundliches Universum?

Je länger ich das Universum betrachte und die Einzelheiten seiner Architektur studiere, desto mehr Hinweise finde ich, dass es irgendwie gewusst haben muss, dass wir kommen würden.

Freeman Dyson

Die NASA-Wissenschaftler jubelten, als die verkrüppelte Galileo-Sonde im April 1997 mit letzter Kraft über ihre Ersatzantenne Bilder des Monds Europa zur Erde funkte. Ein Wort war in aller Munde: Leben! Man war so aufgeregt, weil soeben der erste außerirdische Ozean entdeckt worden war. Dass Europa mit Eis bedeckt war, wussten die Wissenschaftler schon, doch Galileo zeigte nun Eisberge, und Eisberge bedeuten flüssiges Wasser oder zumindest eine Art Schneematsch. Die ganze gefrorene Kruste des Jupitermonds scheint auf einer Schicht Flüssigkeit zu treiben.

Jedermann verkündete sofort, dass Wasser im Zusammenspiel mit organischen Stoffen Leben bedeutet – oder zumindest eine beachtliche Chance dafür. Der NASA-Forscher Richard Terrile fasste das Argument so zusammen: «Bringt man diese Zutaten auf der Erde zusammen, dann hat man innerhalb einer Milliarde Jahre Leben», sagte er vor der Presse, weshalb es auf Europa ebenso geschehen müsse – einfach so . . . Doch leider ist der logische Zusammenhang zwischen Wasser und Leben in Wirklichkeit jämmerlich dünn. Man kann lediglich sagen, dass Leben ohne Wasser unmöglich zu sein scheint, was längst nicht bedeutet, dass Wasser mit Leben gleichzusetzen ist.

Vielleicht verbirgt sich ja wirklich Leben unter Europas eisiger

Haut, entweder einfach, weil es in einem Meteoriten von der Erde dorthin geraten ist, oder gemäß dem viel tieferen Argument, dass Leben unausweichlich ist, wo die richtigen Bedingungen herrschen. Nach der deterministischen Schule der Biologie, welcher die NASA und die meisten Medienstimmen weitgehend anzuhängen scheinen, sollte Leben in jeder erdähnlichen Umgebung ganz automatisch entstehen. Man nehme ein bisschen Wasser, füge Aminosäuren und ein paar andere Substanzen hinzu, lasse es für einige Millionen Jahre stehen, und siehe da: Es lebt.

Diese populäre Anschauung stößt jedoch auf scharfe Kritik von der entgegengesetzten Denkschule, die darauf hinweist, wie furchtbar komplex selbst die einfachsten Lebewesen sind, wenn man sie auf der Ebene der Moleküle betrachtet. Diese Kritiker sind überzeugt, dass die schiere Verschlungenheit des Lebens ein ganz unwahrscheinliches Zusammentreffen von Ereignissen voraussetzt, wie es im Kosmos nur einmal vorkommen kann. Keine noch so große Menge Wasser, in dem sich die vielseitigsten Chemikalien befinden mögen, würde quasi auf Knopfdruck lebendig. Das Leben auf der Erde müsse daher auf einen wahrhaft astronomischen Zufall zurückgehen.

Wenn die NASA-Wissenschaftler behaupten, Wasser bedeute Leben, dann sind sie nicht nur sehr optimistisch bezüglich ihres Projekts; sie setzen auch stillschweigend eine fundamentale Annahme über das Wesen der Natur als Tatsache voraus. Im Endeffekt sagen sie nämlich, die Gesetze des Universums seien auf raffinierte Weise darauf ausgelegt, entgegen jeder Wahrscheinlichkeit Leben hervorzubringen; die mathematischen Prinzipien der Physik hätten in ihrer eleganten Einfachheit das Leben und seine enorme Komplexität irgendwie vorausgeahnt. Wenn aus einer Ursuppe mit kausaler Unabänderlichkeit Leben hervorgehen *muss*, dann enthalten die Naturgesetze einen versteckten Hintersinn, einen kosmischen Imperativ, der ihnen vorschreibt: «Schafft Leben» – und nicht nur Leben, sondern auch dessen Nebenprodukte Geist, Wissen und Verstand. Die Gesetze des Universums selbst würden herbeiführen, dass sie begriffen werden.

Eine atemberaubende, großartige, mitreißende Sicht der Natur! Ich hoffe nur, dass sie auch stimmt. Es wäre wunderbar, wenn es so wäre.

Es würde jedoch auch eine Umwälzung des wissenschaftlichen Weltbilds bedeuten, die in ihrer Tiefe der Gesamtheit der Revolutionen gleichkäme, die Kopernikus und Darwin eingeleitet haben. Dies kann man auch nicht mit der einfachen Behauptung übertünchen, dass Wasser plus organisches Material «offensichtlich» Leben ergibt, denn das ist alles andere als offensichtlich.

Wenn biologischer Determinismus tatsächlich einmal durch die Entdeckung anderen Lebens fern der Erde bestätigt werden sollte, dann wäre das tief in der darwinischen Herrschaft des Zufalls verwurzelte orthodoxe Denkmuster in großen Schwierigkeiten. Dieses Paradigma besteht darauf, dass nichts am Leben vorbestimmt ist und dass biologische Evolution eine Reihe bedeutungs- und zielloser Zufälle darstellt. Es gibt keine tiefsten Ursachen. Betrachtet man Leben aber als unausweichlich, dann bedeutet dies, dass ein bestimmtes Ziel mit Sicherheit erreicht wird, ganz gleich wie der Zufall spielt, da es die Gesetze so vorschreiben. Und «Ziel» klingt bedenklich nach «Zweck» oder «Absicht» – Worte, die in den letzten hundert Jahren für Wissenschaftler tabu waren, da ihnen der Geruch eines vergangenen, religiösen Zeitalters anhängt.

Die Entdeckung außerirdischen Lebens wäre also von fundamentaler Bedeutung, mit Folgen weit über die Naturwissenschaften hinaus bis in die Philosophie, zu Fragen wie der, ob Existenz einen Sinn hat oder ob das Leben, das Universum, ob *alles* letztlich sinnlos und absurd ist. Dies ist unser Antrieb, wenn wir nach Leben auf Mars und im fernen Weltraum suchen. Deshalb sollten wir dieser Suche höchste Priorität zuordnen. Und aus diesem Grund ist die Panspermietheorie so entscheidend. Wollen wir die Lebensfreundlichkeit des Universums beweisen, dann müssen wir ganz sicher sein, dass Leben mehr als einmal entstanden ist. Das heißt, wir müssen in der Lage sein, die gegenseitige Kontamination von Planeten auszuschließen. Fänden wir einmal Leben auf Mars, das jedoch von der Erde stammte, dann wäre das nichts Neues, wenn man nach dem Ursprung des Lebens fragt. Wäre eine solche Kontamination jedoch auszuschließen, dann würde schon eine einzige Marsmikrobe unsere Anschauungen über den Kosmos für immer ändern.

Die Suche nach Leben im Universum ist also eine Suche nach uns selbst, was wir sind und wo unser Platz ist im großen Schema der Dinge. Wie sieht nun die wissenschaftliche Beweislage aus? Sind wir das unbedeutende, zufällige Ergebnis eines kosmischen Würfelspiels oder das vorbestimmte Produkt eines lebensfreundlichen Universums?

Hat Leben einen Ursprung?

Die ganze Diskussion über den Ursprung des Lebens geht von der Annahme aus, dass Leben tatsächlich einen Ursprung hat – was vielleicht gar nicht der Fall ist. Leben auf der Erde hat es offenbar *nicht* schon immer gegeben, da die Erde selbst nur ein bestimmtes Alter hat. Leben allgemein könnte hingegen schon existiert haben, bevor die Erde entstanden ist, und unseren Planeten durch einen Panspermieprozess erreicht haben. Wenn Organismen von Stern zu Stern reisen können, dann landet man mit der Frage, ob das Leben je begonnen hat, bei dem Problem, ob es einen Ursprung des Universums gibt.

Im neunzehnten Jahrhundert nahmen die meisten Wissenschaftler an, das Universum wäre ewig. Damit konnte auch das Leben «ewig» sein, in Raum und Zeit. Dies war die Position, die Svante Arrhenius und Lord Kelvin vertraten. Heute glauben die meisten Wissenschaftler, das Universum habe nicht immer existiert, sondern sei in einem Urknall entstanden. Diese Theorie kann sich auf überzeugende Beobachtungen stützen. Andererseits gibt es keinen fundamentalen Grund, weshalb das Universum nicht schon immer existiert haben soll. In den fünfziger Jahren war eine Theorie des Universums populär, die dem Urknallmodell widersprach, die statische oder steady-state-Theorie; ihr Hauptverfechter war Fred Hoyle. Beide Modelle, Urknall und steady state, erkennen an, dass das Universum sich in Ausdehnung befindet. In der Urknalltheorie erscheint alle kosmische Materie mehr oder weniger in einem Rutsch gleich zu Beginn. Da sich das Universum ausdehnt und die Galaxien auseinander streben, verringert sich dann die Massendichte des Kosmos. In der statischen Theorie bleibt die mittlere Dichte dagegen konstant, da ständig Materie neu entsteht, sich zu Galaxien formt und die immer weiter werdenden Lücken zwischen den alten

Galaxien auffüllt. In großem Maßstab bleibt das Universum von Epoche zu Epoche immer gleich, wie ein unversiegbarer Brunnen.

Da ein steady-state-Universum unendlich alt wäre, könnte man sich auch vorstellen, dass das Leben schon immer existiert habe. Weder Kosmos noch Leben hätten dann einen Ursprung. Solange es Möglichkeiten gibt, wie Organismen von einer Galaxie zur anderen gelangen können, muss Leben sich niemals ganz neu aus leblosen Chemikalien gebildet haben. Die Frage der Biogenese wäre damit vollkommen umgangen. Und man muss nicht einmal unbedingt ein Anhänger des steady-state-Universums sein, wenn man um einen Ursprung des Lebens herumkommen will. Ist das Universum nur unendlich alt und verfügt es über irgendeinen Nachfüllmechanismus und können Mikroben sicher von einem Ort zum anderen reisen, dann könnte Leben schon immer eine Eigenschaft des Universums gewesen sein. Das genau ist Hoyles und Wickramasinghes These.

Ein «ewiges Leben» hätte ganz erstaunliche Konsequenzen. Wenn Leben sich über den gesamten Raum und die gesamte Zeit ausdehnt und wenn es, wie im steady-state-Universum, unzählig viele Planeten gibt, dann muss es auch unendlich viele Biosysteme geben. Entwickelt ein kleiner Teil dieser Biosysteme Intelligenz und Technologie, dann gibt es unendlich viele technische Gesellschaften im Universum. Solche Gemeinschaften können seit ewigen Zeiten existieren, und manche davon wären unendlich alt und beliebig weit fortgeschritten. Und wenn sich Mikroben über den Kosmos ausbreiten können, dann ist auch hoch entwickeltes, intelligentes Leben dazu in der Lage. Wir kommen also unweigerlich zu dem befremdlichen Schluss, dass das Universum von intelligentem Leben «übernommen» worden sein muss. Es braucht nur eine einzige eroberungslustige technische Gesellschaft unendlichen Alters zu geben, um der Intelligenz die Kontrolle über den Kosmos zu verschaffen. Angesichts der unbegrenzten Zeit, die für diesen Prozess zur Verfügung stand, müssen Natur und Intelligenz inzwischen praktisch eins sein. Intelligenz würde das gesamte Universum abdecken; Geist gehörte ebenso zu den dauerhaften Eigenschaften des Universums wie Materie.

Diese Folgerung ist Fred Hoyle natürlich nicht entgangen. In seinem Buch *The Intelligent Universe* beschreibt er den Stand der Dinge ganz ähnlich, wie ich ihn soeben skizziert habe. Wenn es kein Naturgesetz gibt, das dem Wachstum von Intelligenz und Technologie Grenzen setzt oder intelligenten Lebensformen – nicht aber einfachen Organismen – verbietet, sich über das Universum auszubreiten, kommt man an Hoyles dramatischen Thesen kaum vorbei. Francis Crick und Leslie Orgel sind zu einem ähnlichen Schluss gekommen. Beeindruckt von den enormen Schwierigkeiten, denen sich Wissenschaftler in der Erklärung der Biogenese gegenübersehen, brachten sie die Idee einer «gesteuerten Panspermie» auf, nach der die Erde von intelligenten Außerirdischen absichtlich mit Leben befruchtet worden wäre. Auf diese Weise könnte sich das Leben im ganzen Universum verbreitet haben, ohne je an einem bestimmten Ort begonnen zu haben.

Viele Menschen finden die Vorstellung eines universalen Lebens sehr reizvoll, obgleich sich dieser Reiz vom wissenschaftlichen Standpunkt betrachtet als trügerisch erweisen könnte. Man versucht, das Problem des Ursprungs des Lebens zu umgehen, indem man es in den Weltraum und in eine ferne Vergangenheit verlagert, dass es praktisch verschwindet. Die Theorie, dass das Leben und das Universum schon immer existiert haben, ist zwar logisch nicht anfechtbar, doch sie liefert auch keine Erklärung, weder für das eine noch für das andere. Man erklärt nichts, indem man einfach feststellt, es sei schon immer da gewesen. Im Weiteren werde ich deshalb davon ausgehen, dass das Leben irgendwo und irgendwie begonnen hat, vielleicht gar unabhängig an vielen Orten. Und dann werde ich die Frage stellen, was diese Annahme für die Natur des Universums bedeutet.

Sind die Naturgesetze zugunsten des Lebens eingestellt?

Das Universum trug weder das Leben, noch trug die Biosphäre den Menschen in sich.

Jacques Monod

Du irrst. Sie taten es sehr wohl.

Christian de Duve

Jacques Monod hat darauf hingewiesen, dass alles in der Natur auf zwei fundamentalen Faktoren beruht: Zufall und Gesetz – oder Notwendigkeit, wie er es lieber nannte. Betrachten Sie zum Beispiel die Umlaufbahn der Erde um die Sonne. Ihre Ellipsenform folgt aus Newtons Gesetzen der Bewegung und der Gravitation. Man könnte sagen, die Form der Bahn ist notwendigerweise elliptisch. Andererseits ergibt sich die Größe der Bahn – das heißt die mittlere Entfernung zwischen Sonne und Erde – aus zahlreichen, komplizierten Faktoren, darunter eindeutig zufällige, zum Beispiel welche Teilchen gerade mit welchen anderen zu bestimmten Zeitpunkten im Entstehungsnebel des Sonnensystems zusammengestoßen sind. Es besteht keine Notwendigkeit, dass die Erde die Sonne in durchschnittlich 150 Millionen Kilometern statt in, sagen wir, 200 Millionen Kilometern Abstand umkreist. Die tatsächliche Umlaufbahn beruht also teils auf Notwendigkeit und teils auf Zufall. Finden wir einmal einen erdähnlichen Planeten in einem anderen Sonnensystem, so wird dessen Bahn nicht bis auf den letzten Kilometer mit der Erdbahn übereinstimmen, doch nach dem Gravitationsgesetz muss sie elliptisch sein.

Ein extremes Beispiel für Notwendigkeit ist die Struktur eines Kristalls. Die geometrische Anordnung eines Kristallgitters ist gänzlich durch die Kräfte bestimmt, die zwischen Atomen herrschen. Alle reinen Salzkristalle haben dieselbe Kristallstruktur; ein Diamant sieht auf dieser Ebene aus wie der andere. Kein Zufall kommt hier ins Spiel. Das Kristallgitter *muss* so sein, wie es ist.

Ein klares Beispiel für Zufall ist dagegen der Flipperautomat. Die Kugel gehorcht zwar Newtons Bewegungsgesetzen, während sie hin und her geschleudert wird, doch wo sie am Ende landet, ist purer Zufall. Niemand würde erwarten, dass die Kugel immer im selben Loch endet.

Inwieweit ist nun Leben vom Zufall bestimmt und inwieweit von Notwendigkeit? Nach Monods Überzeugung ist das Leben überwiegend ein Zufallsprodukt, wie er in seinem berühmten Buch *Zufall und Notwendigkeit* erläutert hat: Der Zufall prägt nicht nur das ziellose Wesen der Evolution, sondern selbst die physikalischen Prozesse, durch die Leben zustande kommt. Für Monod war die Entstehung des Lebens nichts als Glück in einer vom blinden Zufall bestimmten kosmischen Lotterie. Wie ich in Kapitel 3 erklärt habe, ist die Wahrscheinlichkeit, dass Leben ausschließlich durch ein statistisches Mischen von Molekülen entsteht, verschwindend gering. Sollte es dennoch so gewesen sein, dann ist es im Universum sicherlich nur einmal dazu gekommen.

Entdeckte man nun Leben auf Mars oder anderswo und wäre man zudem sicher, dass *kein* Panspermieprozess im Spiel war, dann wäre Monods Doktrin des Zufalls und der trostlosen Philosophie der Einsamkeit, die aus ihr folgt, die Basis entzogen. Diejenigen unter uns, nach deren Glauben wir nicht allein sind im Universum, lehnen den wahllosen Zufall als Erklärung des Lebens von vornherein ab. Sie setzen ein Element der Notwendigkeit, der Gesetzmäßigkeit im Ursprung des Lebens voraus. Sie nehmen an, die Entstehung von Leben aus nicht lebenden Chemikalien sei auf das normale Wirken universaler Gesetze zurückzuführen; und wenn diese Gesetze hier auf der Erde dazu geführt haben, dass Leben entsteht, dann werden sie höchstwahrscheinlich auch auf anderen Planeten Leben hervorgebracht haben. Dieser Standpunkt kommt auch in einem Bericht des amerikanischen Raumforschungskomitees deutlich zum Ausdruck: «Angesichts der Tatsache, dass auf der Erde Leben entstanden ist, erscheint es als möglich oder gar einleuchtend, dass etwa gleichzeitig und unter ähnlichen Bedingungen auch auf Mars Leben entstanden sein könnte.»

Die Auffassung, dass Leben, da es auf der Erde existiert, im Universum allgegenwärtig sein muss – zuweilen als biologischer Determinismus oder biologische Vorbestimmung bezeichnet –, ist offenbar unter Astronomen, Chemikern und Physikern weit verbreitet, nicht aber unter Biologen. Wenn Biologen die relative Bedeutung von Zufall und Notwendigkeit im Ursprung des Lebens abwägen, dann entscheiden sie sich mehrheitlich für Monod, für den Zufall als entscheidenden Faktor. Es gibt jedoch Ausnahmen. Christian de Duve, wie Monod ein Nobelpreisträger, hält die Entstehung von Leben für einen unausweichlichen und, unter geeigneten Bedingungen, geschwinden Prozess. Sein kürzlich erschienenes Buch *Aus Staub geboren* trägt den Untertitel «Leben als kosmische Zwangsläufigkeit». In de Duves Augen ist das Universum, als automatische Konsequenz der Naturgesetze, eine Brutstätte des Lebens. Er schreibt: «Leben [ist] das Ergebnis deterministischer Kräfte ... Es musste unter den herrschenden Bedingungen zwangsläufig entstehen und wird sich immer wieder entwickeln, wenn sich irgendwann und irgendwo erneut diese Bedingungen einstellen ... Leben und Geist [entstehen] nicht als exotische Unfälle, sondern als natürliche Erscheinungsformen der Materie, die der Struktur des Universums innewohnen.»

Was sind also diese lebensfreundlichen Gesetze, die ungeordnete Materie und Energie auf eine Einbahnstraße zum Leben zu zwingen scheinen? Ist hier ein besonderes biologisches Prinzip am Werk, oder reichen schon die normalen Gesetze der Physik? Blickt man auf die Geschichte zurück, so findet man Anwälte beider Standpunkte. Aristoteles betrachtete das Leben als die Verkörperung eines universalen, organisierenden Prinzips. Darwin meinte: «Das Prinzip des Lebens wird sich als Teil oder Konsequenz eines allgemeinen Gesetzes erweisen.» Heute, so darf man wohl sagen, glaubt dagegen kaum noch ein Biologe, es gebe Gesetze des Lebens, so wie es physikalische Gesetze gibt. Vielen erscheint die Vorstellung, es existierten besondere, über die der Physik hinausgehende Gesetze oder Prinzipien, welche die Entwicklung von Materie in Richtung Leben steuern, allzu mystisch, fast wie der Vitalismus von ehedem.

Haben vielleicht die Gesetze der Physik selbst schon die Macht, Leben hervorzubringen? Man stelle sich vor, das Leben entspringe mit der gleichen Zuverlässigkeit aus einer Ursuppe, wie sich in einer gesättigten Salzlösung Kristalle bilden, deren endgültige Form durch die Kräfte zwischen den Atomen festgelegt ist. Denken Sie zum Beispiel daran, wie sich Aminosäuren zu Polypeptiden zusammenschließen, den Bausteinen der Proteine. Sollen die Aminosäuren eine biologische Funktion erfüllen, dann müssen sie in einer geeigneten Reihenfolge verbunden sein. Die Wahrscheinlichkeit, dass eine x-beliebige Peptidkette ein nützliches Protein ergibt, ist verschwindend klein. Doch angenommen, die atomaren Kräfte, welche die Peptidverbindungen zusammenhalten, könnten zwischen verschiedenen Reihenfolgen unterscheiden? Vielleicht bevorzugen diese Kräfte Aminosäurekombinationen, die zufällig von biologischem Nutzen sind.

Genau das wird zuweilen von Forschern behauptet. Gary Steinman und Marian Cole sind in den sechziger Jahren an der Pennsylvania State University Berichten nachgegangen, dass Aminosäuren Peptidketten auf eine Weise bilden könnten, die «alles andere als zufällig ist». Ihre Experimente schienen zu bestätigen, dass bevorzugt biologisch sinnvolle Moleküle produziert werden. Sie schrieben dazu: «Die Ergebnisse geben zu der Vermutung Anlass, dass biologisch relevante Peptidsequenzen in einer präbiotischen Phase entstanden sein könnten.» Auch bemerkten sie «bevorzugte Wechselwirkungen ... auf höheren Stufen von Organisation», und sie gingen gar so weit, festzustellen, «auf verschiedenen Ebenen biologischer Ordnung» sei «eine Art eingebaute ‹Prädestinierung› zu erkennen».

Steinman und Cole behaupten damit, ohne es direkt zu sagen, Materie würde durch chemische Vorlieben zwischen Atomen und Molekülen stets einer Tendenz zum Leben folgen. Und sie stehen nicht allein mit dieser Ansicht. So kam Sidney Fox zu dem Schluss, dass «Aminosäuren die Ordnung, in der sie kondensieren, selbst bestimmen» und dass diese «Selbstinstruktion» Großmoleküle mit der entscheidenden biologischen Information versieht, die den Weg zum Leben bahnt. Der verstorbene Cyril Ponnamperuma, wie Sidney Fox einer der Pioniere der Biogeneseforschung, glaubte, Atome und Moleküle besäßen «innere Eigenschaften, welche die Synthese in Richtung Leben zu lenken scheinen». Ponnamperuma wiederholte das bekannte Argument, da die Bausteine des Lebens überall im Universum anzutreffen sind, müsse auch das Leben weit verbreitet sein. «Radioastronomen haben im interstellaren Medium eine Vielzahl organischer Moleküle entdeckt. Der Schluss ist also unausweichlich, dass Leben im Kosmos nichts Ungewöhnliches ist.» Wie zweifelhaft dieser «unausweichliche Schluss» in Wirklichkeit ist, wird in dem Bild deutlich, das ich in Kapitel 3 gebraucht habe: Ein Haufen Steine ist noch lange kein Haus.

Denkt man an eine Chemikalienbrühe und die nahezu grenzenlose Vielfalt der Reaktionen, die darin möglich sind, so kommt man auf ein unübersehbares Geäst möglicher Molekülverbindungen, und nur ganz wenige, winzige Zweiglein führten zum Leben. Fox und Ponnamperuma sagen, bevorzugte chemische Affinitäten führten die Moleküle auf den richtigen Weg durch dieses Geäst, so dass Leben entstehe. Das wäre allerdings erstaunlich, um nicht zu sagen unglaublich. Wer behauptet, *atomare* Prozesse enthielten ein eingebautes Ungleichgewicht zugunsten von *Organismen*, der muss damit meinen, die Gesetze der Atomphysik enthielten im Endeffekt den Bauplan des Lebens. Es gäbe also eine Verbindung zwischen den elementaren Kräften, die auf Atome wirken, und dem makroskopischen Endprodukt, dem funktionierenden Organismus. Doch wie soll eine solche Verbindung beschaffen sein? Wie können die grundlegenden Gesetze der Physik von so komplexen, informationsgeladenen Objekten wie einer lebenden Zelle «wissen»?

Der Kern meines Einwands ist Folgendes: Die physikalischen Gesetze, die zwischen Atomen und Molekülen wirken, sind einfach und allgemein gültig. Wir würden nicht erwarten, dass sie allein unausweichlich zu etwas führen, das hoch komplex und zugleich hoch spezifisch ist. In Kapitel 4 habe ich dargelegt, dass Genome mehr oder weniger zufällige Sequenzen von Basenpaaren sind und dass genau diese Zufälligkeit entscheidend ist für die Rolle der Genome als entwicklungsfähige, informationsreiche Moleküle. Dies steht jedoch in direktem Widerspruch zu der Behauptung, Gene könnten aus einem einfachen, vorhersagbaren, gesetzmäßigen Prozess hervorgehen.

Wie ich erklärt habe, ist ein Gesetz nichts anderes als ein Algorithmus zur Kompression von Daten. Ein Gesetz reduziert scheinbare Komplexität auf eine einfache Formel oder Prozedur. Doch kein einfaches Gesetz kann für sich allein, quasi auf Knopfdruck, ein zufallsbedingtes, informationsreiches Makromolekül produzieren. Ein Naturgesetz von der Art, wie wir sie kennen und lieben, wird niemals biologische oder überhaupt irgendwelche Informationen erzeugen. Gewöhnliche Gesetze setzen lediglich Eingabedaten in Ausgabedaten um. Sie können Informationen verarbeiten, nicht aber erzeugen. Die Gesetze der Physik, die bestimmen, welche Atome mit was reagieren und wie dies geschieht, sind in algorithmischer Hinsicht sehr einfach. An sich enthalten sie relativ wenig Information, und folglich können sie nicht für die Schaffung informationeller Großmoleküle verantwortlich sein. Die oft wiederholte Behauptung, das Leben sei den Gesetzen der Physik «eingeprägt», ist nicht haltbar – zumindest nicht, wenn man Gesetze meint, die im

Entferntesten den physikalischen Gesetzen gleichen sollen, die uns gegenwärtig bekannt sind.

Wer akzeptiert, dass das Genom zufallsbedingt und informationsreich ist, begibt sich also in einen Widerspruch, wenn er eine berechenbare Chemie als Schöpferin des Lebens heranzieht. Berechenbarkeit ist das exakte Gegenteil von dem, was zur Schaffung eines zufällig aufgebauten Makromoleküls benötigt wird. Der genetische Code ist genau dazu da, das Leben aus den Fesseln der Gesetze chemischer Bindungen zu befreien. Ein Genom kann sich aussuchen, welche Aminosäuresequenz es anfordern will, ganz gleich, welche chemischen Affinitäten zwischen den Molekülen herrschen. Zu diesem Zweck, um die gesetzmäßigen Tendenzen der Chemie auszuschalten, bedient es sich spezieller Enzyme. Deshalb treibt das Leben diesen Aufwand mit codierter Information und softwaregesteuerter Molekülkonstruktion im Rahmen einer Übereinkunft zwischen Aminosäuren und Proteinen. Das Leben vollbringt seine Wunder nicht, indem es sich chemischen Gesetzmäßigkeiten beugt, sondern indem es *umgeht*, was chemisch und thermodynamisch als natürlich erscheint.

Selbstverständlich unterliegen Organismen den Gesetzen von Physik und Chemie, doch die sind in der Biologie nebensächlich. Im Wesentlichen müssen sie nur die Entstehung eines geeigneten logischen und informationellen Systems zulassen. Wo chemische Reaktionen leicht fallen und thermodynamisch begünstigt sind, wird das Leben sie sich gern zunutze machen, doch auch wenn es zu «unnatürlicher» Chemie gezwungen ist, wird es einen Weg finden. Es stellt die erforderlichen Katalysatoren her, sonderbare Reaktionen in Gang zu bringen, und produziert geeignete, energiegeladene Moleküle, zuweilen in komplizierten Zusammenstellungen, um thermodynamische Barrieren zu überwinden.

Der entscheidende Schritt auf dem Weg zur Biogenese war der Übergang von einem Zustand, wo Moleküle sklavisch bestimmten chemischen Routen folgten, zu einer Stufe, wo sie sich selbst organisierten und ihre eigenen Wege suchten. Die klarste Manifestation dieses Grenzübertritts ist die im genetischen Code sichtbare Fähigkeit der Softwaresteuerung, ganz verschiedenartige Objekte zur Zusammenarbeit zu bewegen. Das Leben streift die Fesseln der Chemie ab, indem es einen Kanal der Informationssteuerung findet, der ihm erlaubt, sich über den besinnungslosen Taumel atomarer Wechselwirkungen zu erheben und eine neue Welt autonomen Handelns zu schaffen.

Hat man diesen Kernpunkt erst begriffen, dann wird auch das wahre Problem der Biogenese erkennbar. Seit den atemberaubenden Erfolgen der Molekularbiologie haben die meisten Forscher das Geheimnis des Lebens in der Physik und Chemie der Moleküle gesucht. Doch hier verwechseln sie die Botschaft mit dem Papier, auf dem sie geschrieben ist. In konventioneller Physik und Chemie werden sie keine Erklärung finden. Das Geheimnis des Lebens liegt nicht in seiner chemischen Basis, sondern in den logischen und informationellen Regeln, die es sich zunutze macht. Leben ist gerade deshalb erfolgreich, weil es ihm gelingt, chemische Zwänge zu umgehen.

Mein Argument ist jedoch nicht ganz lückenlos. Wir erinnern uns an die Erörterung algorithmischer Komplexität und binärer Reihen in Kapitel 4. Findet man eine kompakte Formel, die eine gegebene Reihe erzeugen kann, dann hat man damit bewiesen, dass die Reihe nicht zufällig ist. Findet man aber keine solche Formel, dann ist damit noch keineswegs bewiesen, dass die Sequenz vollkommen zufallsbedingt ist. Man könnte einen versteckten Algorithmus übersehen haben, der die gegebene, zufällig erscheinende Sequenz erzeugen kann. Man kann sogar zeigen, dass es *unmöglich* ist, die Zufallsbedingtheit einer Reihe zu beweisen.[1] Für das Problem der Biogenese bedeutet das: Wir können die Möglichkeit, dass ein Genom durch einen einfachen, gesetzmäßigen Prozess, zum Beispiel durch eine raffinierte «Eichung» physikalischer Gesetze, zustande gekommen ist, nie ganz ausschließen. Sollte sich Letzteres jedoch als Realität erweisen, dann hätte dies erhebliche Folgen. Es würde bedeuten, dass Leben nur den *Anschein* erweckt, kompliziert zu sein, während es in Wirklichkeit sehr einfach ist.

In der Natur gibt es viele Beispiele für nur scheinbar komplizierte Systeme. Spontan entstandene Muster können bei oberflächlicher Betrachtung komplex wirken und im Grunde ganz simpel sein. Man denke zum Beispiel an die Windungen einer Küste, die Oberfläche einer Sanddüne oder die Saturnringe. Viele natürliche Strukturen dieser Art kann man anhand bestimmter geometrischer Objekte, so genannter Fraktale, genau rekonstruieren. Fraktale erscheinen vollkommen unregelmäßig und unendlich komplex, doch in Wirklichkeit besitzen sie eine vereinfachende mathematische Eigenschaft, die man als Selbstähnlichkeit bezeichnet. In einem selbstähnlichen Muster ist der Grad der Unregelmäßigkeit in jeder Größenskala gleich, was dazu führt, dass die Beschreibung oder Erzeugung von Fraktalen keines großen Informationsumfangs bedarf.[2] Eines der bekanntesten Fraktale, das Mandelbrot-Muster, wie man es häufig auf bunten Postern sieht, kann man auf jedem Heimcomputer mit einem extrem einfachen Algorithmus herstellen. So sind viele nicht biologische Systeme, die wie Beispiele komplexer Zufallsmuster aussehen, eigentlich höchst gesetzmäßig.

Könnte nun auch das Leben scheinbar komplex, doch in Wirklichkeit so einfach wie ein Fraktal sein, ein Produkt eines simplen Gesetzes oder Prozesses? Dies bräuchte nicht einmal für jegliches Leben der Fall zu sein, sondern nur für das erste lebende Objekt. Ein Gesetz könnte den ersten Anstoß gegeben haben, während die unreduzierbare Komplexität erst später im Laufe der darwinischen Evolution hinzugekommen wäre. Persönlich glaube ich nicht daran, nicht zuletzt, weil dieses Modell eine unglaublich gekünstelte Natur voraussetzt. Der Gedanke, es gebe einen «Code innerhalb des Codes», der Lebewesen je nach Bedarf auf der Basis einfacher Formeln erzeugt, erscheint mir doch zu weit hergeholt.

Darwinismus von Anfang an?

Oben habe ich argumentiert, dass gewöhnliche physikalische Gesetze allein – wenn man einmal von der Möglichkeit absieht, das Leben könnte so gerissen sein, sich komplex anzustellen, obwohl es eigentlich ganz simpel ist – kein Leben produzieren können. Das heißt jedoch nicht, dass biologischer Determinismus in jeder Form auszuschließen ist. Das Erscheinen von Leben könnte, wo die richtigen Bedingungen herrschen, immer noch unausweichlich oder zumindest stark begünstigt sein. Manche Wissenschaftler denken an eine schwächere, glaubhaftere Art von biologischem Determinismus.

Zum Beispiel erkennt auch Christian de Duve die Rolle des Zufalls an, doch die Auswahl ist seiner Ansicht nach durch eine Reihe von physikalischen Randbedingungen so eingeschränkt, dass sich eine bestimmte Gesamtrichtung ergibt und ein vorhersehbares Ziel: Leben. Die Bedingungen sind zwar streng, aber nicht so spezifisch, dass sie genaue Einzelheiten der chemischen Synthese vorschreiben. De Duve vergleicht die Situation mit einem Strom, der sich aus einem Krater in eine Schlucht ergießen *muss*. Die allgemeine Richtung ist durch die Landschaftsform vorgegeben, nicht aber der exakte Weg, den das Wasser einschlägt. De Duve meint deshalb, sagen zu können: «Die Entstehung von Leben war das Ergebnis hoch deterministischer Prozesse. Unter den physikalisch-chemischen Bedingungen, die seinerzeit herrschten, musste es dazu kommen. Es gab praktisch keine andere Möglichkeit.»

In Kapitel 5 haben wir auch von den Ideen Stuart Kauffmans gehört. Kauffman behauptet nicht, es gebe einen vorgefassten Bauplan des Lebens, sondern nur eine Neigung zur Entstehung organisierter Komplexität unter geeigneten Bedingungen. Vielleicht ist das Leben doch keine so große Überraschung, sondern «eine erwartete kollektive Eigenschaft komplexer Systeme», wie Kauffman es ausdrückt; er glaubt: «Der Wege zum Leben sind viele, und sein Ursprung ist gleichzeitig tiefgründig und einfach.» Nach Kauffmans Theorie ist den Prinzipien der Selbstorganisation kein *spezifisches* Endziel zu eigen, keine bestimmte Mikrobe, nur ein allgemeiner Trend zu komplexen Zuständen, die dazu angetan sind, zu Leben zu führen.

So reizvoll diese Argumente auch klingen mögen, so lassen sie immer noch die Frage offen, wo biologische Information herkommt. Die Einwände, die ich oben vorgebracht habe, bestehen weiter. Wie kann Leben kein absonderlicher Zufall, sondern ein vorbestimmtes und unausweichliches Phänomen sein, wenn die herkömmlichen Gesetze der Physik keine Information einbringen können? Wie kommt man über Gesetze zu zufallsbedingter und *zugleich* hochspezifischer Komplexität? Wir enden immer wieder bei demselben Paradox.

Meiner Ansicht nach gibt es eine Lösung, die aber sehr radikal ist.

Viele Wissenschaftler wagen sie kaum zu erwägen. Doch je länger ich über das Problem der Biogenese nachdenke, desto mehr habe ich das Gefühl, dass wir nicht darum herumkommen. In Kapitel 2 habe ich erwähnt, dass für Schrödinger das Phänomen «Leben» so rätselhaft war, dass er einen «neuen Typ physikalischer Gesetze» vermutete. Ich glaube, er war damit auf der richtigen Spur. Wir brauchen jedoch kein neues *physikalisches* Gesetz. Wir müssen anderswo suchen.

Viel versprechende Hinweise kommen aus zwei Richtungen. Die erste ist die Komplexitätstheorie. Kauffmans Arbeiten in diesem Zusammenhang, in denen er chemische Netzwerke und autokatalytische Zyklen studiert hat, habe ich schon genannt, doch in den letzten Jahren ist auch einiges auf dem Gebiet komplexer Systeme allgemein geschehen. Viele Forscher sind zu dem Schluss gekommen, dass solche Systeme universalen mathematischen Prinzipien folgen. Diese «Gesetze» können nicht aus den Prinzipien der Physik abgeleitet werden, da sie selbst keine physikalischen Gesetze sind, jedenfalls nicht im üblichen Sinne. Sie ergeben sich vielmehr aus der logischen Struktur des Systems und sind nur indirekt von den physikalischen Kräften abhängig, die in ihm herrschen. Aus diesem Grund kann man solche Systeme ohne weiteres als Computerspiele darstellen, von denen sich viele als verblüffend lebendig erweisen. Eines heißt sogar *Spiel des Lebens*.

Das Studium solcher Computermodelle, die Simulation von Leben, ist heute ein wachsendes Forschungsgebiet. Viele Komplexitätstheoretiker hoffen, ein irgendwie gearteter physikalischer Prozess könne ein physikalisches System über eine bestimmte Schwelle tragen, jenseits der sich neue Komplexitätsgesetze offenbaren, die dem System eine «unphysikalische» Fähigkeit zur Selbstorganisation und Selbstkomplexifizierung verleihen. Das Ergebnis wäre eine Reihe von Übergängen, die das System schlagartig die Komplexitätsleiter hinauftreiben. Unter dem Einfluss solcher Gesetze könnte sich das System schnell Richtung Leben bewegen. Trifft diese Anschauung zu, dann wäre Leben nicht so sehr in den physikalischen Gesetzen, sondern vielmehr in der Logik des Universums inbegriffen.

Meiner Meinung nach lassen Komplexitätsgesetze ein besseres Verständnis nicht nur der Entstehung des Lebens, sondern auch der biologischen Evolution erhoffen. In einem grundlegenden Punkt könnten sich solche Gesetze von den gewohnten Gesetzen der Physik unterscheiden: Während physikalische Gesetze Information lediglich umschichten und komprimieren, könnte ein Komplexitätsgesetz Information ganz neu schaffen oder zumindest der Umwelt entnehmen und einer physischen Struktur aufprägen.[3] Dies wäre ein bedeutender Schritt weg vom traditionellen, reduktionistischen Weltbild, in dem Kräfte zwischen «willenlosen» Materieteilchen wirken und Information als ein zweitrangiger, nicht fundamentaler Begriff betrachtet wird. Meiner Auffassung nach sollte man akzeptieren, dass Information eine echte physikalische Größe ist, die in gleicher Weise informationellen Kräften unterliegt, wie physikalische Kräfte auf Materie wirken. Dies bedeutet auch, dass Komplexität als eine physikalische Variable mit realer, kausaler Wirksamkeit zu behandeln ist und nicht als ein nur qualitativer Ausdruck dafür, wie kompliziert ein System ist. Nur unter dem Einfluss eines informationellen Gesetzes konnte es zu dem Informationskanal – oder der Softwaresteuerung – kommen, die sich im genetischen Code zeigt.

Vielleicht klingt mein Vorschlag hier radikaler, als er ist, denn die Existenz von informationellen, Software betreffenden Gesetzen ist als Idee keineswegs neu. Viele Wissenschaftler haben schon ähnlich argumentiert. Zum Beispiel schrieb Manfred Eigen: «Wir müssen nach einem Algorithmus, einer naturgesetzlichen Vorschrift für die Entstehung von Information suchen.» Obwohl sie die entscheidende Rolle des Molekulardarwinismus anerkennen, sehen Eigen und seine Kollegen die Notwendigkeit, ihn durch andere physikalische Prozesse, eine zusätzliche Quelle biologischer Information, zu ergänzen.[4]

Zum ersten Mal habe ich die Möglichkeit von Softwaregesetzen vor einigen Jahren in meinem Buch *Prinzip Chaos: Die neue Ordnung des Kosmos* in die Debatte eingebracht. Damals stellte ich mir vor, die neuen Gesetze müssten in Einklang mit den Gesetzen der Physik stehen, obwohl man sie nicht auf solche zurückführen könnte. Noch als ich begann, das vorliegende Buch zu schreiben, glaubte ich nicht, solche neuartigen Gesetze wären notwendig, die Biogenese zu erklären. Stattdessen nahm ich an, es wäre ein Fall von «Darwinismus von Anfang an». Beeindruckt von Laborexperimenten zur Herstellung von Replikatormolekülen und der scheinbaren Leichtigkeit, mit der sich einfache organische Bausteine bilden können, hielt ich es für plausibel, dass ein kleines Replikatormolekül allein durch Zufall relativ schnell entstehen kann. Danach würde die Molekularevolution einsetzen und das System stetig in Richtung Leben auf Zellebene treiben.

Heute, nachdem ich die vielen Varianten dieser Theorie studiert habe, bin ich jedoch skeptischer. Ich halte es inzwischen für sehr unwahrscheinlich, dass es schon ausreicht, wenn zufällig die richtige Reaktion eintritt oder das richtige Molekül auf der Bildfläche erscheint. Meiner Auffassung nach wird echter Fortschritt in Sachen Biogenese nicht von der Suche nach exotischer Chemie kommen, sondern von etwas begrifflich Neuem.

Ein möglicher Weg vorwärts wäre eine Mischung aus Molekulardarwinismus und Gesetzen der komplexen Organisation. In einem solchen Szenario entstehen zufallsbedingt kleine Replikatormoleküle, die sich dann auf darwinische Weise zu entwickeln beginnen. Dieser Prozess wird jedoch durch Organisationsprinzipien, die Spezifität und Information beitragen, unterstützt und zuweilen gar überlagert.[5] Die Organisationsprinzipien verstärken die Selektivität der Evolution und verursachen, über den rein darwinischen, graduellen Prozess hinaus, plötzliche Sprünge zu höherer Komplexität.

Die zweite Forschungsrichtung, die für die Entstehung des Lebens relevant sein könnte, ist erheblich spekulativer. Hier kommt die Quantenmechanik ins Spiel, die Theorie, die das eigenartige Verhalten von Materie auf der Ebene der Atome beschreibt. Zumeist lassen Biochemiker und Mikrobiologen die Quantenmechanik außer Acht und behandeln Atome und Moleküle als kleine Bausteine, die irgendwie zusammenkleben und verschiedene Formen bilden, während es in Wirklichkeit in der Welt der Atome viel raffinierter zugeht. Zunächst gibt es die berühmte Teilchen-Welle-Dualität, nach der ein Atom zwei Aspekte hat: Zum einen ist es ein Teilchen, zum anderen eine Welle. Wichtig ist hier, dass man die Welle mit Information oder Software vergleichen kann, da sie beschreibt, was über das System bekannt ist. Als Teilchen stellt das Atom dagegen Hardware dar. Sobald man eine quantenmechanische Messung durchführt, «kollabiert» die Welle – sie verändert sich plötzlich –, weil die Messung unser Wissen über das System ändert, was wiederum das Verhalten des Atoms als Teilchen beeinflusst.

In der Quantenmechanik liegt also eine Art Hardware-Software-Verflechtung vor. Information (oder Wissen) hat greifbare Auswirkungen. Wir haben es hier mit einer anerkannten physikalischen Theorie zu tun, in der Information von zentraler Bedeutung und eng mit Materie verknüpft ist. Und die zwischenatomaren Kräfte, die biologische Moleküle, darunter Proteine und Nukleinsäuren, zusammenhalten, sind quantenmechanischer Natur. Wäre ein irgendwie gearteter «Quantenorganisationsprozess» nicht genau das Richtige, wenn wir den Ursprung informationeller Großmoleküle erklären wollen?

In seinem berühmten Buch *Was ist Leben?* schlug Erwin Schrödinger als Einheit der Vererbung einen «aperiodischen Kristall» vor. Damit meinte er eine Molekülstruktur, die stabil genug ist, ihre Form zu behalten, doch komplex genug, dass sie große Mengen an Information speichern kann. Ein gewöhnlicher, periodischer Kristall ist stabil, hat aber nur geringen algorithmischen Informationsgehalt (siehe Kap. 5). Schrödingers Idee hat sich als prophetisch erwiesen. Ein DNS-Molekül besitzt in der Tat strukturelle Stabilität, wenngleich es zum Zwecke der Informationserhaltung Änderungen und Korrekturen an sich vornehmen kann. Es ist aperiodisch, da die Reihenfolge der Basen weitgehend zufallsbedingt ist, was einen großen Informationsreichtum ermöglicht.

Nun machten Chemiker vor wenigen Jahren die erstaunliche Entdeckung einer ganz anderen Art aperiodischer Kristalle, die sie als Quasikristalle bezeichneten. Quasikristalle besitzen eine eigenartige, fünffache Symmetrie, das heißt, wenn man sie dreht, sehen sie alle 72 Grad genau identisch aus. Im Gegensatz zu normalen Kristallen sind sie jedoch nicht periodisch. Man kann zeigen, dass sich die Atommuster kein einziges Mal wiederholen.

Der Grund, weshalb die Quasikristalle eine solche Überraschung waren, geht auf simple Geometrie zurück. Wie man weiß, kann man eine Wand wohl mit Dreiecken, Vierecken oder Sechsecken fliesen, nicht aber mit Fünfecken. Es bleiben stets Lücken, da eine Fünffachsymmetrie kein einfaches, sich wiederholendes Muster zulässt. In einem berühmten Theorem hat Roger Penrose jedoch bewiesen, dass man eine unendlich große Wand lückenlos mit Fünfecken bedecken kann, wenn man Fliesen zweier verschiedener Formen benutzt: dicke Rhomben und dünne Rhomben. Quasikristalle sind eine dreidimensionale, natürliche Version des Penrosemusters. Penrose selbst hat gesagt, Quasikristalle dürften angesichts ihrer Aperiodizität eigentlich nicht existieren. Ein normaler, periodischer Kristall kann sich Atom für Atom aufbauen, da seine Struktur sich stets wiederholt, doch für das Wachstum eines Quasikristalls ist eine Art vorausschauende Organisation erforderlich, wenn die richtigen Stücke am richtigen Platz enden sollen. Penrose vermutet, hier könnten verborgene Aspekte der Quantenmechanik oder gar der Quantengravitation eine Rolle spielen.

Wegen seiner fünffachen Symmetrie enthält ein Quasikristall in seiner Orientierung sehr wenig Information, in seiner aperiodischen Atomanordnung jedoch sehr viel. Er vereinigt etwas von Cairns-Smith' unreinem Kristall und etwas von Schrödingers aperiodischem Kettenmolekül in sich. Wie DNS erscheinen Quasikristalle wegen ihrer enormen algorithmischen Komplexität auf den ersten Blick als «unmöglich», doch irgendwie lässt die Quantenmechanik ihre Entstehung zu. Ich will nicht behaupten, Quasikristalle seien Genome (doch wer weiß?), sondern nur, dass sie die Frage erhellen könnten, ob und wie Quantenmechanik die Bildung komplexer Strukturen mit hohem Informationsgehalt organisiert.[6]

Ein weiterer Hinweis, dass Quantenmechanik in der Kultivierung biologischer Information im Spiel sein könnte, stammt aus dem modischen Gebiet der Quantencomputerwissenschaft. Wie man zeigen konnte, ist ein Quantencomputer in der Lage, manche rechnerisch unlösbaren Probleme lösbar zu machen, zum Beispiel das Problem des Reisenden, das ich auf Seite 128 erwähnt habe. Damit liegt wiederum der Verdacht nahe, Quantenprozesse könnten ein rechnerisches «Ding der Unmöglichkeit» – wie etwa ein algorithmisch zufälliges Genom, das auf klassischem Wege nur in einer langen und mühevollen Evolution entstehen kann – mit ziemlicher Leichtigkeit hervorbringen.

Die Ideen, die ich in diesem Abschnitt gestreift habe, stützen sich zugegebenermaßen weitgehend auf Mutmaßungen. Doch schon die Tatsache, dass das Problem der Biogenese Anlass zu solchen Spekulationen gibt, unterstreicht, wie hartnäckig das Geheimnis ist. Dennoch ist die Annahme, Leben sei ein fundamentales, kosmisches Phänomen, das dazu bestimmt ist, überall aufzutauchen, wo die Bedingungen es zulassen, immer noch weit verbreitet. Dabei begreifen nur wenige Verfechter dieses «Lebensdrangs» die weit reichenden Konsequenzen ihrer These.

Deterministisches Denken, selbst in der abgeschwächten Form, die de Duve und Kauffman propagieren, greift die Grundlagen des existierenden wissenschaftlichen Paradigmas an. Die meisten Biologen schüttelt es geradezu, wenn sie davon hören. Die biologischen Deterministen streiten zwar energisch ab, dass die Theorien einen Plan oder ein vorbestimmtes Ziel implizieren, doch der Gedanke, dass die Naturgesetze zugunsten des Lebens eingestellt sein sollen, widerspricht mit Sicherheit dem Geist, wenn auch nicht dem Buchstaben des Darwinismus. Wieder wird der Natur ein Element der Zielrichtung untergeschoben, das Darwin vor anderthalb Jahrhunderten aus ihr verbannt hat. Viele Wissenschaftler sehen in biologischem Determinismus nichts anderes als Wunderglauben im Gewand der Naturwissenschaft – weshalb er natürlich nicht falsch sein muss. Es könnte tatsächlich so sein, dass Leben entstehen muss, wann immer die Bedingungen stimmen. Die Konsequenzen wären allerdings erschütternd.

Seit dreihundert Jahren gründet sich die Wissenschaft auf Reduktionismus und Materialismus, was unvermeidlich zu Atheismus und einem Glauben an die Sinnlosigkeit physischer Existenz geführt hat. Ein lebensfreundliches Universum würde das alles grundlegend ändern. Die Bedeutung eines solchen Wandels zeigt sich in de Duves Worten: «Unter dem Gesichtspunkt von Determinismus . . . ist dieses Universum kein ‹kosmischer Gag›, sondern ein bedeutungstragendes Gebilde, das so beschaffen ist, dass es Leben und Geist hervorbringt; es muss zwangsläufig denkende Wesen entstehen lassen, die Wahrheit erkennen, Schönheit schätzen, Liebe empfinden, sich nach dem Guten sehnen, das Böse verachten und Geheimnisse erleben.»

Eine Leiter des Fortschritts?

In der Geschichte der Wissenschaft hat keine Idee die Menschheit so tief in ihrer Selbstachtung getroffen wie Darwins Evolutionstheorie. Der sehr öffentliche Zusammenstoß zwischen Darwin und der christlichen Kirche stellt ein klassisches Beispiel dafür dar, wie schmerzhaft es sein kann, wenn wissenschaftliche Entwicklungen die begriffliche Basis, auf der wir unsere Theorien über die Natur gebaut haben, radikal ändern. Heute ist die Evolution fast überall akzeptiert. Selbst der Papst hat ihr seinen Segen gegeben. Doch in den Universitäten und Laboratorien wird diese Schlacht, wenn auch in anderer Form, noch heute ausgetragen. Diesmal erregt sie nicht sehr viel Aufmerksamkeit, und nur wenige Theologen sind daran beteiligt, doch in philosophischer Hinsicht ist der heutige Konflikt von ebenso großer Bedeutung wie der Streit zwischen Darwin und Bischof Wilberforce.

Es geht nicht mehr darum, ob sich das Leben allmählich über Milliarden von Jahren entwickelt hat – die Beweise dafür sind überwältigend –, sondern ob die Evolution eine Zielrichtung hat. Im neunzehnten Jahrhundert war die Anschauung in Mode, dass die Entwicklung des Lebens stets «aufwärts» ginge. Man sagte, primitives Leben hätte sich langsam «verbessert» und wäre zu immer raffinierteren und geistreicheren Formen übergegangen, bis hoch zum Homo sapiens mit seiner vielgepriesenen Intelligenz und Reflexionsgabe. So betrachtet war die Evolution keine Schlangenlinie, sondern eine Leiter des Fortschritts, die stetig von der Mikrobe zum Menschen geführt hat. Der Aufstieg mag vielleicht mit viel Grausamkeit und großen Verlusten verbunden gewesen sein, da die natürliche Auslese ihren Tribut forderte, doch im Grunde hatte dieser Trend zum Fortschritt etwas Glorreiches an sich und dem Menschen einen besonderen Status verliehen.

Die Fortschrittsleiter ist noch heute ein machtvolles Symbol, das im Unterbewusstsein vieler Wissenschaftler und Laien weiterlebt, ohne dass sie die tiefen, metaphysischen Annahmen erkennen, die damit einhergehen. Ist die Evolution wirklich progressiv, dann wären die Naturgesetze möglicherweise nicht nur auf die Schaffung von Leben ausgerichtet, sondern auch auf dessen Fortschritt.

Gegner der «progressiven» Biologie verwerfen diese Vorstellung aus mehreren Gründen. Zunächst weisen sie darauf hin, dass sie ein Werturteil voraussetzt, dass Menschen irgendwie «besser» sind als Affen oder Frösche. Ausdrücke wie «höhere» Säugetiere oder «niedere» Wirbeltiere spiegeln dieses Vorurteil wider und werden als unkorrekt betrachtet. Was denn den Menschen besser als andere Organismen mache, fragen die Kritiker. Gemessen an ihrer Anzahl sind die Mikroben allemal überlegen. Setzt man den Anpassungserfolg als Kriterium, dann sind die Supermikroben Weltmeister im Ertragen von Umweltbelastungen. Menschen besitzen natürlich ihre hohe Intelligenz. Das macht uns recht erfolgreich in Intelligenztests, doch als Schwimmer sind wir recht unbeholfen, und fliegen können wir auch nicht.

Definieren wir Intelligenz als die Hauptsache, dann stehen wir unbestreitbar an der Spitze der Leiter. Doch ist das nicht bloßer Chauvinismus? Wir selbst haben das Kriterium gewählt, das uns an die Spitze stellt. Wir haben unseren Platz ausgesucht und eine Leiter unter uns konstruiert. Schauen wir nach unten, dann sehen wir dort natürlich lauter weniger intelligente Vorgänger. Doch was bedeutet das schon? Ist Intelligenz in irgendeinem absoluten Sinn besser als zum Beispiel ein scharfes Auge, ein gutes Gehör oder eine der vielen anderen Fähigkeiten, in denen der Mensch sich nicht besonders hervortut?

Obwohl diese Fragen das Wort «Fortschritt» für Biologen unannehmbar gemacht haben, könnte eine bestimmte Eigenschaft von Organismen – die allerdings kulturneutral sein müsste – über die Zeitalter einen allgemeinen Aufwärtstrend zeigen. Als diese Eigenschaft wird häufig die Komplexität genannt. Die Biosphäre als Ganzes ist heute zweifellos weit komplexer als vor drei Milliarden Jahren. Offensichtlich ist auch, dass die komplexesten Organismen heute viel komplexer sind als die komplexesten Organismen in ferner Vergangenheit. Sicher war der Marsch nach oben nicht ohne Unterbrechungen. Von Zeit zu Zeit hat es katastrophale Massensterben gegeben, vielleicht aufgrund von Asteroideneinschlägen, die zum plötzlichen, weltweiten Verschwinden der meisten Arten geführt haben. Diese Episoden haben die biologische Komplexität dramatisch verringert, doch dann (jedenfalls bisher) ist die Biosphäre stets mit frischer Kraft wiedererstanden. Man hat den Eindruck, das Leben – vorausgesetzt, es bleibt sich selbst überlassen – sei in ständigem Wachstum begriffen, fülle jede verfügbare Nische aus, sei stets auf der Suche nach neuen und besseren Möglichkeiten und entwickele immer raffiniertere Formen.

Der systematische Fortschritt organisierter Komplexität ist so ausgeprägt, dass man ihn für ein Naturgesetz halten kann. Zudem passt er gut in das neuere kosmologische Denken, nach dem das Universum als Ganzes seit dem Urknall an Komplexität gewinnt. Sorgfältigere Betrachtung offenbart jedoch ernsthafte Mängel an diesem Bild. Das erste Problem ist, dass die Prinzipien des Darwinismus die Anschauung verbieten, das Leben folge einem zweckorientierten (teleologischen) Streben nach Verbesserung. Darwinische Evolution vollzieht sich, indem sie wahllose Variationen von Augenblick zu Augenblick durch den Filter der natürlichen Auslese siebt, wobei sie die guten Änderungen beibehält und die schlechten verwirft. Vorausschau hat in diesem Denkmodell keinen Platz. Im Darwinismus gibt es keinen Prozess, der einen systematischen Fortschritt auf ein vorgefasstes Ziel in Gang setzen könnte. Wenn größere Komplexität im Augenblick, und nur für den Augenblick, im Sinne des Überlebens vorteilhaft ist, dann wird sie ausgewählt; wenn nicht, dann wird sie eliminiert.

Zweitens gibt es zahlreiche Organismen, die sich zu immer geringerer Komplexität entwickelt haben, zum Beispiel Fische, die in dunklen Höhlen hausen und ihr Augenlicht verloren haben. Das sollte uns nicht überraschen, denn unter Umständen kann Komplexität nur störend wirken. Unter armseligen Umweltbedingungen können überflüssige Organe die Überlebensfähigkeit senken, oder sie erweisen sich als Ballast, den der Organismus ablegen kann, wenn die Umwelt das Überleben ohnehin leicht macht. Ein klassisches Beispiel biologischen Rückschritts ist Spiegelmans Monster, das ich in Kapitel 5 beschrieben habe. Um die Vermehrung zu beschleunigen, speckt die künstlich ernährte RNS bis auf einen Bruchteil der ursprünglichen Virusgröße ab.

Nach der Fossilienlage hat die biologische Komplexität auf der Erde allgemein zugenommen. Manche Arten haben sich vereinfacht, andere sind komplexer geworden, doch abgesehen von globalen Katastrophen ist es im Mittel aufwärts gegangen. Wir müssen jedoch vorsichtig sein, wenn wir vom statistischen Mittel sprechen. Das Leben hat mit einfachen Mikroben begonnen. Von da aus konnte es nur in Richtung größerer Komplexität gehen. Im Darwinismus hat die Evolution den Charakter einer ziellosen Wanderung durch das Reich der biologischen Möglichkeiten, eines blinden, ziellosen Umhertastens. Beginnt man mit einem besonders einfachen Anfangszustand, dann wird jeder Weg, den man zufällig wählt, wahrscheinlich zu höherer Komplexität führen, zumindest am Anfang.

Stephen Jay Gould hat diesen Punkt deutlich gemacht, indem er die Situation mit einem Betrunkenen vergleicht, der zunächst an einer Mauer lehnt, dann blind umherirrt und schließlich in der Gosse landet. Der Säufer endet nicht in der Gosse, weil er es sich ausgesucht hat und methodisch darauf zugelaufen ist. Sein Weg gehorcht ausschließlich den Gesetzen des Zufalls. Zu jedem Zeitpunkt ist die Wahrscheinlichkeit, dass er gegen die Mauer rennt, identisch mit der Chance, dass er sich von ihr entfernt. Da aber die Mauer seine Bewegungsmöglichkeiten einschränkt – er kann schließlich nicht durch sie hindurchtaumeln –, wird er sich *im Mittel* von der Mauer wegbewegen, und irgendwann stolpert er dann in die Gosse, allein nach den Regeln der Wahrscheinlichkeitsrechnung.

Gould weist darauf hin, dass ein Organismus nicht beliebig einfach sein kann, wenn er noch als lebend bezeichnet werden soll. Diese Untergrenze entspricht der Mauer. Hat das Leben auf der Erde «an der Mauer» begonnen, also mit den einfachsten Zellen, und sich dann nach den Regeln des Zufalls entwickelt, dann *musste* sich die mittlere Komplexität erhöhen. Die Anfangsbedingung einer Mindestkomplexität führt unweigerlich zu einer ungleichen Verteilung der Komplexitätsgrade (siehe Abb. 10.1). Gould warnt davor, dieses einfache Faktum als systematischen biologischen Trend zu interpretieren. Gemäß seiner Überzeugung sind hier nur die Regeln des Zufalls am Werk, nach denen alle verfügbaren Möglichkeiten durchprobiert werden.

Ich bin hier mit Gould vollkommen einer Meinung. Die Komplexitätszunahme im Laufe der Epochen kann im Rahmen einer zufallsbe-

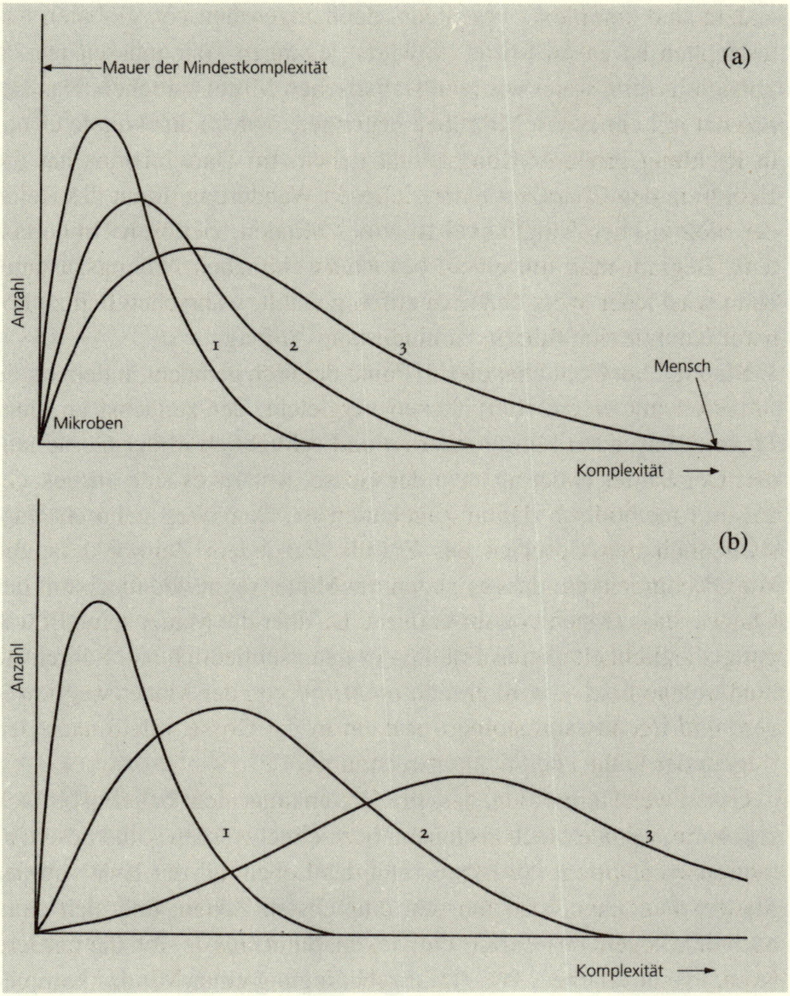

Abb. 10.1: Biologische Komplexität nimmt mit der Zeit zu, doch ist dies ein systematischer Trend? Gibt es eine Leiter des Fortschritts, oder handelt es sich nur um eine statistische Verschiebung weg von einer «Mauer der Einfachheit»? Letztere Auffassung, das sogenannte Diffusionsmodell, das Stephen Jay Gould vertritt, ist in (a) dargestellt. Die Kurven 1, 2 und 3 repräsentieren aufeinanderfolgende Epochen. Einfache Mikroben bleiben in der Mehrheit, doch zugleich verschiebt sich der «Schwanz» der Verteilung nach rechts, zu höherer Komplexität. Gäbe es einen echten – im Gegensatz zum statistischen – Trend, dann müssten die Kurven eher wie in Bild (b) verlaufen.

dingten Entwicklung weg von einem einfachen Anfangszustand erklärt werden und ist daher nicht als gesetzmäßige Zielrichtung zu betrachten. Um als Beweis eines echten Trends anerkannt zu werden, müssten die Daten Abbildung 10.1(b) entsprechen. Ob die Evolution, abgesehen von statistischen Effekten, *wirklich* eine Tendenz zeigt, muss weiter erforscht werden.

Wie sieht also die Wirklichkeit aus? Stimmt Bild (a), oder ist es wie in Bild (b)? Leider ist diese Frage nicht leicht zu beantworten. Größere, komplexere Organismen fallen gewöhnlich mehr auf, weshalb wir ihnen einen Status zuerkennen, der den Mikroben abgeht. Doch wie Gould hervorgehoben hat, ist das Leben auf der Erde mehrheitlich mikrobieller Natur. So genanntes fortgeschrittenes Leben stellt nur einen kleinen «Schwanz» in der Verteilung der Arten dar, und wir müssen aufpassen, dass wir den Schwanz nicht mit dem Hund wedeln lassen. Andererseits sind nach Ansicht von Mikrobiologen Mikroben selbst schon recht hoch entwickelte Lebewesen. Die «primitivste» Mikrobe, die wir heute kennen, ist zweifellos erheblich komplexer als die erste lebende Zelle. Obwohl also die Mehrheit des Lebens auf der Erde auf der Stufe der Mikroben stehen geblieben ist, scheint selbst innerhalb dieser Klasse ein allgemeiner Trend zu höherer Komplexität gewirkt zu haben.

Betrachtet man vielzelliges Leben, so führt der direkteste Test, eine Überprüfung der Fossilüberlieferung, leider zu keinem eindeutigen Ergebnis. Die Überlieferung selbst ist bruchstückhaft. So erkennt man einen Trend zu höherer Komplexität, wenn man sich anschaut, wie die Hirngröße der Primaten immer schneller zugenommen hat. Andererseits kann Gould Dan McShea vom Institut für Komplexitätsforschung in Santa Fe zitieren, nach dessen Studien an der Wirbelsäule kein allgemeiner Trend zu größerer Komplexität zu erkennen ist. Im Ganzen ist die Beweislage bezüglich eines systematischen Komplexitätsfortschritts bestenfalls lückenhaft. Das Urteil steht noch aus.

Goulds Vergleich mit dem Betrunkenen bezieht sich natürlich nur auf den Aspekt der Evolution, der anerkanntermaßen statistischer Natur ist. Wie Richard Dawkins betont hat, mögen zwar die einzelnen Mutationen im Allgemeinen zufallsbedingt sein, doch bestimmt nicht die natürliche Auslese. Die Selektion siebt die Organismen aus, die weniger gut an ihre Lebensbedingungen angepasst sind, und belohnt solche, die besser angepasst sind, wodurch unweigerlich ein Trend zu überlegener *Anpassung* entsteht. Ob jedoch zu einer besseren Anpassung eine wachsende Komplexität gehört, hängt vom Einzelfall ab. Was ein «besser angepasster Organismus» ist, bestimmen die jeweiligen Umweltbedingungen. Es gibt keine vorgegebene «optimale Anpassung», kein festes Ziel, auf das die natürliche Auslese und mit ihr die Evolution zusteuert. Zeigt sich einmal eine bestimmte Anpassungsrichtung, dann ist diese in der Regel vorübergehender Natur und gehört nicht zu einem allgemeinen Trend.

Die meisten Biologen sagen, jedes Komplexitätswachstum könne auf statistische Effekte zurückgeführt werden. Man kann jedoch den Verdacht haben, hier seien verborgene, ideologische Beweggründe im Spiel. Gould macht zumindest keinen Hehl aus seiner Überzeugung, mit «Komplexitätszuwachs» würde man immer noch «Fortschritt» meinen, was er aus ideologischen Gründen für «schädlich» hält. So schreibt er:

> Die hervorragendsten Kenner der Geschichte des Lebens hatten meiner Ansicht nach schon immer das Gefühl, dass die Fossilüberlieferung niemals hergeben wird, wonach man sich im Westen am meisten sehnt: ein klares Zeichen von Fortschritt in Form einer stetigen Zunahme der Komplexität des Lebens als Ganzen.

Dagegen sieht er gerade in der Sinnlosigkeit des Lebens eine glanzvolle Ironie:

> Wir sind das prächtige Zufallsprodukt eines unberechenbaren Prozesses ohne jeden Drang zu Komplexität, nicht das erwartete Ergebnis von Evolutionsprinzipien, die ein Geschöpf hervorbringen wollen, das in der Lage ist, seinen eigenen Bauplan zu verstehen.

Der Glaube an fortschreitende Komplexität ist Goulds Auffassung nach ein nostalgischer Überrest vordarwinistischer Sentimentalität und verworrener Ideen hinsichtlich eines übernatürlichen Plans. Vor anderthalb Jahrhunderten haben die Biologen die Hand Gottes aus der Biosphäre verbannt, und jetzt sind sie verständlicherweise nicht bereit, sie durch die Hintertür, als Naturgesetz verkleidet, wieder hereinzulassen.

Auch hier stimme ich mit Gould überein. Ein Trend zu steigender Komplexität wäre tatsächlich ein Zeichen für Sinn und Zweck im Universum. Ein solcher Trend, falls es ihn gibt, würde natürlich nicht bedeuten, dass der Zufall keine ebenfalls wichtige Rolle gespielt haben kann. Es würde sich nur die Frage stellen, genau welche Merkmale der Biologie auf Zufall beruhen und welche im Rahmen eines Trends zu erwarten sind. Viele Details, wie etwa die Anzahl der Finger an einer Hand oder die Existenz von Augenbrauen, werden kaum auf ein fundamentales Gesetz zurückzuführen sein. Die grundlegende Architektur vielzelliger Organismen könnte sich dagegen durchaus als das Produkt bestimmter mathematischer Organisationsprinzipien erweisen, und dies wird meiner Meinung nach auch der Fall sein. Ich überlasse de Duve das letzte Wort, dessen Ansicht nach «man deutlich den Stamm [erkennt], der zu immer größerer Komplexität emporstrebt», wenn erst das verschlungene Blattwerk des Lebensbaums gelichtet ist.

Ist Geist vorbestimmt?

Das Universum hat einen Weg erfunden, sich selbst zu kennen.
Alan Dressler

Von allen komplexen Strukturen, welche die irdische Biologie hervorgebracht hat, ist keine bemerkenswerter als das Gehirn, das komplexeste Organ, das wir kennen. Ist es nur ein Zufall der Evolution oder das unausbleibliche Nebenprodukt einer gesetzmäßigen Komplexifizierung? Wenn Leben auch auf anderen Planeten entsteht, dann wird es – so nimmt man allgemein an – eine Evolution wie die auf der Erde durchlaufen. Anhänger der Suche nach extraterrestrischer Intelligenz (SETI) argumentieren, im Laufe von Jahrmilliarden würde sich außerirdisches Leben zu Pflanzen und Tieren komplexifizieren und schließlich auch Erkenntnis und Intelligenz hervorbringen, genau wie es auf der Erde geschehen ist. Zumindest auf einem Teil der bewohnten Planeten, so behaupten sie, wird Intelligenz zur Stufe der Technologie fortschreiten, und die eine oder andere technische Gesellschaft könnte schon dabei sein, zu versuchen, mit uns Funkkontakt aufzunehmen. SETI-Forscher glauben also in der Regel an eine Leiter des Fortschritts. Sie nehmen an, dass das Universum in gewissem Sinne dazu bestimmt ist, nicht nur Leben, sondern auch Geist hervorzubringen.

Dies mag der vorherrschende Standpunkt sein, doch dahinter verbirgt sich wieder eine gewaltige Annahme über die Natur des Universums. Wer ihn vertritt, akzeptiert praktisch, dass die Naturgesetze nicht nur zugunsten der Komplexität, nicht nur zugunsten des Lebens, sondern auch zugunsten von Geist eingestellt sind. Geist wäre auf fundamentale Weise in den Naturgesetzen inbegriffen. Höchst bemerkenswert ist dann auch, dass die Produkte des Komplexifizierungstrends – intelligente Lebewesen wie Homo sapiens – offenbar fähig sind, die Gesetze zu verstehen, die ein «Verstehen» erst hervorgebracht haben.

Eine faszinierende Vorstellung! Doch ist sie auch realistisch? Können wir glauben, das Universum sei nicht nur lebensfreundlich, sondern auch «geistfreundlich»?

In einem skeptischen Artikel von 1964 hob der Biologe George Simpson hervor, wie vergeblich die Suche nach fortgeschrittenem außerirdischen Leben wäre. Er nannte sie «die unwahrscheinlichste Wette der Geschichte». Unter Hinweis darauf, dass die Menschheit das Ergebnis zahlloser spezieller historischer Zufälle wäre, zog er den Schluss: «Die Annahme, auf die sich Astronomen, Physiker und manche Biochemiker so bereitwillig einlassen, nämlich dass es am Ende stets zu humanoiden Wesen kommen muss, wo immer Leben einmal begonnen hat, ist schlicht falsch.» Vor kurzem, in einem Streitgespräch mit dem SETI-Anhänger Carl Sagan, vertrat der Biologe Ernst Mayr den gleichen Skeptizismus: «Auf der Erde haben Millionen von Stammbäumen oder Organismen und vielleicht fünfzig Milliarden Artenentstehungen nur in einem Fall zu hoher Intelligenz geführt. Intelligenz ist also äußerst unwahrscheinlich.»

Ganz ähnlich verurteilt auch Stephen Jay Gould die Anschauung, das Leben sei prädestiniert, Geist hervorzubringen. Nach seinen Worten braucht man sich lediglich eine Katastrophe vorzustellen, die alle fortgeschrittenen Lebensformen der Erde vernichtet und nur Mikroben übrig lässt. Dann lasse man das Schauspiel der Evolution von neuem beginnen und frage sich, was geschehen würde. Würden wir ein annähernd ähnliches Entwicklungsmuster erwarten, in dem wieder Fische, Wirbeltiere, Säuger und intelligente Zweibeiner erscheinen? Keineswegs, sagt Gould. Die Geschichte des Lebens auf der Erde ist eine gigantische Lotterie mit weit mehr Verlierern als Gewinnern. In ihr sind so viel Glück und Pech im Spiel, so viele Launen und Zufälle, dass das Muster der Veränderungen im Wesentlichen statistischer Natur ist. Die Millionen Zufälle im Laufe unserer Entwicklungsgeschichte würden sich bestimmt nicht wiederholen, nicht einmal in groben Zügen. Die Geschichte würde «anders ablaufen», so dass es «in der überwältigenden Mehrheit der Fälle . . . nie zu einem selbstbewussten Geschöpf kommen würde», schreibt er. «Die Chance, dass eine alternative Welt je etwas enthalten wird, das auch nur im Entferntesten an den Menschen erinnert, muss praktisch null sein.»

Gegen die Logik in Simpsons und Goulds Argument ist schwerlich etwas einzuwenden. Ist die Evolution nichts als eine Lotterie, ein betrunkenes Torkeln, dann gibt es wenig Grund, weshalb sich Leben über die Stufe der Mikroben hinaus entwickeln sollte, und man kann nicht erwarten, dass es pflichtschuldigst auf Intelligenz und Bewusstsein hinarbeitet, geschweige denn auf menschenähnliche Wesen. Wir wären also gezwungen, Monods traurigen Schluss zu teilen, dass «der Mensch [endlich] weiß . . . dass er in der teilnahmslosen Unermesslichkeit des Universums allein ist, aus dem er zufällig hervortrat». Nur wenn das Leben mehr ist als purer Zufall, nur wenn die Natur auf geniale Weise Leben und Geist bevorzugt, können wir damit rechnen, dass eine Entwicklung von solcher Kraft, wie sie auf der Erde geschehen ist, sich auf anderen Planeten wiederholt hat.

In der Suche nach außerirdischem Leben stehen sich daher zwei entgegengesetzte Weltanschauungen gegenüber. Auf der einen Seite die orthodoxe Wissenschaft mit ihrer nihilistischen Philosophie eines sinnlosen Universums, unpersönlicher, zweckfreier Gesetze, eines Kosmos, in dem Leben und Geist, Kunst und Wissenschaft, Hoffnung und Furcht nur flüchtige Lichtblitze sind, Launen der Natur in einem Universum der Einsamkeit. Und dann gibt es den anderen Standpunkt, sicher romantisch und vielleicht dennoch wahr: die Vision eines sich selbst organisierenden, sich selbst komplexifizierenden Kosmos, regiert von Gesetzen, die Materie ermutigen, sich zu Leben und Bewusstsein zu entwickeln. Ein Universum, in dem die Entstehung denkender Wesen Teil und Inhalt des großen Schemas ist. Ein Universum, in dem wir nicht allein sind.

Anmerkungen

Vorwort

1 Den Ausdruck «Gott der Lücke» benutzen Theologen, wenn sie von Versuchen sprechen, Lücken im wissenschaftlichen Verständnis der Natur mit selektiven Eingriffen Gottes zu erklären.

Kapitel 1

1 Die Theorie eines gemeinsamen Vorfahren wurde erstmals 1794 von Charles Darwins Großvater, Erasmus Darwin, vorgelegt.

Kapitel 2

1 Der Vergleich der Entropien in zwei Organismen ist eigentlich eher vage. Genauer ist eine Auswertung hinsichtlich der relativen Komplexität der jeweiligen Genome, in der man die so genannte algorithmische Komplexität betrachtet (siehe Kapitel 4). Die «höheren» Organismen haben dann eine höhere (keine geringere) algorithmische Komplexität und stehen in dieser Hinsicht nicht im Widerspruch zum zweiten Hauptsatz der Thermodynamik.

2 Der Leser mag sich fragen, wie eine Auswahl Information einbringen kann, doch Information ist im weitesten Sinne nichts anderes als ein Ausschließen von Möglichkeiten. Hat ein System nur einen möglichen Zustand, dann lernen wir nichts Neues, wenn wir es betrachten. Je mehr Möglichkeiten es gibt, desto mehr lernen wir, indem wir den tatsächlichen Zustand herausfinden. Natürliche Auslese eliminiert ungeeignete Organismen und wählt auf diese Weise nur bestimmte Genome aus einem viel größeren Vorrat an Möglichkeiten aus. Alle anderen Möglichkeiten

werden ausgeschlossen. Dies entspricht einer Zunahme an Information in den Genomen.

3 Die «falsche Richtung» der Gravitation hängt eng damit zusammen, dass Gravitationsenergie ein negatives Vorzeichen hat.

Kapitel 3

1 Man beachte, dass der Lebensbaum sich im Gegensatz zu Stammbäumen, die – zumindest zu Beginn – nach unten hin breiter werden, in Richtung Zukunft verzweigt.

2 Moderne Stromatolithen entstehen auch durch die Aktivitäten anderer Mikroben, darunter Algen. Es ist schwer zu sagen, auf was genau die Fossilien zurückgehen.

3 Finden Reaktionen an einer Oberfläche statt, zum Beispiel an Lehm oder Fels, und nicht mitten in einer wässrigen Suppe, dann verschiebt sich die thermodynamische Situation etwas zugunsten der Molekülsynthese.

4 Diese Zahl ist viel größer als die Anzahl sämtlicher Atome im beobachtbaren Universum.

5 Fox' Ansicht nach kommt es nicht durch Zufall zu der richtigen Sequenz, sondern weil die Chemie selbst die ganz wenigen Peptidketten bevorzugt, die biologisch sinnvoll sind. Die Behauptung, die Chemie wisse etwas von der Biologie, ist provokativ und hat weit reichende Konsequenzen; mehr dazu in Kapitel 10.

6 Eine Erklärung, die absonderliche, wenn auch nicht unmögliche Bedingungen voraussetzt, ist von vornherein nicht einleuchtend. Unsere Skepsis sollte sich nach der Unwahrscheinlichkeit der betreffenden Theorie, beziehungsweise ihrer Voraussetzungen, richten.

Kapitel 4

1 Man weiß, dass es fundamentale Grenzen gibt, wie genau wir ein physikalisches System kennen können. So verbietet uns in der

Quantenmechanik Heisenbergs Unschärferelation, gleichzeitig Position und Bewegungszustand eines Atoms exakt zu kennen. Auf der Ebene der Atome ist die Natur also gewissermaßen unergründlich. Könnte dies auch für das Geheimnis des Lebens der Fall sein? Das nahm jedenfalls Niels Bohr, einer der Begründer der Quantenmechanik, einmal an. Seiner Ansicht nach verbirgt das Leben seine Geheimnisse ebenso vor uns, wie ein Atom es tut: «In dieser Hinsicht ist die Existenz des Lebens als eine elementare Tatsache zu betrachten, die nicht erklärt werden kann.»

2 Zuweilen wird auch eine einundzwanzigste Aminosäure benutzt.

3 Das Binärsystem aus 0 und 1 wird auch in den meisten Computern zur Verschlüsselung von Informationen benutzt.

4 Im Gegensatz dazu wird der Leser von so genannten chaotischen Systemen gehört haben. Dies sind Systeme, deren Verhalten rein zufallsbedingt ist und in keinen Algorithmus gefasst werden kann.

5 Die meisten Genome sind in ihrer Basenanordnung natürlich nicht vollkommen zufallsbedingt, schon wegen der Regeln der «Zeichensetzung» im genetischen Code. Zudem können ganze DNS-Abschnitte dupliziert oder umgekehrt werden, besonders in Eukaryonten. Diese einfachen, übergreifenden Regelmäßigkeiten können wir jedoch ausfiltern und untersuchen, ob der Rest dann zufallsbedingt ist. Innerhalb einzelner Proteincodes hat man bisher kein systematisches Muster ausmachen können.

6 Schrödinger zog eindeutig den Schluss, das Genom müsse aus «einem aperiodischen Kristall» bestehen. Er verglich das Genom zunächst mit einem normalen Kristall und dann mit einem Tapetenmuster und bemerkte, die Ähnlichkeit mit Letzterem wäre stärker.

Kapitel 5

1 Biologen benutzen den Ausdruck «Genotyp» für die Information im Genom, die von Generation zu Generation weitergegeben wird; als «Phänotyp» bezeichnen sie die tatsächliche Manifesta-

tion des Genotyps in einem lebenden Organismus. In der RNS-Welt sind Genotyp und Phänotyp ein und dasselbe.

2 Natürlich bleibt dann noch zu erklären, warum die Welt nicht voller leicht herzustellender Minireplikatoren ist. Eine Erklärung könnte sein, dass sie in der Tat existieren, jedoch in ökologischen Nischen, die ganz anders aussehen als die heutige Heimat des Lebens, zum Beispiel im Inneren eines Kometen oder in der Atmosphäre des Saturnmondes Titan (siehe Kap. 9). Eine andere Erklärung wäre, dass sie organischem Leben zum Opfer fallen, sobald sie entstehen.

Kapitel 6

1 Der Gedankengang ist ganz einfach: Die Gesamtmasse des Kohlenstoffs auf der Erde geteilt durch die Masse des Kohlenstoffs in einem menschlichen Körper ergibt zwar eine große Zahl, die jedoch bei weitem kleiner ist als die Anzahl der Kohlenstoffatome im menschlichen Körper.

Kapitel 7

1 Vielleicht ist es aber nicht vollkommen dunkel. Ein noch kaum verstandener Prozess ruft zuweilen einen gespenstischen Schimmer um die Vulkanschlote hervor. Einige Wissenschaftler haben die Vermutung geäußert, die Photosynthese könnte in diesem schwachen, unterseeischen Licht begonnen haben und nicht im Sonnenlicht.

2 Die meisten Organismen, die in der Nähe der Vulkanschlote leben, sind indirekt vom Sonnenlicht abhängig, entweder indem sie den im Wasser gelösten Sauerstoff, ein Nebenprodukt der Photosynthese, nutzen oder weil sie sich von organischen Stoffen ernähren, die von der Oberfläche herabsinken. Man kennt aber auch Chemotrophe, die wirklich unabhängig vom Oberflächenleben sind. Vor dreißig Jahren schrieb der Biologe George Wald: «Es

wäre eine interessante Übung, sich einmal vorzustellen, wie Leben auf einem dunklen Planeten entstehen und sich halten könnte. Ich bezweifle jedoch, ob dies je wirklich geschehen ist oder jemals geschehen kann.»

3 1955 entdeckten Meeresbiologen Bakterien in Ablagerungen vom Grund des Ozeans. Nach ihrer Analyse gaben sie mit pedantischer Selbstsicherheit bekannt, die Biosphäre ende genau 7,47 Meter unter dem Meeresboden.

4 Die Idee, Mikroben könnten in der Ölförderung eingesetzt werden, ist zuerst 1983 von einer australischen Wissenschaftlergruppe geäußert worden. Ihr Vorschlag traf damals jedoch auf taube Ohren. In jüngerer Zeit zeigen mehrere Unternehmen großes Interesse an den ungenutzten Bioressourcen unter der Erde. Neben Verbesserungen im Öl- und Gassektor könnten wir bald eine wichtige neue Industrie entstehen sehen, welche die Säuberung verschmutzter Land- und Wassermassen mit Hilfe eigens herangezüchteter Mikroben übernehmen wird. Billionen an Säuberungskosten würden gespart, wenn man Supermikroben auf giftigen Chemiemüll in tiefen oder unzugänglichen Lagen ansetzen könnte. Sehr viel versprechend sind auch Versuche, die Enzyme und andere molekulare Wirkstoffe zu isolieren, die diesen Mikroorganismen ihre erstaunlichen Fähigkeiten verleihen. Auf der Suche nach Medikamenten gegen Krebs und Aids-Impfstoffen hat das US-Krebsforschungsinstitut schon über 5000 Kulturen unterirdischer Organismen überprüft.

5 Genau genommen legen die Ergebnisse nahe, dass sich Thermophile langsamer entwickeln als gewöhnliche Mikroben. Da die meisten Archaebakterien thermophil oder hyperthermophil sind, bedeutet dies, dass sich die Archaebakterien als Klasse weniger weit entwickelt haben als die Bakterien. Man kennt jedoch auch einige hyperthermophile Bakterien, zum Beispiel *Aquifex*, die sich sehr langsam entwickelt haben, während manche mesophile Archaebakterien im Laufe ihrer Evolution erhebliche Veränderungen erfahren haben; darauf hat mich Susan Barns hingewiesen.

6 Diese Theorie könnte auch die Existenz extrem halophiler Orga-

nismen – Archaebakterien, die in sehr salzigen Umgebungen leben – erklären. Gegen Ende des kosmischen Bombardements hätte die Erde weiterhin Einschläge genügender Größe erlitten, dass die Weltmeere zum Teil verdampft wären. Dabei wären Schichten einer konzentrierten Salzbrühe zurückgeblieben, in denen nur Organismen überleben konnten, die sowohl hitze- als auch salzresistent waren. Die Beweislage ist hier jedoch weniger klar, da die meisten halophilen Mikroben, die heute leben, keine urzeitlichen Vorfahren zu haben scheinen.

Kapitel 8

1 Es gibt Hinweise auf noch aktive Vulkanschlote in den Canyons der Valles Marineris. Auch Pathfinder-Daten deuten auf kürzliche Vulkanaktivität hin.

2 Zur zahlenmäßigen Erfassung dieser intuitiven Idee kann man die so genannte Bayes-Regel heranziehen, die oft in Kriminalfällen vor Gericht Einsatz findet. Man nehme zum Beispiel an, ein Angeklagter wird schon für höchstwahrscheinlich schuldig erachtet, und dann werden noch Fingerabdrücke präsentiert. Die Geschworenen werden informiert, dass die Chancen für eine zufällige Übereinstimmung der Fingerabdrücke eins zu zehn sind, was in diesem Fall für eine Verurteilung reichen würde. Ist der Angeklagte jedoch höchstwahrscheinlich unschuldig, dann sind die Fingerabdrücke von weniger Gewicht. Es wäre ein Trugschluss, anzunehmen, die zehnprozentige Chance für eine zufällige Übereinstimmung bedeute, der Angeklagte wäre mit neunzigprozentiger Sicherheit schuldig. Die Gesamtwahrscheinlichkeit seiner Schuld ist mit der Wahrscheinlichkeit vor dem Auftauchen der Fingerabdrücke zu gewichten. In der Frage, ob es auf Mars je Leben gegeben hat, kann diese Anfangswahrscheinlichkeit von annähernd oder genau null bis zu fast 100 Prozent reichen, je nachdem, wie man die Panspermietheorie einschätzt (siehe Kap. 9).

Kapitel 9

1 Dass es *überhaupt* Planeten außerhalb unseres Sonnensystems gibt, wissen wir erst seit wenigen Jahren. Extrasolare Planeten sind deshalb so schwer zu finden, weil sie derart schwach am Himmel leuchten, dass sie selbst mit den stärksten Teleskopen nicht zu sehen sind. Man kann nur indirekt auf ihre Existenz schließen. Wenn ein Planet einen Stern umkreist, dann «wakkelt» der Stern ein wenig unter dem Gravitationssog des Planeten. Der Effekt ist extrem gering, zeigt sich jedoch auf bestimmte Weise im Lichtspektrum des Sterns. Nach äußerst sorgfältigen Beobachtungen konnte man im Umkreis von wenigen Lichtjahren um die Erde mehrere große Planeten identifizieren. Die gegenwärtigen Techniken sind nicht empfindlich genug, einen Planeten ähnlicher Masse und ähnlichen Sonnenabstands wie die Erde zu finden, doch wenn andere Planetensysteme existieren, dann wird es wahrscheinlich auch irgendwo dort draußen erdähnliche Planeten geben. Allein in unserer Galaxie schätzt man deren Anzahl auf viele Millionen, und jeder davon könnte Leben beherbergen.

2 Hinweise auf Leben im Murchison-Meteoriten kommen auch von dem deutschen Wissenschaftler Hans Pflüg, der dünne Scheiben des Steins unter einem optischen Mikroskop studiert hat. Pflüg fand eigenartige Strukturen, die eine bemerkenswerte Ähnlichkeit mit Fadenbakterien zeigen. Andere Wissenschaftler haben Pflügs Befunde damals kurzerhand verworfen.

3 1964 schrieb der angesehene Biologe George Gaylord Simpson: «Es ist höchst unwahrscheinlich, fast bis zum Punkt der Unmöglichkeit, dass irgendeine Lebensform je auf natürlichem Wege von einem Sonnensystem zum anderen gelangt ist.» Dennoch kam er zu dem Schluss: «Ein solcher Austausch zwischen Erde und Mars, also im selben Sonnensystem, ist ebenfalls unwahrscheinlich, wenn auch nicht vollkommen ausgeschlossen.»

Kapitel 10

1 Der mathematische Beweis hängt mit Gödels Unvollständigkeitstheorem zusammen.
2 Kommerzielle Anwendung findet diese Technik in der Speicherung komplexer Bilder. Es ist wirtschaftlicher, die Information in den Bildern zu fraktalisieren, als sie Pixel für Pixel zu speichern.
3 In Kapitel 1 habe ich die Idee in den Raum gestellt, hier könnte die Gravitation eine Rolle spielen.
4 Zum Beispiel schreibt Küppers: «Deshalb muss es neben dem darwinischen Prinzip ein weiteres Prinzip der Selbstorganisation von Materie geben, das den Übergang vom Nichtlebenden zum Lebenden beherrscht.»
5 Dieses Szenario ähnelt dem von Eigen beschriebenen, in dem Hyperzyklen die Selektivität des Systems verstärken und zuweilen die darwinische Molekularevolution überlagern (siehe Kap. 5).
6 DNS hat, wenn man sie von einem Ende aus betrachtet, eine zehnfache Symmetrie und gehorcht daher auch den Regeln der Fünffachsymmetrie.

Weiterführende Literatur

Arrhenius, Svante. *Das Werden der Welten*. Danowski, 1997.

Barrow, John. *Warum die Welt mathematisch ist*. Campus, 1993.

---. *Die Natur der Natur. Wissen an den Grenzen von Raum und Zeit*. Rowohlt TB, 1996.

Barrow, John und Silk, Joseph. *Die linke Hand der Schöpfung: Der Ursprung des Universums*. Spektrum Akademischer Verlag, 1995.

Barrow, John und Tipler, Frank. *The Anthropic Cosmological Principle*. Clarendon Press, 1986.

Behe, Michael. *Darwin's Black Box*. The Free Press, 1996.

Bendall, D. S. (Hg.). *Evolution from Molecules to Men*. Cambridge University Press, 1983.

Bengtson, S. (Hg.). *Early Life on Earth*. Columbia, 1994.

Bock, Gregory und Goode, Jamie (Hg.). *Evolution of Hydrothermal Ecosystems on Earth (and Mars?)*. Wiley, 1996.

Cairns-Smith, A. G. *Seven Clues to the Origin of Life*. Cambridge University Press, 1985.

Coveney, Peter und Highfield, Roger. *Anti-Chaos: Der Pfeil der Zeit in der Selbstorganisation des Lebens*. Rowohlt, 1994.

Coveney, Peter und Highfield, Roger. *Frontiers of Complexity*. Ballantine, 1995.

Crick, Francis. *Life Itself: Its Nature and Origin*. Simon & Schuster, 1981.

Crick, Francis und Watson, James. *And the Building Blocks of Life (Oxford Portraits in Science)*. Oxford University Press, 1998.

Croswell, Ken. *Die Jagd nach neuen Planeten*. Scherz, 1998.

---. *Wir sind Kinder der Milchstraße*. Scherz, 1997.

Darwin, Charles. *Die Entstehung der Arten durch natürliche Zuchtwahl*. Reclam, 1974.

Davies, Paul. *Der Plan Gottes*. Insel, 1995.

---. *Die Unsterblichkeit der Zeit*. Scherz, 1995.

---. *Prinzip Chaos: Die neue Ordnung des Kosmos*. Bertelsmann, 1988.

---. *Sind wir allein im Universum?* Scherz, 1996.

Davies, P. C. und Brown, J. R. *Der Geist im Atom*. Insel, 1993.

Dawkins, Richard. *Gipfel des Unwahrscheinlichen. Wunder der Evolution*. Rowohlt, 1999.

---. *Evolution: Die faszinierende Geschichte des Lebens*. Spektrum Akademischer Verlag, 1997.

---. *Und es entsprang ein Fluss in Eden: Das Uhrwerk der Evolution*. Bertelsmann, 1996.

Desmond, Adrian und Moore, James. *Darwin*. List, 1995.

Duve, Christian de. *Aus Staub geboren*. Spektrum Akademischer Verlag, 1995.

---. *Der Ursprung des Lebens*. Spektrum Akademischer Verlag, 1994.

Dyson, Freeman. *Disturbing the Universe*. Basic Books, 1981

---. *Origins of Life*. Cambridge University Press, 1986.

---. *Zeit ohne Ende: Physik und Biologie eines offenen Universums*. Brinkmann & Bose, 1989.

Eigen, Manfred. *Stufen zum Leben. Die frühe Evolution im Visier der Molekularbiologie*. Piper, 1992.

Eigen, M. und Schuster, P. *The Hypercycle: The Principle of Natural Self-Organization*. Springer, 1979.

Feinberg, Gerald und Shapiro, Robert. *Life Beyond Earth*. William Morgan, 1980.

Fox, S. und Dose, K. (Hg.). *Molecular Evolution and the Origin of Life*. Marcel Dekker, 1977.

Goldsmith, Daniel. *Die Jagd nach Leben auf dem Mars*. Scherz, 1996.

Gould, Stephen Jay. *Das Buch des Lebens*. vgs/CVK, 1993.

---. *Illusion Fortschritt*. S. Fischer, 1998.

---. *Life's Grandeur*. Jonathan Cape, 1996.

---. *Zufall Mensch: Das Wunder des Lebens als Spiel der Natur*. Hanser, 1991.

Halpern, Paul. *The Quest for Alien Planets*. Plenum Press, 1997.

Hoyle, Fred. *Kosmische Katastrophen und der Ursprung der Religion*. Insel, 1997.

---. *The Black Cloud*. Penguin, 1960.

--- *The Intelligent Universe*. Michael Joseph, 1983.

Hoyle, Fred und Wickramasinghe, Chandra. *Diseases from Space*. Dent, 1979.
---. *Lifecloud*. Dent, 1978.
Kauffman, Stuart. *At Home in the Universe*. Oxford University Press, 1995.
---. *Der Öltropfen im Wasser*. Piper, 1996.
---. *The Origins of Order*. Oxford University Press, 1995.
Küppers, Bernd-Olaf. *Der Ursprung biologischer Information. Zur Naturphilosophie der Lebensentstehung*. Piper, 1990.
---. *Molecular Theory of Evolution*. Springer, 1985.
---. *Natur als Organismus*. V. Klostermann, 1992.
Langton, Christopher. *Artificial Life*. Addison-Wesley, 1988.
Lukrez. *De rerum natura*. Reclam, 1973.
Lyell, Charles. *Principles of Geology*. The University of Chicago Press, 1990-1991.
Macdougall, J. D. *Eine kurze Geschichte der Erde*. Scherz, 1997.
Mainzer, Klaus. *Gehirn und Computer*. Springer, 1997.
---. *Materie: Von der Urmaterie zum Leben*. Beck, 1996.
---. *Thinking in Complexity*. Springer, 1994.
Matthews, Clifford und Varghese, Roy Abraham (Hg.). *Cosmic Beginnings and Human Ends*. Open Court, 1993.
Maynard-Smith, John und Szathmary, Eörs. *The Major Transitions in Evolution*. Freeman, 1995.
Milburn, Gerald. *The Feynman Processor: Quantum Entanglement and the Computing Revolution*. Perseus Books, 1998.
Monod, Jacques. *Zufall und Notwendigkeit*. Piper, 1996.
Nisbet, E. G. *The Young Earth*. Allen & Unwin, 1987.
Penrose, Roger. *Schatten des Geistes. Wege zu einer neuen Physik des Bewußtseins*. Spektrum Akademischer Verlag, 1995.
---. *Computer denken*. Spektrum der Wissenschaft Verlagsgesellschaft, 1991.
Postgate, John. *Mikroben und Menschen*. Spektrum Akademischer Verlag, 1994.
Prigogine, Ilya. *Die Gesetze des Chaos*. Insel, 1998.
---. *Vom Sein zum Werden*. Piper, 1992.
Schrödinger, Erwin. *Was ist Leben?* Piper, 1993.

Scott, Andrew. *The Creation of Life*. Blackwell, 1986.

Shannon, Claude. *Ein/Aus: Schriften zur Nachrichtentheorie*. Brinkmann und Bose, 1997.

Shapiro, Robert. *Der Bauplan des Menschen*. Insel, 1995.

---. *Origins: A Skeptic's Guide to the Creation of Life on Earth.* Summit Books, 1986.

Smolin, Lee. *Warum gibt es die Welt? Die Evolution des Kosmos.* Beck, 1999.

Thomas, Paul et al. (Hg.). *Comets and the Origin and Evolution of Life*. Springer, 1997.

Tipler, Frank. *Die Physik der Unsterblichkeit*. Piper, 1995.

Verne, Jules. *Reise zum Mittelpunkt der Erde*. S. Fischer, 1996.

Watson, James und Crick, Francis. *Discovery of the Double Helix and Beyond*. Facts on File Publications, 1992.

Wells, H. G. *Der Krieg der Welten*. Diogenes, 1974.

Wigner, Eugene. *The Logic of Personal Knowledge.* Routledge & Kegan, 1961.

Yockey, Hubert. *Information Theory and Molecular Biology.* Cambridge University Press, 1992.

Register